環境人間学と地域

「ほっとけない」からの自然再生学

コウノトリ野生復帰の現場

菊地直樹 著

京都大学学術出版会

「環境人間学と地域」の刊行によせて

地球環境問題が国際社会の最重要課題となり、学術コミュニティがその解決に向けて全面的に動き出したのは、1992年の環境と開発に関する国連会議、いわゆる地球サミットのころだろうか。それから20年が経った。

地球環境問題は人間活動の複合的・重層的な集積の結果であり、仮に解決にあたる学問領域を『地球環境学』と呼ぶなら、それがひとつのディシプリンに収まりきらないことは明らかである。当初から、生態学、経済学、政治学、歴史学、哲学、人類学などの諸学問の請来と統合が要請され、「文理融合」「学際的研究」といった言葉が呪文のように唱えられてきた。さらに最近は「トランスディシプリナリティ」という概念が提唱され、客観性・独立性に依拠した従来の学問を超え社会の要請と密接にかかわるところに『地球環境学』は構築すべきである、という主張がされている。課題の大きさと複雑さと問題の解決の困難さを反映し、『地球環境学』はその範域を拡大してきている。

わが国において、こうした『地球環境学』の世界的潮流を強く意識しながら最先端の活動を展開してきたのが、大学共同利用機関法人である総合地球環境学研究所（地球研）である。たとえば、創設10年を機に、価値命題を問う「設計科学」を研究の柱に加えたのもそのひとつである。事実を明らかにする「認識科学」だけでは問題に対応しきれないのが明らかになってきたからだ。

一方で、創設以来ゆるぎないものもある。環境問題は人間の問題であるという考えである。よりよく生きるためにはどうすればいいのか。環境学は、畢竟、人間そのものを対象とする人間学 Humanics でなければならなくなるだろう。今回刊行する叢書『環境人間学と地域』には、この地球研の理念が通底しているはずである。

これからの人間学は、逆に環境問題を抜きには考えられない。人間活動の全般にわたる広範な課題は環境問題へと収束するだろう。そして、そのときに鮮明に浮かび上がるのが人間活動の具体的な場である「地域」である。地域は、環境人間学の知的枠組みとして重要な役割を帯びることになる。

ひとつの地球環境問題があるのではない。地域によってさまざまな地球環境問題がある。問題の様相も解決の手段も、地域によって異なっているのである。安易に地球規模の一般解を求めれば、解決の道筋を見誤る。環境に関わる多くの国際的条約が、地域の利害の対立から合意形成が困難なことを思い起こせばいい。

地域に焦点をあてた環境人間学には、二つの切り口がある。特定の地域の特徴的な課題を扱う場合と、多数の地域の共通する課題を扱う場合とである。どちらの場合も、環境問題の本質に関わる個別・具体的な課題を措定し、必要とされるさまざまなディシプリンを駆使して信頼に足るデータ・情報を集め、それらを高次に統合して説得力のある形で提示することになる。簡単ではないが、叢書「環境人間学と地域」でその試みの到達点を問いたい。

「環境人間学と地域」編集委員長
総合地球環境学研究所　教授
阿部　健一

はじめに

「ほっとけない」。

自然再生の現場を歩いていると、ときどき耳に入ってくる言葉だ。

兵庫県豊岡市田結地区で野生復帰されたコウノトリの餌場づくりに取り組む村人たち。新潟県佐渡島の加茂湖という汽水湖の再生に取り組んでいる女性。なぜ自然再生に取り組むようになったのか。この、いささか野暮な私の問いかけに、彼ら / 彼女らは、いろいろと説明をしながら、ぼそりとこう語った。「だって、ほっとけないでしょう」と。

田結地区は、長年、半農半漁の営みで生活を成り立たせてきた村である。村人たちは、先祖代々受け継いできた田んぼをなんとか維持していたが、2006 年に耕作するのをやめてしまった。その放棄された田んぼに飛んできたのがコウノトリである。飛んできたからには「ほっとけない」。そんな気持ちから、放棄水田をコウノトリの餌場へと変えていく取り組みがはじまった。放棄水田はコウノトリの餌場という価値を持つ場所になった。

佐渡島加茂湖に場所を変えよう。今でこそ再生に取り組んでいるが、この女性にとって加茂湖は、子どもの頃からそこにあるだけの存在に過ぎなかった。全く意識したこともなかったという。知り合いから誘われて加茂湖へとかかわるようになると、汚れが気になりはじめ、「そこにあるけど、ほっとけないもの」になったという。子どもたちが遊べる環境になればいいと思い活動しているので、やっぱり「ほっとけない」。彼女は、再生活動へ参加するようになり、加茂湖はそこにあって近しい存在へと変わった。

そこにいる生き物、そこにある自然のことを「ほっとけない」。現場を歩く私の耳に、幾度となく入ってきた言葉のはずである。思わず聞きもらしてしまいがちな小さな声で発せられる言葉であるがゆえに、ついつい聞き漏らしてきたように思う。なぜ「ほっとけない」のだろうか。いつしか、私はこの言葉について、だんだん気になってくるようになったのである。

＊　＊　＊

私は、1999年から13年間と少し、兵庫県豊岡市周辺で進められている絶滅危惧種コウノトリの野生復帰プロジェクトに、兵庫県立コウノトリの郷公園の研究員として、実務者として、地域住民としてかかわってきた。このプロジェクトは、野外では絶滅したコウノトリという種の再生を軸に、その生息環境の再生と地域再生の実現を目指した取り組みである。日本でのコウノトリの生息環境は、田んぼや里山といった人間の生活の場にほかならない。地域の自然は、そこに住む人たちの生活のあり方と密接に結びついている。したがって、コウノトリを野生に戻すことは、自然と共生できるように地域社会を再生していく課題につながっていく。ここで再生しようとしているのは、自然にとどまらず、人と自然との包括的なかかわりといったほうがいい。こうした再生の考え方を、環境哲学者の桑子敏雄にならって「包括的再生」（桑子 2008, 2009）と呼ぼう。

環境社会学という学問を一つの軸にしながら、いかに人とコウノトリとのかかわりの包括的な再生につながる研究と活動を創り出していくか。これが当事者としての私の主な仕事であった。コウノトリが絶滅したのは、人と自然のかかわりの変化によるところが大きい。そうしたコウノトリを野生に戻そうとすれば、人と自然のかかわりを創り直していくほかはない。さらにいえば、人と自然のかかわりを創り直すことが、その地域の豊かさにつながらなければ、地域に馴染んだ取り組みとはなりえないだろう。地域に馴染まなければ、持続的な取り組みとなることは難しい。

コウノトリの野生復帰という、今では日本を代表する自然再生の取り組みに参加する機会を得た私が、現場で学んだことである。

＊　　＊　　＊

そもそも、なぜ自然再生なのだろうか。

後述するように、20世紀半ばから、日本でもコウノトリをはじめ多くの野生動物が絶滅するなど、自然破壊は深刻化した。こうした危機を回避するために、環境の回復と再生が環境政策として位置付けられるようになった(淡路 2006)。自然保護でも、1970年代までは人が介入することなく手をつけずに保護する「保存」が主流であったが、1980年代後半には人が維持・管理して保護する「保全」が加わり、1990年代後半になって人が積極的に介入し、何らかの望ましい自然を「再生」するという能動的な手法がとられるようになった。2003年に「自然再生推進法」が施行され、全国で自然再生事業が展開するようになったのは、その現れの一つであろう。

今、失われつつある自然をそのままにしておけない。自然再生とは、こうした現状認識を抱いた多様な人たちが、何らかの望ましい人と自然のかかわりを「主体的」に創り出そうとする社会的な取り組みといえるだろう。もちろん、何が望ましい人と自然のかかわりなのかは、それ自体が論争の的である。

それを承知の上で、私は、人にとって自然とは、恵みと害をもたらす両義的な存在として現れるものといいたい。それは人が自然に働きかける際には「矛盾」として現れる。自然とは管理しきれるものではない。そうした自然と共生していくために、小さな矛盾を引き受けることで、大きな矛盾を軽減する作法が培われてきた。たとえば、治水の場合、それぞれの集落で少しづつ水を引き受けることで、大きな洪水を避けようとする。小さな矛盾を引き受けることは、多くの関係者が益と害を分担し合うことであろう。2006年、私は『蘇るコウノトリ ── 野生復帰から地域再生へ』という本を著した。そこで残した課題は、同じ時空を生きるものとしてのコウノトリという矛盾と折り合う知恵と感性の復活であった。

コウノトリが飛来してきたことを契機に、放棄水田をコウノトリの餌場として再生する取り組みにみられるのは、コウノトリという「ほっとけない」存在との出会いによって、ついつい動かされていく主体性なのではないか。何らかの自然や生き物と出会うことを契機に生じてくる受動的な主体性。それは、人間にとって矛盾する存在であり、必ずしも思い通りにならない生き物や自然とのかかわりのあり方なのではないか。

私は、本書で「ほっとけない」という言葉を手がかりに、当事者としてかかわってきたコウノトリの野生復帰の取り組みを学びなおすことを通して、自然再生を包括的再生へ組み替えていく視点を示し、矛盾と折り合う知恵と感性について考える。これが、この 10 年間の経験から本書で表現したいことである。

目　次

序章　自然をほっとけない

コウノトリのことが「ほっとけない」

序−1　コウノトリと出会う

最初に断っておこう。私は理屈抜きの自然好きではない。ここ十数年、コウノトリの野生復帰にかかわってずっと仕事をしてきたし、コウノトリだけにとどまらず自然に関する仕事も増えてきた。人と自然のかかわりについて、人前で話すこともそれなりにある。2013年1月に、豊岡にある兵庫県立大学自然・環境科学研究所 / 兵庫県立コウノトリの郷公園から京都の総合地球環境学研究所へ仕事の拠点を移してからも、頻繁に豊岡へ通っている。よっぽどコウノトリ好きな人間だと思われているに違いない。だが、誤解を恐れずに繰り返そう。私は理屈抜きの自然好きではないし、コウノトリ大好き人間でもない。もちろん、自然嫌いではないし、コウノトリが嫌いでもない。でも、好きかと問われると、少し考え込んでしまうのである。あえていえば、出会ってしまったコウノトリのことが、なんだか「ほっとけない」ものとなってしまったのである。だから、京都に移っても、豊岡へ通い、コウノトリに関する活動を続けているのだろうと思う。豊岡という地でコウノトリと出会ってから、確かに私は自然のことが気になるようになったのである。

私がコウノトリとかかわるようになったのは、1999年10月のことである。理屈抜きの自然好きでもないのに、環境社会学を学んでいた私は、自己の中に矛盾を抱え込んでいるようなものであった。環境のことを研究するからには、自分ごととして考えなければいけない。でも、なかなか自分ごととして考えることができない。そんな時に、たまたま姫路工業大学自然・環境科学研究所（2004年に兵庫県立大学へ改組）へ就職する機会に恵まれたのである。30歳になったばかりであった。なかなか仕事が決まらず、焦っていた私にとっては、まさに渡りに船であった。その業務内容をみると、兼務する兵庫県立コウノトリの郷公園（以下、郷公園）の研究員として、市民をはじめとする様々な人たちと協力しながら「コウノトリの野生復帰」(以下、野生復帰)に実践的に取り組むことと書かれていた。郷公園のある豊岡市は、日本列島においては1971年に野生絶滅したコウノトリの最後の生息地であった。そのコウノトリを再び日本の空に復活させようというプロジェクトに参加することが、主な仕事のようであった。それまで、コウノトリを見たこともなかったし、郷公園とはどんな施設なのか、野生復帰とはどんなプロジェクトなのか、見当もつかなかった。その頃住んでいた神奈川県横浜市に、ズーラシアという動物園がある。そこでコウノトリを飼育していることを知り、急いで見にいった。その程度であった。

いざ郷公園に赴任してみると、そこは4人しか研究者がいない小さな所帯であった(現在は10人の研究者が所属している)。他の3人の研究者は、それぞれ保全生態学、鳥類行動学、景観生態学を専攻する自然科学者たちであった。野生復帰という、日本で初めて行われる挑戦的な取り組みの渦に、自然に詳しくもない若輩の環境社会学者として、私は放り込まれたのだ。

郷公園の初代研究部長を務めた池田啓(故人)は、タヌキの生態学者から文化庁の調査官を務め、コウノトリの野生復帰に身を投じた研究者だった。その池田は、異なる学問を坩堝にすることにより、コウノトリの野生復帰という課題解決に向けた実践的な研究を創る必要性を説いた(池田 1999)。コウノトリの生息環境は、田んぼや里山といった人との多様なかかわりによって成り立っている二次的自然である。そこは人の生活空間であり、地域住民の営みによって維持される自然であるため、再生の対象は人と自然のかかわりにまで拡大する。コウノトリの野生復帰は、「社会的な問題」であり、自然科学の知見だけをベースに進められるものではない。文化庁の調査官を長年務めてきた池田は、よく研究者の視野の狭さや社会的な問題への関心の薄さを嘆いていた。野生復帰では、行政官も農家も市民も、そして研究者も当事者である(池田 2000)。野生復帰を進めるために、当事者性のある新しい学問を創りたい。だからこそ池田は、郷公園の数少ないポストの一つに環境社会学を当てたのだともいっていた。私への期待は小さくはなかった。

そもそも、環境社会学はどのような学問なのか。私が就職した1999年、第一人者である鳥越皓之によって『環境社会学』という教科書が出版されている。鳥越はこういう。「社会という舞台で人間が自分たちの環境を悪化させ続けているとしたならば、その舞台のカラクリをあきらかにすることが環境問題を解決する有力な方法であることに気づかれよう。……環境問題は人間が起こしていることだということ。となれば、人間を直接に対象とする学問がそれにかかわることが必要であるということだ。しかも、環境問題は個人的・私的なことではないから、社会的存在としての人間（社会のなかで活動している人間）を対象とする学問が有効である」（鳥越 1999: 12）。

当時の私は、コウノトリの郷公園というめずらしい名の付いた施設の研究員ということもあり、出会う人たちから、よく仕事の内容を聞かれたものである。たいていの場合は、こんな感じであった。

「郷公園に勤められているんですね。コウノトリを飼育しているのですか？」。私が「いえいえ、研究をしています」と答えると、「コウノトリの研究ですか」と問われる。再び「実は環境社会学という学問でして」と答えると、「え！」「なぜ」という反応が返ってきたものである。無理もない。コウノトリと社会学は、簡単に結びつくわけがない。私は自分の存在意義を示すために、「コウノトリが絶滅したのは人間社会の問題なので、コウノトリを野生復帰させるためには人間社会の問題を考えないといけないのです。だから、環境社会学という学問が必要なのです」。このように答えていたように記憶している。これは、今でも使う理屈ではあるが、当時は自分自身の経験に裏付けられてはいなかった。あくまでも教科書から借りてきた言葉に過ぎなかったのだ。

自然科学の研究者は、初めて訪れた地域の人びとに対しても、それなりに専門性を発揮する場面がある。たとえば鳥の研究者なら、地域住民が知らない鳥の識別の方法や行動、生態といった知識を提示することができるだろう。しかし、環境社会学という学問は、すぐに地域の人びとにとって役に立つ知識を提供できるわけではないし、即効的な提案を示せるわけでもない。私がここでする仕事は何か。コウノトリのことも知らない。そのコウノトリと人がどのようなかかわりがあったかも知らない。まずは豊岡の人たちから学ばないと、専門性を発揮するどころではない。世界でも最先端のプロジェクトに専門家として参加しながら、そんなことを考える日々が続いたのである。

序-2 野生復帰に参加する

(1) コウノトリ

私が郷公園で働き始めて3年近くが過ぎた2002年8月5日、1羽のコウノトリが郷公園に舞い降りてきた。コウノトリが空に舞い、田んぼに降りる風景(写真序-1)が、思いかけず31年振りに復活したのだ。この日からしばらくの間、郷公園や関係機関の職員、地元住民などは野生コウノトリの行動に振りまわされる日々が続いた。8月5日に飛来してきたためハチゴロウという愛称で親しまれたこの野生コウノトリは、郷公園前のビオトープ水田や地元の三江小学校の校庭に降りたり、校内のヒマラヤ杉にとまったりと、豊岡の地にすっかりなじんだ存在となった。郷公園では、この個体のモニタリングをボランティアの方たちの協力を得ながら続け、放鳥に向けた貴重なデータを蓄積してきた。しかし、残念ながら、ハチゴロウは2007年に死亡してしまった。

豊岡に来るまで、コウノトリ好きどころか、自然好きとも到底いえなかった私ですら、はじめてコウノトリが大空を飛ぶ姿を見た瞬間、その美しい姿

写真序-1　2002年8月5日、郷公園に舞い降りた野生コウノトリ。ハチゴロウという愛称で呼ばれた。

に圧倒され、「うわぁ」と声にならない声をあげたものである。なんともいえない幸せな感情が沸きあがってくるのを感じずにはいられなかった。かつて、豊岡に暮らす人びとは、コウノトリがすぐそこにいる風景をどう経験していたのだろうか。そう思いをめぐらせずにはいられなかった。

私が思わず魅了されてしまったコウノトリ。それはどんな鳥なのだろうか。コウノトリ目コウノトリ科のコウノトリは、全長が約110cm、翼長が2m前後、体重が4～5kgになる、日本で繁殖していた数少ない大型鳥類である。全身は白色で、黒い風切羽とくちばしがコントラストになっている。その姿は美しい（写真序-2）。タンチョウなどツルに似た形態をしているが、分類上はサギやトキに近い。

コウノトリはヒナの頃は発声するが、成長するにしたがって声帯が退化し、

写真序-2　コウノトリ目コウノトリ科コウノトリ。日本で繁殖していた数少ない大型鳥類で、黒い風切羽とくちばしが全身の白と美しいコントラストになっている。

鳴くことができなくなる。そのかわり、クチバシを叩き合って、カスタネットのようにカタカタカタと音をだすことによって、コミュニケーションをはかっている。これをクラッタリングという。

食性は肉食性で、ドジョウ、フナなどの魚類、カエル、バッタ、ミミズなどの小動物を餌としている。ヘビやネズミなど、少し大きめの動物を食べることもある。飼育下では1日500g食べることもある大食漢である。採餌は、視覚で探し捕食する方法や歩行しながらクチバシを無作為に水面下に突き、触れたものを採る方法があるが、あまり効率がいいとはいえず、生き物の密度が高くないと十分な量を採ることができない。豊富な餌生物が生息する環境がないと生きられない湿地の生き物であり、生態系の状態を表す環境指標になる種である。ちなみに、ツルは穀物なども食べる雑食性の鳥である。

コウノトリは松の大木などの樹上に、小枝で直径1～1.5mほどの大きな巣をかける。中心部には干し草を敷き、抱卵や育すう場所として用いる。ツルは草原や湿地に巣を作り、松の木にとまることはない。コウノトリは松の木などに作った巣で交尾を行い、3月から4月にかけて1回に1個ずつ、1日おきに4、5個産卵する。卵の重さは約115gである。親鳥によって交互に抱かれた卵は、約1ヶ月で孵化する。生まれたてのヒナは人間のこぶし大で、体重約80g。親鳥が飲み込んだドジョウなどをヒナの前に吐き出すと、それを丸呑みする。1ヶ月もすると、1日に1kg以上の餌を食べるようになり、2ヶ月で親鳥とほぼ同じ大きさにまで成長する。孵化後約65日で巣立ちを迎える。

主な繁殖地はシベリア東部のアムールからウスリーにかけた湿地帯（主にアムール川流域）であり、中国揚子江周辺とポーヤン湖、台湾、韓国、日本に渡り越冬する。タンチョウは11月のはじめから1ヶ月で渡りを終えるが、コウノトリは渡りの開始時期が早く、8～9月に移動を開始し川沿いに細かく移動しながら、12月、1月までかかって越冬地に到着し、その後も点々と移動を繰り返す。こうした渡りの特徴から、鳥類学者の樋口広芳は、河川沿いの湿原を単体ではなく、つながりとして保全していくことが、コウノトリの保全のためには重要であるという。そうでないと、うまく渡れなくなるのである。基本的には繁殖地と越冬地を移動する渡り鳥であるが、日本には河川、田んぼ、里山という田園の環境に適応し、留鳥として繁殖する個体群も生息していた。

生息数は、ロシア、中国などを合わせて3000～4000羽程度と推定され、IUCN（国際自然保護連合）のレッドリストでは、絶滅危惧種（En）となっている。ワシントン条約で附属書Ⅰに掲載され、商業取引が原則禁止されている。日本では、特別天然記念物（文化財保護法）に指定され、絶滅危惧種ⅠA類（環境省）に分類されている。保全の取り組みは進んではいるが、いまだに絶滅の危機を脱しているとはいえない。

豊岡周辺では、コウノトリは平野に比較的近い、村のすぐ裏にはえている松の大木に営巣していた。人が働きかけ利用してきた裏山は、今では里山と名付けられ生物多様性の保全などの視点から注目されている。かつての記録を見てみると、村ごとの里山に巣があったようであり、その巣から広がる田んぼを餌場にしていたようだ。松の木が多くはえている小高い山と、餌場になる「ジルタ」と呼ばれる湿田が比較的近くに存在していた豊岡盆地は、コウノトリの生息地として適していたに違いない。

コウノトリの餌になる魚類は、農家が環境に働きかけた結果、意図せずに田んぼで生み出された生産物である。ドジョウやメダカ、ゲンゴロウは河川とつながっていた田んぼを産卵場としていた。一年中湿地のような田んぼは、そうした生き物が暮らすにふさわしい環境であった。コウノトリは、田んぼを主な餌場にしていた。いうまでもなく、田んぼは農家の日々の営みによって維持されている。農と自然のかかわりを探究している宇根豊は、「コウノトリもトキも田んぼが主な餌場だった。そこでこれらの生き物を「農業生物」と名づけたい」(宇根豊 1996) という[1]。

(2)「里の鳥」の野生復帰

ここに一枚の写真がある (写真序-3)。2008 年に撮影されたものだ。田ん

[1] なぜ農業生物と呼ぶのか。宇根は、以下のように主張した。「これらの生き物が、田んぼで育つ生き物であることを、現代人の多くが知らないからだ。そして知らないことは、もったいないこと、罪深いことだと思うからだ。『農業生物』を、自分たちの『タカラモノ』だと、まず百姓が認知する。農政もそれをきちんと評価する。さらに社会全体の『タカラモノ』として、消費者も納得するような運動が必要だと思う。そのためには『農業生物』という新しい概念＝言葉がいるのだ (もっといい言葉はないかなあ、とは思うが)」(宇根 1996: 15–16)。

ぼの中に、白と黒がコントラストになっている 4 つの生き物が写っている。目を凝らしてよく見ると、前方に写っているのはコウノトリである。その背後にいる 3 つの生き物もコウノトリだろうか。いや、農作業をしている人たちだ。コウノトリと農家が同じような姿に見えるのは、私だけであろうか。

時計の針を 70 年ばかり戻してみよう。1918 年生まれの男性 A さんは、子どもの頃に見たコウノトリの思い出を語ってくれた。

> 田の草時分、わしらが学校から帰って昼飯食って休む時分ですけども、村の人は仕事からみんな帰って昼飯食いに帰っただ。その暑い最中に、もう田の中に入ってそのシャツ裸で……あちこちに田の草をとっとる人がある。「ほう、この暑いのに、まだ昼せんと何きばっとんなるん」だろうと、見に行くちゅうと、そうじゃない。あのツルが田んぼの中歩いて、ほていこう餌を探して歩いとるのが、ちょうどあの半分上が白だもんですでえ。シャツ裸で田の草取っとるように見えるんですわあ。

後に詳しく述べるが、この当時コウノトリは「ツル」と呼ばれていた。確かに、コウノトリはツルに見えなくもない。A さんの語りをこの写真に重ねてみると、コウノトリは田んぼで作業をしている人のように見えてくる。白いシャツを着ている人もコウノトリのように見えてくる。この写真と語りは、宇根がいうようにコウノトリと農業は密接な関係にあることを、私たちに伝えてくれる。コウノトリは生態系のトップに立つ、日本でも有数の大型鳥類である。そのコウノトリは人が普通に暮らす環境を生息域にしていた。コウノトリは人里に暮らし、人間の生活と密接に関係する「里の鳥」であったのだ。

A さんが学校に通っていた 1930 年頃、兵庫県北部の但馬地方のコウノトリは最盛期をむかえ、60～100 羽程度が生息していたと思われる。しかしながら、農薬の使用や水田環境の変化などにより、コウノトリは徐々に姿を消

写真序-3　田んぼの中に写っている4つの生き物。1羽のコウノトリと3人の農家が同じような姿に見える。(提供：西村英子氏)

していった。1971年には、豊岡市で最後の1羽が保護された後に、死亡した。繁殖する集団が消滅したことにより、基本的に日本では野生下で絶滅したといっていいだろう。コウノトリは人里から姿を消したのである。

絶滅から34年後の2005年9月24日、郷公園から5羽のコウノトリが放鳥された（写真序-4）。この日の郷公園周辺は、コウノトリの放鳥を一目見ようと、3500人もの人たちで溢れかえっていた。「わーっ」とあがる歓声。生き生きとした表情でカメラやビデオで、飛翔するコウノトリの姿を追いかける人たち。一度野生下で絶滅したコウノトリを、飼育下で繁殖し、再び野生に戻すという野生復帰プロジェクトが本格的な始まりを告げた瞬間であった。人の手により、人里にコウノトリの姿が戻ってきたのである。

郷公園の記録係を担当していた私は、望遠レンズを装着したデジタル一眼

写真序-4　2005年9月24日に郷公園から放鳥されるコウノトリ。

レフカメラのファインダーを覗きながら、このプロジェクトに参加できた喜びを素直に感じていた。そして50年にわたって保護活動を続けてきた先輩たちの努力の重みを感じずにはいられなかった。再び人里を舞台に、人びととコウノトリとかかわるようになる。では、野生復帰で何を実現しようとしているのだろうか。とりわけコウノトリとかかわることになる地域の人びとにとって、野生復帰はどのような意味があるのだろうか。

序−3　地域住民と出会う

(1) コウノトリを聞き取る

2002 年、郷公園は、かつて野外にコウノトリが生息していた頃の記憶、映像、写真などを収集・整理し、野生復帰に向けた研究に活用するとともに、歴史資料として後世に残すことを目的とした「コウノトリ歴史資料収集整理等事業」を行うことにした。

野生復帰を進めていくためには、野外にコウノトリが生息していた当時の環境を明らかにし、現在と比較することで、生息環境を復元することが重要である。コウノトリの営巣地点については若干の資料は残っていたが、コウノトリの行動圏や環境の利用に関する資料は、ほとんど残されていなかった。そもそも、そうしたことは記録されなかったのである。

では、どうしたらいいのか。幸いなことに、野外にコウノトリが生息していた当時を知る人びとがご存命であった。コウノトリの行動や生息環境に関連する情報は、人びとの「記憶」にこそ残っているのではないか。そう考えたのである。この事業は、人びとの記憶から、かつてのコウノトリの行動や生息地の利用などを明らかにすることを目的とするとともに、語り継がれていない人とコウノトリのかかわりの記憶を紡いでいくことも目的にした。

具体的には、小学校の児童、中学校の生徒が調査票を持って身近なお年寄りから目撃談や記憶などを聞き取る「コウノトリ目撃調査」、野外のコウノトリを目撃したことがあるお年寄りから記憶を直接聞き取る「聞き取り調査」、写真などの資料の「収集整理」の三つの調査を実施した。この事業の詳細については、菊地 (2006) を参照してほしい。

私は、おもにコウノトリの目撃調査と聞き取り調査の企画と実施、取りまとめを担当することになり、半年をかけて、但馬地方在住の20〜60歳代の人たち30数人と一緒に、豊岡盆地周辺のお年寄りら約400人を訪ね歩いた。

環境社会学を学んでいたので、人と生き物の関係を尋ねる社会調査の方法は論文や報告書などでなじんでいたが、自分で本格的に取り組むのは初めてであった。しかも、生き物に疎い私がコウノトリについて聞き取るのである。果たしてどんなことになるのか、予測もできなかったし、先行するのは不安ばかりであった。

手探りの調査だったが、気をつけたのは「調査のための調査」にならないようにすることだった。目撃地点、時期など質問項目を作成したが、機械的な質問は極力避け、語り手が話したいことを優先し、コウノトリ以外の話にも耳を傾けた。同時に、兵庫県但馬地方の「今」を生きる一人一人の生活史を聞き、個人的な思いや感情などを聞き取ることにより、生活の中のコウノトリを浮かび上がらせることも目指した。なぜなら、生活を語ることなしに、里の鳥であるコウノトリを語ることは難しいからだ。聞き取り調査とは、コウノトリに関する人びとのいわば「小さな声」を聞くことであり、地域住民の生活の文脈からコウノトリを捉え直す作業でもあった。

聞き取り調査は、長い時は2時間を超えることもあった。見ず知らずの私たちが訪問し、コウノトリのことを聞き取っていく。語る人からしたら、かなりの負担であったに違いない。にもかかわらず、語りが終わろうとする時、感謝の言葉をいただくこともあった。礼を言うべきはこちらなのに、なぜだろう。コウノトリを通して自分の人生を2時間近く語り、その意味を捉え直すことができたからかもしれない。大きな声で語られることのなかった多くの人生に、少しでも触れる機会を得て、私は、コウノトリとともに暮らすこと、そして自然と付き合っていくことは、決してきれいな物語ではないことを知った。様々な矛盾を抱えながら、ともに暮らしている。「よそ者」である私にとってみれば、語りに耳を傾け、様々なことに驚きながら自分自身が変容する場でもあった。ここで暮らしてきた人たちからコウノトリを聞き取ることによって、私自身が野生復帰を目指すこの地に住む意味を問い直すようになったのである。私は多くの人と出会い、「小さな声」を聞き取ることを通してコウノトリに近づけたと思うようになった。地域の人びとの語りを通して、私はコウノトリと出会った。これ以降、理屈抜きの自然好きではない私が、コウノトリの野生復帰にかかわっていくという矛盾は抱えながらも、自分ごととしてコウノトリの野生復帰について考えることができるようになったのだ。

コウノトリの聞き取り調査については、第3章で詳しく論じることとし、ここでは私が学んだことを幾つか整理しておきたい。

(2) 大きな声と小さな声

私が改めて学んだのは、「小さな声」を聞くことの重要性であった。この調査を実施したのは、コウノトリの放鳥を3年後に控えた時であった。

「豊岡盆地ではコウノトリをはじめとした豊かな自然環境と人々の暮らしが融合し共生社会を構成していました」「コウノトリ保護運動は、地元の人々のコウノトリを愛する気持ちから出発した」。行政機関やマスコミ、学校教育は、但馬における人とコウノトリのかかわりに関する「共生」や「愛」という物語をすでに用意しており、そうした物語は広く流通していた。メディアなどを通して声高に主張されることから、こうした物語を「大きな声」としておこう。

コウノトリの野生復帰が進展している現在、大きな声で語られる共生の物語が様々な成果を挙げてきたことは、疑う余地がない。多様な人たちへ共感を呼び起こし、コウノトリの野生復帰は成功事例として評価されるようになった。そして国内外から視察が絶えない状況が生まれている。かつては、コウノトリとともに暮らしていたし、コウノトリを愛する気持ちが保護運動の根底にあったことも確かである。私自身、郷公園の研究員として、大きな声で普及啓発を推進する立場にいた。

大きな声は、ある程度は事実に基づいて構成されているに違いない。だが、そのあまりにもきれいな表現には、どうも納得がいかなかった。人とコウノトリは日常的にどうかかわっていたのかは、よく分かっていないにもかかわらず、共生や愛という言葉だけが一人歩きしているのではないか。そこでいう共生とは、どういうものなのか、掘り下げられることもあまりなかった。大きな声のみでは、地域の人びとの沈黙や矛盾を含んだコウノトリへの微細な思いやかかわりを言い表すことは難しい。いや、大きな声は、むしろそうしたものを抑圧するのではないか。

そんな思いを持ちながら、かつてコウノトリが生息していた地域を歩き、当時を知るお年寄りの声に耳を傾けてみると、様々な声が聞こえてきた。コウノトリのことを聞くと、熱心に語ってくれる人も、思いの他たくさんいた。コウノトリと接して暮らしてきた人びとは、大きな声とは違う声で語った。基本的には地域を歩き、耳を傾けてみないと、なかなか聞こえてこない声であった。いや語られてはいても、聞く者が聞く耳を持たない限り、なかなか聞こえてこない「小さな声」なのだ。それは、コウノトリになじみがなかった者が聞く時、「なぜ？」「どうして？」という新鮮な驚きをもたらす、まさに聞くに値する語りになる。私は、小さな声を聞く耳を持てるかを問われたのである（菊地 2006: 108–109）。

鳥越皓之は、近い数世代の過去の暮らしの中で培われた知恵と気持ち（感性）から離れた環境政策論は、当該地域の身体になじまないテーマ・パークをこしらえるに過ぎないと指摘する（鳥越 2002）。科学知のみに基づく環境政策は、地域の身体になじまない。いくら格好よく、いい素材でできていても、体になじまない服が長く着られることはないように、地域の身体になじまなければ、持続的な環境政策にはならないのだ。環境政策を計画したり実施したりする際は、科学知のみに頼るわけにはいかない。そう考えると、コウノトリと接しながら暮らしてきた但馬の人びとの知識や感性に注目する必要があるのではないか。テーマ・パークではない野生復帰を目指すのならば、ごく日常的な生活場面でみられた、ここ数世代の過去の現場の知を再発見し、再評価し、手がかりにすることが必要だと考えたのである。そのためには、人びとの小さな声を聞く重要性を実感したのだ（菊地 2006: 110–111）。

そして、私自身の仕事の仕方も変わっていった。コウノトリのことを聞こうとして地域の人びとの生活に分け入ったことにより、人びとの日常の思考と実践を学び、自らが地域社会に住むという意味を問い直すようになったからである。第 7 章で詳しく論じるが、プロジェクトに参加する研究者としてコウノトリの意味を問い直していくことになった。以降、私の研究は研究者としての立場と野生復帰を推進する立場と地域住民としての立場といった複数の立場を明確に意識するようになったのだ。私は、ここでする仕事がおぼろげながら見えてきたのである。

序–4　矛盾と折り合う

「野生復帰でいったい何を実現しようとするのだろうか」。小さな声を聞きながら、私はこのことを考えるようになった。コウノトリを野生に戻すためには、飼育下でコウノトリを増やす必要がある。その上で飼育下で繁殖したコウノトリを野外に放していく。野外に放すならば、生息できる自然環境が再生されなければならない。コウノトリの生息環境は、田んぼや里山といった人との多様なかかわりによって成り立っている。生息環境の再生とは、人と自然のかかわりの再生にほかならないのだ。里の鳥であるコウノトリが野生に戻ることは、人とコウノトリの間に様々なかかわりを生じさせ、地域の人々の暮らしにも色々な影響を及ぼすに違いない。

ただ、農山村の活力が低下したこともあり、田んぼを維持することは難しくなり、里山も手入れを重ねなくなった。田んぼや里山を管理するためには、農山村の活力の維持が不可欠である。コウノトリを地域の生態系の象徴として位置付けることで、自然とかかわる営みを再生していく。野生復帰で実現しようとしているのは、コウノトリの生息数の回復だけでも、自然の再生だけでもない。一回絶滅してしまったコウノトリと人とのかかわりを軸に、人と自然とのかかわりを再構築し、ライフスタイルを見直すことなどを含んだ「地域再生」という総合的な取り組みである。

私は2006年に出版した『蘇るコウノトリ』という本で、このように主張した（菊地 2006: 35–36）。それから10年余りの年月が過ぎた。コウノトリの野生復帰を軸に、人と自然のかかわりは、確かに様々な領域で再構築されてきたし、コウノトリとともに暮らせる地域社会に向けた取り組みも進んできた。本書では、そうした取り組みを論じようと思う。だが、その前に前著で悩んだことを示しておきたい。

私が向き合ったのは「小さな矛盾」という問題であった。コウノトリは害鳥でもあるし、瑞鳥でもあり、ただの鳥でもあり、保護鳥でもあった。こうしたコウノトリという矛盾は、豊岡盆地を悠々と流れ、時に大きな水害を引き起こす円山川のそれと比べると相対的に小さく、共存しうる小さな矛盾であろう。コウノトリという小さな矛盾を引き受けることにより、地域文化が育まれ、大きな矛盾を回避するための人間の知恵が生み出されていく。コウノトリという小さな矛盾を様々な形で引き受けることで、大きな矛盾を回避し、コウノトリとともに暮らせる地域社会をつくっていく。これがその時に示した豊岡の地域再生の理念であった。「小さな矛盾」への気づきを生み出すことが、「コウノトリの力」だと考えたのである（菊地 2006: 244–245）。

だから、コウノトリという矛盾があってもいい。コウノトリを愛する人も、愛さないという人、冷たく接する人もいていいのだ。カラダ語とアタマ語でコウノトリが違ったものとして語られてもかまわない[2]。生活実感と科学が相反することもある。そもそもコウノトリは一つではなく、多元的なコウノトリが並存している。同じ地域のなかでコウノトリも人間も生まれ、生き、そして死んでいく。同じ地域の構成員になれば、様々な感情が生じてくるに違いない。それでも、生活の中にコウノトリが取り込まれていれば、異質な価値が共存しうる「コウノトリとともに暮らす地域社会」といっていい。コウノトリを媒介に、異質な人びとや価値が相互作用し、相互変容することから、コウノトリもすめる地域文化が創出されるのだ。コウノトリを野生に戻した私たちに求められているのは、同じ時空を生きるものとしてのコウノトリという矛盾と折り合う知恵と感性の復活ではないだろうか（菊地 2006: 248–249）。

では、自然という矛盾と折り合うことは、野生復帰さらには自然再生において、何を意味しているのだろうか。時に相反する多様な自然の価値の問題について、私たちはどう考えたらいいのだろうか。この問題に向き合っていかない限り、異質な価値が交錯する自然再生の現場で力を持つ言葉をつくることはできない。そして、自然再生は地域に馴染んだ取り組みとはなりえないのではないか。コウノトリの野生復帰に当事者としてかかわってきた私にとって、「ほっとけない」問題になったのである。

その後、私は職場を変え、豊岡を去ることになった。しかし、「自然という矛盾と折り合う知恵と感性」は、豊岡をはじめ様々な現場を歩きながら、

---

［2］　カラダ語とアタマ語という言葉を作ったのは、社会学者の宮原浩二郎である。宮原によると、カラダ語とは、実際の経験を通して体で憶えた言葉であり、声に出すとカラダが反応するカラダに棲む言葉である。アタマ語とは、勉強や読書、人からの伝聞を通して頭に入った言葉であり、頭に棲む言葉である（宮原 1998）。

ずっと考えてきたことである。いわば宿題として残っている。

本書では、人が働きかける際に矛盾として現れる自然との折り合いについて考えてみようと思う。そのために、生物多様性の保全が目標として定められがちな自然再生という取り組みを、異質な価値が共存しうる「包括的再生」という思想として捉え直す。包括的再生は、価値の併存とそのつながりの状態を指す概念であり、理念としては有効性を持つだろう。だが、全体的かつ抽象的な概念であるので、自然再生にかかわる関係者の微細な思いや実践とは、やはり距離があることは否めない。包括的再生が「大きな声」に変質することも考えられなくはない。だからこそ、関係者の思いや感性が込められた「小さな声」に耳を傾けることが必要なのだ。私が大事にしてきた方法は、そうした小さな声から野生復帰や自然再生を考えるというものだ。現場で私の耳に入ってきた「ほっとけない」は、まさにそうした小さな声で語られる言葉である。

では、「ほっとけない」とは、なんだろうか。「ほっとくこと」が「できない」という否定形として表現される。自然をほっとけないという言葉は、少なくとも自然とかかわりたいという一貫した主体性をあらわすものではない。むしろ、目の前にいる人間以外も含む他者に出会ってしまい、その困難を自らのものとして感じ取る能力を表す言葉といっていいだろう。そうした他者の困難を取り除こうとするかかわりの発露が「ほっとけない」ではないだろうか[3]。そう考えると、「ほっとけない」という言葉を手がかりにすることで、自然という矛盾と折り合う知恵や感性に迫っていくことができるかもしれない。

[3]　西真如によるケアおよび共感に関する議論も参考にした（西 2012a, 2012b）。

序-5 本書の構成

本書では、「ほっとけない」という言葉を手がかりに、自然という矛盾との折り合いのつけ方を考えることから、自然再生の課題と可能性について、現場で実行力のある言葉をつくることを試みたいと思う。

第１章では、コウノトリの保護の歴史および「コウノトリが棲める環境は、人間にとってもいい環境」を創造する取り組みの概要を論述する。野生復帰の研究、環境と経済の共鳴を目指した豊岡市の政策、環境創造型の農法、コウノトリの観光資源化といった多面的な取り組みを紹介し、コウノトリを生活に取り込む意義について論じよう。

第２章では、自然再生の背景、対象を整理した上で、自然再生を包括的再生へと組み替えていく作業を試みる。さらに、自然という矛盾と折り合う基本的視点を提示する。

第３章では、コウノトリと暮らしてきた人びとの「ツル」と「コウノトリ」という語りの分析を通して、人とコウノトリのかかわりを再構成する。その上で、自然という矛盾との折り合いのつけ方について考えてみる。さらに、かかわりが存在感を創り出すという視点から、野生復帰の課題を人とコウノトリの多元的なかかわりとして捉え直す。

第４章では、農業と観光を取り上げコウノトリの地域資源化について考える。コウノトリといった生き物が地域資源として価値付けられる「物語化」というプロセスの検討を通して、自然再生にとっての地域資源化の意味を考える。野生復帰という物語が創られたことにより、地域の要素を地域外の人たちが共感できるように変換され、資源として付加価値が創られていく。ここで問いたいのは、物語が曖昧であることによって、一見すると矛盾する価値を併存することができ、多様な人たちが緩やかに協働する可能性を高めることができるということである。

第5章では､野生復帰における人の関与について考察する。野生復帰とは､人の手によって、一度は絶滅した生き物を戻していく能動的な取り組みである。そうした取り組みにおいて、人の関与をどのようなものにするのか、適切な物理的な距離を模索するという介入の問題は、科学だけで意思決定することができない「曖昧さ」を含んだ厄介な問題である。「野生」が曖昧であることにより､一見すると矛盾する異質な価値を併存させておくことができ､それぞれの関係者が自身の取り組みを野生復帰に関連づけることが可能となる。異質な価値の併存を担保することによって、研究者、行政、市民といった多様な人たちが緩やかに協働する可能性を高めることができるだろう。こうした視点に立てば､「ほっとけない」という気持ちから自然に手を加えることの意義も示すことができるだろう。

第6章では、小さな自然再生に取り組む村の主体性のあり方を見ることから、自然再生を地域の生活に取り込む要件について考察する。加えて、「生活化」という概念を用いて、第4章で論じた物語化のバランスについても考察する。このことは、第6章で論じた「野生」の問題とも密接に関係している。というのも､「野生」をめぐる問題は、科学知と生活知のバランスの問題であるとともに、科学の物語化の問題でもあるからである。地域が科学を飼いならし､使いこなすために必要な要件を考えていくことにもつながろう。

第7章では、私の個人的な経験および現在、総合地球環境学研究所の地域環境知プロジェクトで行っている調査研究に基づき、自然再生を進めていくための知識基盤について考察する。「レジデント型研究」という方法を取り上げながら、地域の課題から出発し、研究者のみならず、地域内外の多様な関係者とともに協働的に作り上げていく新たな知の方法論としてのレジデント型研究の課題と可能性について論じる。こうした知の方法論が形成されることにより､自然再生は地域再生と一体的な包括的再生となりうるのである。

終章では、自然再生において「ほっとけない」という受動的な主体性の持つ意義についてまとめるとともに、当事者性を持つ研究の意義を提案する。

私は、野生復帰に「当事者性」を持ってかかわる中で、その時その時に問題になっていることに向き合い、私がかかわったこと、あるいは要請があったことへの対応の一つの表現形態として、論文や本の原稿を執筆してきた。本書は、そうした論文や本に寄せた原稿を、改めて一つの軸から再構成したものである。その意味で体系立てた研究の成果とは、いえないであろう。一貫性がないといえばないのだが、その分、コウノトリの野生復帰という問題の移り変わりや、私自身の変化がよく分かる。私自身の研究者としての生き方と本書の内容がクロスオーバーしているからだ。このことをデメリットではなく、メリットとして捉えることで、総合地球環境学研究所が進めているトランスディシプリナリティ（超学際）研究にも貢献できると信じる。なぜなら、科学の学際的な研究に加えて、社会の様々な関係者との連携によって、人と自然のあるべき姿を模索する課題解決志向型のトランスディシプリナリティ研究は、何よりも地域の課題から駆動されるものであり、研究者の当事者性を抜きに形成できるものではないと思うからである。本書のいたるところに、私の当事者性が発露されているはずである。

第１章　コウノトリを野生復帰する

コウノトリ放鳥の瞬間を待ちわびる人びと
（2005 年 9 月 24 日）

1–1　保護から絶滅、そして野生復帰

江戸時代の産物帳を調べた安田健によると、コウノトリの生息の記録は、東北から九州にかけて広くみられるという（安田 1987）。浅草の浅草寺、青山新長谷寺、御蔵前西福寺など江戸周辺の社寺の屋根に巣をかけて繁殖していた記録も残っている。江戸時代、コウノトリは日本各地に生息していたのである。

但馬地方での生息記録としては、櫻井勉『校補但馬考』の「仙石實相公年表略」に「延享元年（1744年）二月五日出石下郷島村に鶴の下り居れるを聞き、俄かに出馬を命じ片間沖に於て自ら放鷹して之を獲、同九日賀宴を開いて老臣以下を饗す」との記述がある。ここでいう鶴とはコウノトリのことを指すと思われる。長寿を保つ「瑞鳥」として、その吸い物は高貴な最高の珍味であったという。

では、農家はコウノトリをどう捉えていたのであろうか。出石藩の幕末期の執務日誌をまとめた『御用部屋日記』に鳥獣害に対する農家からの願い（陳情）が記されている。

> 嘉永2（1849）年5月17日　唐鳥（トキと思われる）踏み込みに付き、威筒願い（伊豆村）
> 安政6（1859）年6月4日　植田に鶴、唐鳥踏み込みに付き威筒願い（伊豆村）

この他に獣害を訴える願いが2、3年毎に出されている。この頃、威筒（いつつ）で追い払いたくなるほどコウノトリやトキが田んぼにいるようになったのだろう。

ところが、明治になって狩猟の規制がなくなると、日本各地で大型鳥類の密猟が横行し、明治20年代にはコウノトリも全国から姿を消し、但馬でも

一時期姿が見えなくなった。1894年、飛来が途絶えていた出石の桜尾の鶴山（つるやま）に一つがいが飛来し、営巣してヒナを育てた。この鶴山は「鶴山の鸛繁殖地」として天然紀念物（天然記念物）指定[1]され、給餌場の設置など保護措置によって個体数は増加した。

豊岡中学校（旧制　現在の兵庫県立豊岡高校）教諭であった岩佐修理は、当時の但馬のコウノトリの生息数をまとめ、兵庫県博物学会会誌に報告している。岩佐は、1934年度は営巣地が20ヵ所あり、親鳥だけで40羽の生息を確認、1935年度は営巣地18ヵ所で、2ヵ所の営巣地で3羽いたことから親鳥のみで38羽の生息を確認している。「五十数羽空高く飛んで居るのを数え得た」という住民の証言を紹介しているが、これはヒナ鳥が加わったものであると推定している（岩佐 1936）。こうしたことから、60羽前後の生息数であると結論している。1930年代はコウノトリの最盛期であり、鶴山には茶店が開設され、「巣篭もり列車」が走り、営巣期を中心に賑わった（写真1-1）。

だが、全盛期は長く続かなかった。1943年、建築用材や松根油を得るために営巣地である鶴山の国有林の松林が伐採されてしまったからである。それ以降、営巣場所が転々と変わったため、「鶴山の鸛繁殖地」は1951年に天然記念物指定を解除された。営巣地が四散し不安定なため、天然記念物の指定地を変更したり、営巣場所の指定から種指定に変更したりと、保護対策は一貫しなかった。

その後も農薬の使用や耕地整理などにより個体数は減少し続けたため、1955年、山階鳥類研究所の山階芳麿所長が、阪本勝兵庫県知事（当時）に保護を依頼して、コウノトリ保護協賛会（後に、但馬コウノトリ保存会）が設立

[1]　1919年に制定された史蹟名勝天然紀念物保存法では、天然紀念物と表記されていた。1921年、コウノトリの繁殖地であった鶴山は、「鸛蕃殖地」として指定された。詳しくは、菊地・池田（2006）を参照のこと。

写真 1–1　コウノトリ（鸛）の繁殖地として天然紀念物（天然記念物）指定された鶴山のコウノトリ。（提供：兵庫県立コウノトリの郷公園）

写真 1–2　絶滅が危惧される中、設置された人工巣塔。（提供：兵庫県立コウノトリの郷公園）

され、本格的な保護運動が始まった。個体数調査、人工巣塔の設置（写真 1–2）、餌場の設置、コウノトリをおどろかさないようにする「コウノトリをそっとする運動」、「保護員」の配置、小中学校の協力のもと人工餌場に供給するドジョウを集める「ドジョウ一匹運動」、コウノトリ保護のための資金を募る「愛のきょ金運動」など、多様な活動が展開された。それでも、個体数の減少を止めることはできず、1959 年に豊岡市福田で 1 羽が巣だったのを最後に、但馬では野生下での自然繁殖は見られなくなった。

こうした状況の中、「人工飼育に踏み切らなければコウノトリは絶滅する」と考えられるようになり、1965 年から順次捕獲し、人工飼育が始められた。ところが、捕獲したペアは、1 年もたたないうちに病気と事故で死んでしまった。そこで、豊岡市と文部省は飼育対策協議会を開催し、国内にいるコウノトリすべてを人工飼育によって保護する方針が確認された。

しかし、飼育下では、なかなかペアの形成がうまくいかず、人工繁殖は長らく成功しなかった。それと並行して、野外での個体数は減少し続けた。1971年に野生最後の個体が保護の後に死亡した。懸命な保護活動にもかかわらず、繁殖個体群が消滅してしまったのである。日本のコウノトリは野生下で絶滅したのだ。

コウノトリの絶滅要因としては、①明治期の乱獲による分布域の減少、②圃場整備などによる低湿地帯の喪失や営巣場である松の減少といった生息地の消失、③農薬など有害物質による汚染、④個体数の減少した時点での遺伝的多様性の減少、が考えられている。最後の引き金となったのは農薬によるダメージだった。コウノトリの保護が進められる中、但馬地方では1958年頃から農薬の大量使用が始まり、コウノトリの体は次第にむしばまれていった。死亡した数羽のコウノトリを分析した結果、水銀剤農薬や高い濃度のPCBが検出された。コウノトリは生物を絶滅に至らしめる典型的な原因によって絶滅の道を歩んでいったのである。

人工飼育の試みは困難を極めたが、1985年、ソ連（当時）のハバロフスクから6羽の幼鳥が贈られたことが転換点となった。この6羽からペアが生まれ、人工飼育を始めてから24年が過ぎた1989年、念願のヒナが誕生した。これ以降、複数のペアが形成され、1994年には日本で生まれた個体同士によるペアからもヒナが生まれ、第3世代が誕生した。飼育下繁殖は順調に進み、2002年には100羽が飼育されるまでに至った。

もともと野生のコウノトリを捕獲したのは、危機的状態に置かれたコウノトリを保護し、人工繁殖をして、野外で個体群を確立するためであった。その考えに基づき、1992年に兵庫県は「コウノトリ将来構想委員会」を設置し、飼育下で生まれたコウノトリを野外に戻す野生復帰を視野に入れた将来構想作りを始めたのである。

1994 年 6 月、豊岡市においてカリフォルニアコンドルの野生復帰プロジェクトの担当者や IUCN（国際自然保護連合）のコウノトリ・サギグループの議長、ロシアの研究者を招いた「コウノトリ未来・国際かいぎ」が開催され、コウノトリの野生復帰の可能性が討議された。同年には「コウノトリの郷公園基本構想」が策定された。2000 年 7 月、「第 2 回コウノトリ未来・国際かいぎ」が開催された。コウノトリそのものを討議した第 1 回目の会議に対し、ドイツやフランスの研究者や行政官を招き、野生復帰を軸にした「人と自然との共生」「地域づくり」について幅広い議論が展開された。野生復帰は地域づくりと位置付けられるようになったのである。

ここで注目したいのは、絶滅から野生復帰に向かう中で、種の保全から、生息地の再生、地域の再生へと取り組みが上書きされていったことである。野生復帰は、農の再生や地域の再生と一体的な取り組みであるという考えが示されたのだ。

そうした考えを表すキャッチフレーズが「コウノトリが棲める環境は、人間にとってもいい」というものだ。里の鳥であるコウノトリと人間の生活空間はクロスオーバーしている。だから、コウノトリが棲めるほど生き物豊かな環境は、人間にとってもいい環境であるはずだ。この分かりやすい「物語」が形成されたことによって、野生復帰への共感は広がり、以下で見るように多面的な取り組みが展開されるようになった。

1-2 野生復帰に向けた総合的な取り組み

(1) コウノトリ行政

まず動いたのは行政であった。長年、豊岡市でコウノトリ保護行政を担ってきた佐竹節夫氏は、野生復帰に向けて重要なのは、生息環境の整備と自分のまちを知ることであるとした。コウノトリは「農業の豊かさ」を示してくれる指標であり、人間の生き方を問い直す必要がある、と指摘した（佐竹 1997）。こうした行政の方針のもと、1997年には豊岡あいがも稲作研究会、1999年にはコウノトリの郷朝市友の会が発足するなど、農業の取り組みが先行した。

2002年、豊岡市企画部にコウノトリ共生推進課（現在はコウノトリ共生部）が設置された。おそらく日本で初めて生き物の名前が使われた行政組織であろう。同年には兵庫県但馬県民局にコウノトリプロジェクトチームも発足した。兵庫県と豊岡市は2003年度から、田んぼをコウノトリの餌場として活用する「コウノトリと共生する水田自然再生事業」を実施してきた。その後、豊岡市基本構想（2002）、コウノトリ環境条例（2002）、豊岡市環境基本計画（2002）、豊岡市環境行動計画（2003）、環境経済戦略会議（2004）、いきものへの共感に満ちたまちづくり条例（2012）といった野生復帰に関連した行政計画が住民参加のもと策定されている。

その一つである環境経済戦略は、相反すると考えられていた「環境」と「経済」をともに発展させることで、コウノトリと共存する地域づくりを進めていこうとするものである（豊岡市 2007）。具体的な方針としては、ひょうご安心ブランドなどブランド作付けとその市内消費を目指す①豊岡型地産地消、コウノトリ育む農法など②豊岡型環境創造型農業の推進、修学旅行生の誘致など③コウノトリツーリズム、太陽光発電パネルを生産する企業といった④環境経済型企業の集積、⑤自然エネルギーの利用促進である。

コウノトリ市長とも呼ばれる中貝宗治市長は、「コウノトリですら住めるまち」というキャッチフレーズを掲げている。行政施策にコウノトリが取り込まれるようになったのである。

(2) 学問を坩堝にする野生復帰研究

1999年11月、野生復帰の拠点である郷公園が開園した（写真1–3）。絶滅の危機にあるコウノトリを飼育下で繁殖させ、野生復帰することを目的とした施設であり、飼育員、獣医、環境教育スタッフ、研究員といった多様なスタッフが集い、「コウノトリの種の保存と遺伝的管理」、「野生化に向けての科学的研究および実験的試み」、「人と自然が共生できる地域環境の創造に向けた普及啓発」などに関連する取り組みを実施している。初代研究部長を務めた池田啓は野生復帰に向けた総合的かつ実践的なアプローチを模索し、コウノトリを地域における自然とのかかわりを創り直すための象徴として位置付けた。コウノトリを象徴とすることにより、人と自然の多様なかかわりを創り直すことこそが、野生復帰なのだ。だからこそ、池田は数少ない研究員のポストの一つに環境社会学を当てたという。環境社会学担当の研究員であった私は、こうした言葉をプレッシャーとも感じながら仕事に取り組んできた。

郷公園の特徴は、第一に野生復帰という課題に対して保全生態学、鳥類行動学、景観生態学、環境社会学の研究者と獣医、飼育員という多様な分野の専門家が協働している点である。第二に研究者は兵庫県立大学の教員と郷公園の研究員という二つの名刺を使い分けて活動をすることである。研究のための研究ではない。研究と実践は一体的なのである。第三に研究者たちは豊

写真 1–3　野生復帰の拠点である兵庫県立コウノトリの郷公園。（提供：兵庫県立コウノトリの郷公園）

岡に移り住んだ地域住民としても、野生復帰という課題の解決に向けた実践的な活動を行っていることである（菊地 2015b）。

一般的に、研究者は自分の専門分野の視点にとらわれがちである。野生復帰という総合的かつ実践的な課題に向き合う郷公園では、行政の視点、研究の視点、地域住民の視点という複数の立場を行き来することで、それぞれの論理を融合させることを試み、野生復帰を推進していく新しい研究を模索した。池田は、このことを「すべての学問を坩堝に」すると表現した（池田 1999）。確かに、複数の視点を行き来することで、研究者として培ってきた視点を相対化したり、自分の研究の問いと社会の問いとのズレを認識し、課題解決に向けた実践的な研究を進めていく可能性が広がっていくだろう（菊地 2015a）。詳しくは7章で論じるが、郷公園の活動に、レジデント型研究とトランスディシプリナリティ研究の先駆けとなるアイデアの萌芽を見出すことができる。

第3章から詳しく述べていくように、一研究員だった私は、人とコウノトリのかかわりを明らかにしたり、農業の再生、コウノトリの観光資源化、多様な関係者のコミュニケーションの促進などに関する研究活動に携わってきた。これらは最初から論文等で公表する目的のために行った研究ではなく、現場で問題になっていることや現場で対応を行っているうちに、成果としてまとめたものである。この意味で、私自身に環境社会学というディシプリンに基づいた首尾一貫した研究の視点があるとはいい難い。しかし、こうしたある意味で行き当たりばったりの研究を積み重ねていくことで、地域の課題解決と研究活動の融合をはかるようになり、自分自身が培ってきた専門分野の視点を相対化できたようにも思う（菊地 2015a）。いってみれば、私は野生復帰という現場に身を投じ、その立ち位置から経験し、見えてきた社会的現実を研究するという、いわば内在的な手法を確立してきたのである。

(3) 多様な主体の連携

2003年、研究者や行政をはじめとする多様な主体によって「コウノトリ野生復帰推進計画」が策定された（コウノトリ野生復帰推進協議会 2003）。IUCNのガイドラインを基盤にしたもので、コウノトリの生態、絶滅の要因、地域の現状、野生復帰の基本方針、放鳥の方法、環境整備の推進などの項目で構成される、絶滅した生物の再導入に関する国内で最初の行動計画である。「コウノトリ野生復帰の実現 ―― コウノトリと共生する地域づくり」の実現を目指したこの計画は、「これまで経済重視で進められてきた様々な社会システムの構築を見直し、コウノトリと共生できる環境が人にとっても安全で安心できる豊かな環境であるとの認識に立ち、人と自然が共生する地域の創造につとめ、コウノトリの野生復帰を推進する」と高らかに宣言する。基本方針として①遺伝的な多様性に配慮した個体群の管理、②野生生息するための環境整備の推進、③関係する機関の連携、④コウノトリと共生する普及啓発の推進、⑤順応的管理の推進が挙げられている。環境整備の推進策には、環境創造型農業の推進、自然と共生した河川整備の推進、自然と共生する里山林の整備が盛り込まれた。

同年、「コウノトリ野生復帰推進連絡協議会」が組織された。野生復帰は研究者や行政だけでなく、地域社会の多様な関係者が協働して推進すべきものであるとの考えに基づき、兵庫県や豊岡市など行政、JAや漁協などの生産者組織、区長会や農会、学校関係者などの住民組織、環境保全などにかかわるNPO、研究者など地域の関係者を網羅する構成となっている。コウノトリのために結成された団体よりも、既存の地域団体が多数を占めているところが特徴的である(表1–1)。行政機関や既存の地域組織がそれぞれの論理に多少なりともコウノトリを取り入れることで、野生復帰を実現しようとしているのである。いい換えると、それぞれの組織の論理はコウノトリによって多少なりとも変容する。

ここで指摘しておきたいことは、豊岡市内に郷公園という研究機関、豊岡市役所にコウノトリ共生課、兵庫県但馬県民局にコウノトリプロジェクトチームが設置されたことが、野生復帰推進計画策定や様々な取り組みの推進において大きな役割を果たしていることである。なぜなら、何より、野生復帰という「現場」を共有できたからである。そして、一定の意思決定をする権限を持つ組織、人が現場に配置されていたからである。そのことにより、現場感覚に富んだ意思決定を行う可能性が高まる。もちろん、それぞれ大事にすることが異なり、予算の出所も違っているが、研究者と行政が物理的・

表 1-1　野生復帰推進連絡協議会の構成者（2011年現在）

		研究	保護・増殖	地域づくり	教育	商業	農林水産業	自然再生
国	国土交通省豊岡河川国道事務所							●
兵庫県	郷公園	●	●	●	●			
	但馬県民局			●			●	●
	但馬教育事務所				●			
豊岡市	市役所			●	●		●	
	農業委員会						●	
	豊岡土地改良事業協議会						●	●
	認定農業者協議会						●	●
地域団体	こころ豊かな美しい但馬推進会議			●				
	但馬夢テーブル			●				
	三江地区区長会			●				
	但馬地区消費者団体連絡協議会			●				
	但馬文化協会			●	●			
	豊岡商工会議所			●		●		
	但馬地区商工会連絡協議会			●		●		
	たじま農業協同組合			●			●	●
	円山川漁業協同組合						●	●
	北但東部森林組合						●	●
	但馬小学校長会				●			
NPO	たじま緑のネットワーク			●				
	コウノトリ市民研究所	●			●			●
学識経験者	農学	●		●			●	
	河川工学	●						●
	保全生態学	●	●	●	●			●

（内藤ほか 2011）

空間的に近接した場所で直接的で密接なコミュニケーションを行い、相互に学習を重ねていくことができた。そうした対面的なコミュニケーションの中で、互いの違いを認識するとともに、それぞれの強みもまた自覚することにつながっていったのである。

それはともかく、以下に見るように、推進計画での方針を基礎として様々な自然再生事業が行政施策として展開され、環境保全型農業が進展するなど、多様な人たちによる取り組みが広がっている。

(4) 環境創造型農業の開発

コウノトリの野生復帰に向けては、農薬や化学肥料に頼らない新たな農業の展開が不可欠である。豊岡では1990年代半ばから、コウノトリをシンボルとする環境創造型農業の確立に向けた取り組みが行われ、「コウノトリ育む農法」(以下、適宜「育む農法」として表記する)として技術の確立が目指されている。

先駆けたのは、1997年に発足した「豊岡あいがも稲作研究会」であった。アイガモ稲作とは、アイガモのヒナを田植えの後の田んぼに放し、田んぼの中の草や虫をエサとして飼育すると同時に、農薬や化学肥料による環境負荷を減らした有機農法の技術である。アイガモは、糞による養分補給など多様な働きもする。

郷公園が開園した1999年、豊岡市三江地区の農家たちは無農薬、減農薬の野菜を栽培し販売する「コウノトリの郷朝市友の会」を発足させた。郷公園が村にできると決まった時、村では大きな不安が生じたという。その一つは、田植えの後の稲を踏み荒らしたコウノトリが野生復帰すれば、再び踏み荒らすのではないかというものであった。第3章で詳しく述べるが、コウノトリは稲を踏む害鳥でもあったのだ。その一方で、経済成長が望めなくなり、環境問題も問題となってくる中で、コウノトリを核に「人と自然が共生する地域」が実現できるのではないかという期待感も生まれてきた。有志の住民は地区住民へのアンケートなどを実施し、議論を行い、「農地の集約化」、「農道の花植え」などを提案した。朝市の開催はその一つであった。「コウノトリのためだけじゃない。我々の話だ」という思いから、無農薬・減農薬野菜の栽培の勉強会をスタートさせた。

2002年、郷公園がある豊岡市祥雲寺地区に「コウノトリの郷営農組合」が発足した。「コウノトリが住めるということは人間にとっても安全な環境」という理念をかかげ、祥雲寺地区の全農家が加入し、農地の集約化、営農の組織化、農業機械の共同利用、冬期湛水田を実施している。他の地区に先駆けて無農薬・減農薬の稲作に取り組んできたのである。

コウノトリの郷営農組合が発足した2002年には、環境創造型農業の確立を目指す取り組みも始まった。豊岡市はNPO民間稲作研究所の稲葉光國氏を外部講師として招き、有機農業の勉強会を開催した。2003年にはコウノトリの郷営農組合が、冬期湛水の実証圃において米ヌカペレットを使用した無農薬・無科学肥料栽培に取り組んだ。翌年には豊岡エコファーマーズが続いた。生き物と共生する農業を進展させるため、水田生物のモニタリングも開始された。2005年には、兵庫県、豊岡市、JAたじまと生産者の代表が協議し、「コウノトリ育むお米生産部会」の準備委員会が発足、「コウノトリ育む農法」によるお米の生産・流通・販売体制が整備された。2006年には、JAたじまが事務局になり「コウノトリ育むお米生産部会」が設立された。

コウノトリの餌生物となる水生動物の生息環境を整えると同時に安全で付加価値の高い米を生産する技術体系として提案されたのが「コウノトリ育む農法」である（西村 2006）。コウノトリ育む農法は「おいしいお米と多様な生き物を育み、コウノトリも住める豊かな文化、地域、環境づくりを目指すための農法（安全なお米と生き物を同時に育む農法）」と定義されている。野生復帰という物語を農業に取り込み、生物多様性に寄与することによって生産物に高付加価値がつき、高付加価値がつくことで農業が維持される。このサイクルを形成することで、野生復帰と農業の両立の実現を目指している（写真1–4）。

写真 1-4 餌生物となる水生動物の生息環境を整えると同時に付加価値の高い米を生産する「コウノトリ育む農法」。

コウノトリの野生復帰が報道等で広く知られるようになり、高価ではあっても販売実績は好調だ。コウノトリ育む農法は、生物多様性の向上に寄与する農法として注目されるとともに、生産物は高付加価値のブランド米としても注目されている。農家、豊岡市、豊岡農業改良普及センター、JA たじまといった多様な人や組織の協働により、耕作面積は、2015 年現在で約 366ha にまで拡大しており、豊岡市の水田耕作面積の 1 割を超えるようになった。栽培面積は放鳥後の 2006 年に急増しており、放鳥の社会的インパクトがうかがえる。豊岡市 (2006) が実施した調査によると、コウノトリ育む農法に取り組むことにより、水田生物は増加する傾向にある。自然再生と経済効果が相乗的に効果を生んでいる好例といっていいだろう。詳しくは第 4 章で論じる。

(5) 自然再生の取り組み

コウノトリの絶滅要因を取り除き、自然環境を再生していく基本的な考えは、「環境の創造的復元」と呼ばれるものである（内藤ほか 2005）。昔の状態に回帰して復元するのではなく、現在の社会経済基盤やシステムを改良しながら、生息環境を整えていくことを目指す。いくつかの取り組みを見てみよう。

低湿地状の湿田（ジルタ）が広がっていた豊岡盆地では、1960 年代以降、生産性向上のための圃場整備、区画の大型化、乾田化が進められた。作業性と生産性を著しく向上させる一方で、用排水分離による水路と田んぼの分断は生き物の移動を阻害し、水路のコンクリート 3 面張りは魚の逃げ場を奪ってしまった。野生復帰に向けて、こうした諸問題を解消・軽減することが必要であった。

兵庫県と豊岡市は 2003 年から、「コウノトリと共生する水田自然再生事業」を実施している。田んぼを生き物の生息環境として活用し、コウノトリの餌場として機能することを目指し、その管理に必要な経費などを含めて委託料として農家へ支払うものだ。生産調整で休耕された田んぼをビオトープとして機能させるものが転作田ビオトープ型である。概ね 1ha 以上の面積を対象にし、県と市が一定の助成を行う制度である。豊岡盆地内にビオトープ転作田などを集団的に設置した。現在、16 地区の約 12ha で実施されている。作付けされている田んぼを対象にしたものが、冬期湛水・中干し延期稲作型である。冬期湛水は、水を抜いて乾かしていた稲刈り後の田んぼに再び水を引き入れるもので、乾田では生息できないドジョウなどが冬期も生息でき、初

写真 1–5 水生生物の逃げ場となる水路

写真 1–6 水田魚道

春に産卵するアカガエル類の幼生などが生息しやすい環境を創り出そうとする。これらによって田んぼに生息する生き物をできるだけ増やすことを目指している。豊岡市は、冬期湛水・中干し延期稲作を実施する農家に 10 アールあたり 7,000 円を支払っている。

落差のある田んぼと水路をつないだ魚道、水生動物の逃げ場となるように工夫された水路も造られている（写真 1–5・1–6）。豊岡盆地には、2014 年 11 月現在、水田魚道が 106ヶ所設置されている。モニタリング調査では、ドジョウやタモロコなどの魚類や甲殻類が小規模水田魚道を遡上し水田内に進入したこと、落水時には水田内でふ化したとみられるナマズやフナ類が降下したことが確かめられている（内藤ほか 2005）。里山では営巣木となるマツの植林が行われた。

円山川下流域の豊岡盆地は、河口との高低差がほとんどないことから水害が起こりやすい地形である。2004 年には、台風 23 号による大規模な水害に見舞われ、約 8,000 世帯が被災した。私も床上浸水に見舞われた被災者の一人であった。それ以前から、流域では湿地の創出を含む自然再生計画が検討されていたが、水害以降は災害復旧事業と野生復帰に向けた自然再生を両立することが求められた。河川敷に創出された湿地面積は増加し、その湿地をコウノトリが利用するようになった（写真 1–7）。こうして造成された湿地が

写真 1–7　円山川の河川敷に創出された湿地をコウノトリが利用するようになった。

コウノトリの生息地として機能するかどうかは、検証していかなければならない課題である。

前述したハチゴロウと呼ばれた野生のコウノトリが飛来し、豊岡市戸島地区の田んぼにしばらく滞在したのは、この台風 23 号が過ぎ去った後のことである。このことをきっかけに、2009 年 4 月に、圃場整備中だった田んぼの一部をコウノトリの生息地として整備した、豊岡市立ハチゴロウの戸島湿地が開園した（写真 1–8）。円山川の河口付近に位置するこの場所は、日本海からの汽水、上流からの淡水、山際からの湧水などが混在し、様々な環境が

写真 1-8 圃場整備中だった田んぼの一部をコウノトリの生息地として整備した、豊岡市立ハチゴロウの戸島湿地。(提供：NPO コウノトリ湿地ネット)

コンパクトにまとまっている。戸島湿地の管理・運営は、指定管理者のNPO コウノトリ湿地ネットが担っている。湿地ネットの管理もあって、2008 年から毎年コウノトリの繁殖が観測されている。

(6) コウノトリの放鳥と科学的研究

2005 年 9 月 24 日、郷公園から 5 羽のコウノトリが放鳥された。本格的な野生復帰を前に様々な事柄を検証するための試験放鳥であった。その期間は 5 年間と定められた。

試験放鳥を実施するため、郷公園は野生復帰プログラムを作り、放鳥に向けた取り組みを行ってきた。十分な個体数を回復する第一段階、野生下で採

表 1-2　郷公園から放鳥されたコウノトリの数

年度	2005	2006	2007	2008	2009	2010	2011	2012	2013	2014	2015	計
ハードリリース	5	3	3					1				12
ソフトリリース（成鳥）	2	4	2		2							10
ソフトリリース（幼鳥）		2		2		2			4	2	3	15
計	7	9	5	2	2	2	0	1	4	2	2	37

郷公園ホームページより、筆者作成

餌し繁殖できるようトレーニングし、その一方で野生復帰させる地域の自然環境を評価し、修復、再生の必要性、方法について技術的検討を行う第二段階、トレーニングされた個体を放鳥する第三段階、放鳥した個体がその場所に定着し、繁殖を行うことで、個体群を安定して維持する第四段階である。（池田・大迫 2008）。

郷公園は試験放鳥の期間中に、4 つの放鳥方法を試してきた。1 つはトレーニングをしたコウノトリを適切な場所に持って行き、すぐに放鳥するハードリリースである。他の 3 つはコウノトリを定着させたい場所に簡易な飼育ケージを設置し、そこでしばらく慣れさせた後に放鳥するソフトリリースである。

2005 年から 2010 年までに、ハードリリースで 12 羽、ソフトリリースで 22 羽を放鳥した。（表 1-2）。放鳥されたコウノトリは、問題なく飛行し、野外での採餌を行っていた。ハードリリースの実施場所と使用する放鳥拠点の変更や、番いを形成してなわばりを持つ個体がでてきたことなどにより、放鳥個体の生息地は盆地内の広範囲に広がってきている。

2007 年 7 月 31 日に、野生下では 46 年ぶりになるヒナの巣立ちが観察され、2008 年には豊岡盆地で 8 羽のヒナが巣立った。その後は毎年 10 羽前後が巣立っている（190 頁　写真 5-1）。2011 年には、放鳥したコウノトリの孫である第 3 世代が誕生した。2016 年現在、約 90 羽のコウノトリが野外で生息するまでに至っている。豊岡のかつての最盛期に近い、あるいはそれを上回る数である。生息数の回復という点を見れば、野生復帰は順調に進んでいるといっていいだろう。郷公園はコウノトリへのモニタリングを継続的に行い、コウノトリの行動、生態などに関する成果を発表している。コウノトリは半径約 2km のなわばりを形成することなどを明らかにしている。

2011 年、兵庫県は 5 年間にわたる試験放鳥により得られた科学的研究成果を検証し、これらを基に、これからの本格的野生復帰を目指した短・中期計画と野生復帰の最終ゴールを提示する「コウノトリ野生復帰グランドデザイン」を策定した。短期目標として「安定した真の野生個体群の確立とマネジメント」をかかげ、給餌からの段階的脱却や安定した個体群を確立するため分布を周辺地域に拡大するなどの取り組みを行うことにしている。中期目標としては「国内のメタ個体群構造の構築」をかかげ、豊岡以外に別の繁殖個体群が確立されることを目指すとされる。野生復帰のゴールとして掲げているのは、「安定したメタ個体群構造の確立」[2]「コウノトリと共生する持続可能な地域社会の実現」、そして「コウノトリが普通種になること」である（兵庫県教育委員会・兵庫県立コウノトリの郷公園 2011）。こうした目標は、研究者だけで達成できるものではない。多くの人たちの協働と合意形成が欠かせない。

---

[2]　メタ個体群とは、「断続的な遺伝子交流を行いながら存続する空間的に独立した複数の個体群から構成される全体」のことをさす。具体的には、「現在の豊岡盆地個体群に組み込まれている大陸産野生個体のように、何年かに一度、別の個体群からの分散個体が豊岡の繁殖個体群に加わることにより、個体群の遺伝的多様性が高まるとともに、コウノトリという種の遺伝的一体性が保たれている状態であり、このような空間的に独立した複数個体群の存在とその間の遺伝的交流により生物種は安定して維持される」というものである（兵庫県教育委員会・兵庫県立コウノトリの郷公園 2011: 22–23）。

1-3 自然とのかかわりの創出

(1) 市民モニタリング

池田は、「野生復帰という大きな事業は、……多くの市民、様々な団体の参加によって実現するものである」と述べた（池田 2000: 578）。コウノトリの生息地は、人びとが暮らしている空間である。コウノトリを軸に市民や住民が自然とのかかわりを再生し、ともに暮らす社会を創っていくことが重要となると考えたからであろう。その一方、野生復帰に関心を寄せるある市民は、私にこう問いかけた。「農家は、コウノトリ育む農法に取り組むことで、野生復帰にかかわっていくことができる。では、市民はどのようにかかわっていけるのだろうか」。確かに、一般の市民が直接的に野生復帰にかかわることは、なかなか難しい。

郷公園は、2000年からコウノトリ・パークボランティアを養成し、市民によるモニタリング体制の構築を目指してきた。野生復帰への参加の場づくりである。養成したボランティアやその他の市民の中から、コウノトリを連日のように観察し、記録を蓄積する人たちが現れている。こうした人たちはコウノトリへの「愛護」をかかげながら、コウノトリの生態や餌生物、採餌環境等に関する調査や生息環境の整備に向けた活動を行っている。近年、地域の身近な自然を守るために、博物館といった社会教育施設を拠点にした多数の市民による環境モニタリングの可能性が唱えられている（鷲谷・鬼頭編 2007）。科学知は、科学内部での整合性を重んじるため、コウノトリの野生復帰のような総合的で現実的な問題を扱うのはあまり得意ではない。コウノトリの野生復帰のような社会的な課題の解決を目指した研究では、市民の目線での調査・研究もまた必要なのである。この点については、第5章で詳し

写真 1-9　コウノトリ湿地ネットが主催したコウノトリ市民交流会。

く論じることにしよう。

先に述べたコウノトリ湿地ネットは、「コウノトリの野生復帰を確かなものとするため、コウノトリの採餌場所となる湿地の保全・再生・創造を行って、人と自然が共生する社会づくりに寄与することを目的とする団体」である。その活動は市民の視点から、市民の力を結集することにある。具体的な活動は、ハチゴロウの戸島湿地の保全・再生・創造であるが、豊岡から活動は広がりを見せている。たとえば、2016 年 6 月には、同団体が主催して第 3 回コウノトリ市民交流会を開催し、日本国内の飛来地や韓国の関係者など 80 名以上が豊岡に集い、積極的な意見の交換がみられた（写真 1–9）。この交流が企画されたのは、野生復帰は豊岡のみならず、より広域的に取り組んでいく問題であるからだ。国内外のコウノトリに関心ある市民のネットワークが形成されつつある。

野生復帰は既存の地域団体がベースとなり、それぞれの取り組みにコウノトリを取り込むところに特徴があると述べた。それに対して、コウノトリ湿地ネットの活動は、これまでの豊岡の野生復帰にはない、コウノトリを第一の目的とする活動といっていいだろう。

(2) 地域住民による小さな自然再生

2007年の繁殖の成功以降、コウノトリの生息数は増加し、飛来する地域も増えてきた。2008年4月に飛来した兵庫県豊岡市の田結地区も、そうした飛来地の一つである。

この村の人びとは、田んぼや海、山といった地域の環境を共有し利用することで、生活を組み立ててきた。しかし、田んぼは減反政策をきっかけに徐々に耕作放棄されるようになった。2006年を最後に、すべての田んぼが放棄されてしまった。村人たちは放棄水田に寄り付かなくなったが、そこにコウノトリが降り立ったことにより、放棄水田をコウノトリの餌場として再生する取り組みが始まった。コウノトリ湿地ネットのメンバーやボランティア、研究者、行政といった多様な主体とともに、この村の人びとはスコップ片手でできるほどの「小さな自然再生」に取り組み始めたのである。

経済性のない小さな自然再生に取り組む理由として、ある人は「田んぼを作ってくれた先祖への申し訳なさ」を語った。厳しい環境の中で苦労して耕作した記憶があるだけに、田んぼを放棄してしまい、荒れさせてしまうことは「先祖に申し訳なく」「つらい」ことだというのである。コウノトリは、放棄してしまった田んぼを強く意識させる存在である。コウノトリが飛来してきたことで、稲作はしなくても再び田んぼにかかわる道筋ができたのであ

写真 1-10　郷公園の来園者数は年間 30 万人前後に達している。

る。この村での取り組みは、コウノトリが飛来してきたことを機に放棄水田をコモンズ（みんなのもの）として再生しようとするものである（菊地 2013b）。この事例については、第 6 章で論じる。

(3) コウノトリツーリズム

2005 年の放鳥以降、郷公園の来園者数は年間 30 万人前後で推移している（写真 1-10）。私たちが行なった郷公園の来園者へのアンケートの結果によると、観光目的は周遊観光が半数を占めているが、コウノトリ目的も 2 割あった。4〜10 度目の訪問が 26％を占めるなど再訪者が多く、満足度と再訪意思もそれぞれ 9 割を占めていることから、コウノトリは観光領域における重要な地域資源となっていることが明らかになった（菊地 2012）。大沼・山本

写真 1–11　郷公園内のコウノトリ文化館に豊岡市が設置したコウノトリ基金。（提供：豊岡市コウノトリ共生課）

(2009) は、コウノトリの観光面での豊岡市の経済波及効果を年間約 10 億円と試算し、地域経済に寄与していることを明らかにした。再訪者が多いことから、効果が継続する可能性が高く、生物多様性の保全と経済が両立している好例と評価している。

コウノトリが生息する環境は、コウノトリ育む農法に取り組む農業者をはじめとした地域住民の営みによって維持されている側面が強い。観光からの利益を農業分野や湿地再生の担い手などに還元することが課題であろう。それにより生息環境の整備が進展し、その結果コウノトリの地域資源としての価値が向上するとともに、持続的な利用が可能となるだろう。

郷公園内にあるコウノトリ文化館に豊岡市が設置したコウノトリ基金には、約 880 万円が寄せられている (2015 年度) (写真 1–11)。豊岡市はこの基金をビオトープ水田の設置や大規模湿地の維持管理研究、小中学校での毎日の米飯給食とコウノトリ育むお米使用拡大などに活用している。これは観光客による募金を原資とした還元である。今後は観光による10億円という経済波及効果を、湿地再生や野生復帰の担い手に還元し地域資源をマネジメントする仕組みを観光に内部化していくことが求められる。還元することによりコウノトリの生息地の再生がすすみ、担い手が支えられる。その結果、観光資源の価値も向上するとともに、持続的な利用が可能になる（菊地 2012）。詳しくは第4章で論じる。

1-4 多元的価値の創出

本章で見てきたように、豊岡市は環境と経済の共鳴を目指した政策を展開し、環境創造型の農法が広がりをみせている。コウノトリに関心ある市民のネットワークが形成されているし、コウノトリは観光資源としての価値を持ち、多くの人を魅了するようになった。このように多面的な取り組みが展開する野生復帰は、自然再生や地域づくりの成功事例と評価されるようになり、今では国内外からの視察が絶えないようになった。

こうした取り組みは、「コウノトリが棲める環境は、人間にとってもいい環境」という分かりやすく、共感できる物語を緩やかに共有しながら、研究機関や行政機関、既存の地域組織が、それぞれに濃淡はあってもコウノトリの野生復帰の論理を取り入れることで進められてきた。視点を変えると、様々な関係者たちは、必ずしもコウノトリのことを第一に考えて取り組みを進めているわけではない、ともいえる。

当たり前だが、決してみんながコウノトリの野生復帰に共感しているわけではない。ある人はいう。「コウノトリは地域経済を活性化するための資源である」と。ある人は「コウノトリそのものを守っていくことが何よりも大事である」という。別の人はこう問いかける。「コウノトリよりも、人間の福祉の方が大事だろう」と。コウノトリの価値は多元的なのである。ただ、価値が一元化されないことが、必ずしも問題であるわけではない。むしろここで問いたいのは、なぜ野生復帰では、大事にする価値が異なっていても、こうした差異を維持しながら多面的な取り組みを創発することが可能となっているのだろうか、ということだ。

そもそも、コウノトリの価値は、人びとがどのようにかかわるかによって創出され、そして変容していくものである。農業再生の鳥であったり、経済効果を生む鳥であったり、科学的な対象であったりする。愛する相手であったり、村の将来へのヒントをあたえてくれる鳥であったりする。コウノトリとのかかわりによって、地域の多様な側面の見つめ直しが行われるとともに、コウノトリはそれぞれの関係者の論理の中に意味付けられていく。こうしたプロセスにおいて、コウノトリによる多元的価値が創出されていく。

コウノトリのことを第一に考えなくても、それぞれの組織の論理や人の生活スタイルはコウノトリに配慮した形で多少なりとも変容する。こうしたプロセスを「生活のコウノトリ化」と「コウノトリの生活化」の相互浸透と呼ぼう。保護の論理に生活を取り込む「コウノトリの生活化」と生活の論理に保護を取り込む「生活のコウノトリ化」によって、保護と生活の論理が、緩やかにつながっていくのである（菊地 2008b）。もちろん、いつもうまくいくとは限らない。時に対立することもあろう。

この野生復帰の特徴は、目標の明確さに欠けているように見えるかもしれない。しかし、視点を変えれば、その曖昧さによって、様々な取り組みと活動の創出をつなぐことを可能にしているといえないだろうか[3]。

---

［3］　野生復帰に深くかかわってきた6つの行政機関（文化庁、農林水産省、国土交通省、

環境省、兵庫県・コウノトリの郷公園、豊岡市）が共同主体となって構成した第三者検証委員会は、野生復帰の取組の分析・評価を行い、課題等を明らかにするとともに、豊岡地域における取組の広がりのメカニズムのポイントを整理し、そのポイントを総括して「ひょうご豊岡モデル」としてまとめている。

この事業では、「共感」を評価の軸にして代表的な取組の分析を試み、その要点として『気付き』、『将来像の共有』、『行動への移行』、『共感の連鎖』を抽出した。

この報告書によれば、豊岡地域での取組の特徴は、コウノトリの野生復帰に向けて、地域に密着した県立大学併設の研究機関（郷公園）を設置することによって、科学を基盤として取組を推進し、調査研究によって得られたデータを解析評価する体制を整えるとともに、行政による一方的な政策展開ではなく、地域づくりの推進力は地域社会であることを認識し、「共感」をキーワードに科学、行政、地域社会が相互に連携するシステムを設計してきたことにあると指摘する。そして豊岡における取組は、「地方における自然財を活かした持続可能な地域づくりモデル」、「心の動きを推進力とした「共感の連鎖」誘発モデル」、「科学と行政と地域社会の連携モデル」の3つとしてモデル化できるとしている。そして、この経験は人口減少社会が到来した我が国にあって、地方が目指すべき一つのかたちであるとまとめている（コウノトリ野生復帰検証委員会 2014）。

第２章　包括的に再生する

自然再生の取り組みが進む円山川に降り立つコウノトリ

2-1 なぜ自然再生なのか

(1) 自然を再生する時代

21 世紀を目前に控えた頃からであろうか、各地で自然再生に向けた取り組みが実践されるようになった。自然再生という名を冠した公共事業も進められるようになった。そもそも、なぜ自然再生なのだろうか。

20 世紀は人類史上で最も人の手による自然破壊が進んだ世紀といっていい。日本でも 1971 年にコウノトリが野生絶滅するなど、多くの野生動物が絶滅し、自然の喪失は深刻化した。環境省が公表している「レッドリスト 2015」を見てみよう。掲載種が 63 である哺乳類の場合、絶滅が 7、野生絶滅が 0、絶滅の恐れがある種は 34 となっている。レッドリストに掲載されるもののうち半分を超える種は、絶滅の危機に瀕している。掲載種が 150 を数える鳥類の場合、絶滅は 14、野生絶滅は 1。絶滅の恐れがある種は 97 となっており、日本で観察される野鳥（定義によるが約 600 とされる）の実に 15％以上が、絶滅の恐れがあるとされる。

こうした激しい自然破壊の危機が認識され、環境政策は変化を余儀なくされた。本書冒頭でも述べたが、従来までの「環境負荷の低減」と「循環型社会の形成」に加え、「環境の回復と再生」が環境政策として位置付けられるようになったのだ（淡路 2006）。自然保護の領域でも、人間が介入することなく手をつけずに保護する「保存」、人間が維持・管理して保護する「保全」に加え、人間が積極的に介入し、何らかの望ましい自然を「再生」するという能動的な手法がとられるようになった。危機を脱するためには、単に保護するだけでは十分ではなく、何らかの望ましい自然を人の手によって再生するという、積極的な対策が必要と考えられるようになったのである。

後に詳しく述べるが、自然保護は人の手を加えないことが基本と考えられていたことからすると、大きな思想的な転換があったといっていい。こうした思想的転換は、自然破壊が進み、多くの生き物が絶滅の危機に瀕していることを契機にしていたにしても、それだけに理由を求めるのは、あまりにも素朴な見方である。そこには、いかなる背景があったのだろうか。

(2) 生態系観の変化

生態系観と守るべき自然の変化が、こうした思想的転換に影響していると指摘するのは、環境倫理学の視点から自然再生を研究している富田涼都である。富田は興味深い議論を展開しているので、少し長いが引用しよう。

> 従来の有機体的な生態系観による発想なら、過去にどのような人為があっても長い時間をかけて放っておきさえすれば、本来の姿である望ましい生態系の姿で安定する。すなわち、自然保護にあたって人為を排除することさえ考えれば、具体的な生態系の姿を検証せずとも生態系は守るべき自然としての「本来の姿」へと遷移すると考えられる。しかし、ダイナミックな生態系観に基づくと、生態系は人為の有無にかかわらず変動を続けている。つまり、自然保護において現状の生態系を放置したとしても、それが望ましい守るべき自然の姿になる保証はない。こうして、里山の管理のように、生態系を望ましい状態にしようとする人為を自然保護として位置付けられるようになったし、人為の加わった「二次的自然」であっても望ましいと判断される生態系であれば、守るべき自然として積極的に考えることができるようになった（富田 2014: 5–6）。

ここで重要なのは、第一に有機体的な生態系観からダイナミックな生態系観へという生態学の変化によって、人為の加わった自然が守るべき対象となったという指摘である。もう一つは、自然は絶えず変化をしており、そもそも「本来の姿」を設定することはできないという点である。これらが、自然に介入する理論的根拠となったのだ。本書の視点からすれば、自然はほっとけば本来の姿になるわけではない。むしろ「ほっとけない」存在として捉えられるようになったといえる。

さらに、生態系の保全と人間社会を総合的に捉える「エコシステムマネジメント」という概念が、森林行政において方針に据えられたことも大きな変化である（柿澤 2000）。エコシステムマネジメントは「地域の生態系の望ましい特性、すなわち生物多様性や生産性の持続、あるいはそれらの回復のため」のものとして、アメリカで広く普及している（鷲谷 1998）。エコシステムマネジメントという概念には、現状の自然の保全にとどまるのではなく、何らかの望ましい自然の回復という理念が含まれていることに注目したい。

これらは主にアメリカでの動向であるが、日本の自然保護の現場においては、どのように転換したのだろうか。1980 年代後半、守山弘は著書『自然を守るとはどういうことか』で、人の手が入らないと維持できない雑木林を例に挙げ、「『まもられるべき自然』とは、いっさいの『人為』が排除された原生自然以外のものではありえないのだろうか」と問いかけた。

この頃まで一定の力を保持していたのは、原生自然の保護を目標とする自然保護運動であった。人為的な影響は、基本的に望ましくないものであり、人為的な介入によって自然を再生することは、本来の自然の性質を損なう行為と考えられていた。守山は、原生自然よりも里山林のような二次的自然において多くの生物種が育まれる例があることを指摘し、生物多様性の点から里山林を高く評価した。その上で、原生自然をモデルにした自然の保存とは異なる守り方として、「生物だけでなく人間のくらしや文化を含めた保護」の必要性を主張した（守山 1988）。この守山の問題提起によって、自然への人為的な影響の価値は広く認識されるようになり、人間が維持・管理して保護する保全へと、自然保護の考え方は大きく舵を切ることになったといえよう。

守山の議論は、その後の里山保全運動の基本的視点となった。さらに環境省と国連大学高等研究所が打ち出した、生物多様性の持続的な利用と人間の福利の向上を図る「SATOYAMA イニシアチブ」へとつながり、今やSATOYAMA は世界で通じる日本語となった。里山 /SATOYAMA は生物多様性や生態系サービスという視点から、よく引き合いに出される規範的なモデルとして、様々な領域で使われるようになった。その一方で、人と自然の共生イメージとなった里山を賞賛する動きに対して、日本人は里山を持続的に利用してきたとはいえないし、また日本列島における人びとと里山のつきあい方も一様ではなかったという歴史的事実による批判もなされている。そこでは、現在から見て望ましい過去の里山の一側面だけを持ち上げ、そうでない過去を切り捨てる歴史の語り方が非難されている[1]。ただ、歴史的事実が問われているにしても、人と自然の共生の規範として、里山が機能していることは確かである。

このように、積極的に自然に介入する能動的な手法が自然保護に取り入れられた背景には、自然への人為の影響に関する評価の変化があったことを指摘できる。そもそも本来の姿というものがないのなら、本来の自然として原生自然を設定することは、ほとんど意味がない。むしろ、人が手を加え管理してきた自然、たとえば里山にこそ、絶えずダイナミックに変化する自然を見出すことができる。そう考えられるようになったのだ。

---

[1]　松村と香坂は、そうした歴史的事実による批判の重要性を踏まえながらも、里山の本質を捉えようとして、誰がそれを正しくつかみ取るかを競うのではなく、現実の世界で＜里山＞がどのように機能しているのか、どのような意味を担っているのかを明らかにすべきという。このような視角から、可変的な＜里山＞を捉える研究を提唱する（松村・香坂 2010: 187）。

(3) 持続可能な地域形成に向けた自然再生の政策化

1990 年代以降、茨城県霞ヶ浦のアサザプロジェクト、宮城県の蕪栗沼、北海道の釧路湿原、私がかかわっている兵庫県の豊岡におけるコウノトリの野生復帰、佐渡島のトキの野生復帰など、各地で本格的に自然再生が進められるようになった。

政策的には、2001 年に開催された「21 世紀『環の国』づくり会議」の報告書において「自然再生型公共事業」という提言が盛り込まれたのが発端である[2]。2002 年に日本政府が発表した「新・生物多様性国家戦略」では、生物多様性に関する 3 つの危機が指摘された。第 1 の危機は、開発や乱獲など人間の負のインパクトである。いわゆる過剰利用（オーバーユース）に伴う影響である。第 2 の危機は、里山の荒廃等の人間活動の縮小や生活スタイルの変化に伴う影響である。第 3 の危機は、移入種等の人間活動によって新たに問題になっているインパクトである。第 2 の危機では、中山間地域での生活スタイルの変化や里山の経済的価値の減少の結果、耕作放棄地が拡大し、里山の劣化が進行し、特有の動植物が消失したことが指摘されている。そこで問題視されているのは、自然とかかわってきた人の営みが縮小することによって（アンダーユース）、生物多様性が失われてきたことである。自然の過小利用という危機意識は、人と自然のかかわりの再生という問題へと転換していく。人が自然を利用しなくなったことこそが問題と考えられるようになったので、いかに人と自然のかかわりを創りなおすかが課題となるからだ。先の守山の議論は、まさに第 2 の危機を先導するものであった。

翌 2003 年には「自然再生推進法」が施行された。自然再生推進法に基づ

[2]　「21 世紀『環の国』づくり会議」報告
http://www.kantei.go.jp/jp/singi/wanokuni/010710/report.html（最終アクセス日：2016 年 11 月 29 日）

く自然再生協議会は、北は北海道の上サロベツ自然再生協議会、南は沖縄県の石西礁湖自然再生協議会まで全国25地域で設置されている（表2-1）。その対象となる自然環境は湿地や湿原、森林、河川、干潟、サンゴ礁、湖沼、草原と様々であり、一口に自然再生といっても、そのあり方は対象とする自然、そこにかかわる関係者、地域社会によって多様な姿をあらわす。

少し気になるのは、2004年から2005年をピークに、近年、新たな協議会の設立があまりすすんでいないことである。もっとも、自然再生は自然再生協議会の取り組みに限定されるものではない。2008年に発刊された総務省「自然再生の推進に関する政策評価書」において、日本各地で300件以上の自然再生事業が行われていると指摘されていることからみれば、自然再生そのものが衰退しているわけではないだろう。コウノトリの野生復帰は、自然再生推進法に基づくものではないが、国レベルの政策的な展開を先導してきた、日本における先駆的な自然再生事業といっていい。自然再生推進法に基づかない自然再生の取り組みは、むしろ広がりをみせているといえるかもしれない[3]。日本政府が2008年に発表した「生物多様性国家戦略2010」では、自然再生は持続可能な社会を形成するための重要な手段として位置付けられた。自然再生は、持続可能な社会形成の実現に向けた政策の一つとしても期待されるようになっている。（富田2014: はじめにⅱ）。

[3]　環境省主催の平成28年度自然再生協議会全国大会（松江市）のテーマは、「自然再生により発揮される生態系サービスを活用した地域づくり」であった。この大会で、私は「自然再生の社会的評価」と題する基調講演を行い、コウノトリの野生復帰を事例に取り上げ、自然再生を包括的再生として捉えていく視点、自然再生を社会的に評価していく視点を提示した。このように、環境省も自然再生と地域づくりを一体的に進めていく考えを有していると思われる。ちなみに、自然再生の社会的評価については、菊地ほか（2017）を参照のこと。

表2-1　全国の自然再生推進協議会

2016年11月末現在

	協議会名	設立日
1	荒川太郎右衛門地区自然再生協議会	2003.7.5
2	釧路湿原自然再生協議会	2003.11.15
3	巴川流域麻機遊水地自然再生協議会	2004.1.29
4	多摩川源流自然再生協議会	2004.3.5
5	神於山保全活用推進協議会	2004.5.25
6	樫原湿原地区自然再生協議会	2004.7.4
7	椹野川河口域・干潟自然再生協議会	2004.8.1
8	霞ヶ浦田村・沖宿・戸崎地区自然再生協議会	2004.10.31
9	くぬぎ山地区自然再生協議会	2004.11.6
10	八幡湿原自然再生協議会	2004.11.7
11	上サロベツ自然再生協議会	2005.1.19
12	野川第一・第二調節池地区自然再生協議会	2005.3.28
13	蒲生干潟自然再生協議会	2005.6.19
14	森吉山麓高原自然再生協議会	2005.7.19
15	竹ヶ島海中公園自然再生協議会	2005.9.9
16	阿蘇草原再生協議会	2005.12.2
17	石西礁湖自然再生協議会	2006.2.27
18	竜串自然再生協議会	2006.9.9
19	中海自然再生協議会	2007.6.30
20	伊豆沼・内沼自然再生協議会	2008.9.7
21	久保川イーハトーブ自然再生協議会	2009.5.16
22	上山高原自然再生協議会	2010.3.21
23	三方五湖自然再生協議会	2011.5.1
24	多々良沼・城沼自然再生協議	2012.1.22
25	高安自然再生協議会	2014.1.14

環境省ホームページより、筆者作成

自然を保護するだけでは十分ではないと考えられるようになったことに加え、生態系観の変化により自然の本来の姿を設定することは不可能であると考えられるようになったことにより、人間が積極的に介入して、たえず積極的に望ましいと考えられる自然を再生することが、正当性を持つようになった。これらが根拠となり、持続可能な社会形成に向けた政策にも位置付けられ、各地で自然再生が進められるようになったといえよう。

2-2 自然再生の対象

(1) 生物多様性

自然再生は、どのような自然を対象にしているのだろうか。

まずは自然再生推進法の定義を確認しよう。「過去に損なわれた自然環境を取り戻すため、関係行政機関、関係地方公共団体、地域住民、NPO、専門家等の地域の多様な主体が参加して、自然環境の保全、再生、創出等を行うこと」と書かれている。具体的な対象があえて明記されていないのは、自然環境は地域によって多様なので、具体的に定義することは難しいからであろう。ただ、「過去に損なわれた自然環境を取り戻す」という目標は、先に述べた生態系観の変化と整合しない。ダイナミックな生態系観に基づくと、自然は絶えず変化しており、本来の姿を設定することは、それ自体無意味な問いになってしまう。本来の姿を設定できない以上、自然再生法に書かれている「過去に損なわれた自然を取り戻す」という考えは、自然科学的に設定することは難しい。そもそも過去の自然を人間が知ることには限界があるし、仮に知ることができたとしても、どの時点の過去を望ましいものと設定するかは、自然科学的に決めることはできない。社会的に決めていくしかない問題群として存在する。だからこそ、この定義では、多様な主体の参加を強調しているのかもしれない。

次に、自然再生にかかわっている研究者の考えを見てみよう。保全生態学者の鷲谷いづみは「すでに自然が失われてしまった場所で、NPOや市民と行政が協働し、『生物多様性の保全』という目標に適う健全な生態系を取り戻すことをめざし、順応的手法にもとづいて実施する取り組み」と定義している(鷲谷・草刈 2003: 18–19)。獣医学者の羽山伸一は「自然再生とは、生物多様性保全をゴールにして、地域の生物および人間社会を保全あるいは人為的に再生（復元、修復等）させるという総合的概念」（羽山 2006: 99）と定義している。強調点は違っても、2人とも自然再生の対象は生物多様性と考えていることは共通している。

改めて指摘するまでもなく、生物多様性（biodiversity）は、今では一般に普及した用語である。内閣府が2014年7月に行った調査によると[4]、「言葉の意味を知っている」が16.7%、「意味は知らないが言葉は聞いたことがある」が29.7%、「聞いたこともない」が52.4%、「分からない」が1.2%であった。言葉を知っているという回答が半数弱を占め、認知度は高い。ただ、2012年6月に行った同様の調査よりも認知度は減少しており、伸び悩んでいる傾向がうかがえる。

生物多様性は、生物学的多様性（biological diversity）という学術用語を略した造語であり、1986年にアメリカ・ワシントンで行われた生物多様性フォーラムにおいて、生物学者のウォルター・G・ローゼンが考案したものである。生態系における遺伝子、種、個体群、群集・生態系、景観などの様々なレベルでの多様性のことを指している。単に種類が多ければいいという単純な多様性ではなく、生物界のあらゆるものを対象にした包括的な概念である。生物多様性という用語が、急速に世界的に知られるようになったのは、実際に多くの生物が絶滅に瀕しているという理由に加えて、保全生物学者によって生物多様性の危機が創り出され、言説として流通することに成功したからだという指摘もある（松村・香坂 2010）。

それはともかく、生物多様性という用語は、1992年に開催された地球サミットで締結された生物多様性条約以降、日本でも普及が進んでいった。す

［4］　内閣府大臣官房政府広報室
survey.gov-online.go.jp/h26/h26-kankyou/zh/z08.html
（最終アクセス日：2016年11月29日）

でに述べたように、国は生物多様性国家戦略を策定しているし、2008年には生物多様性基本法が施行された。生物多様性基本法第13条で地方公共団体の策定が努力義務とされている生物多様性地域戦略は、2014年11月末で、33都道府県、13政令指定都市、33市区町村の合計79の地方公共団体で策定されている[5]。生物多様性の保全や再生は、地方行政にとっても重要な政策課題の一つになったといえよう。

私たち個人にとっても、様々な場面で生物多様性に配慮する行動が求められているし、生物多様性を損なう行動は、一般論としてはふさわしくないと思われるようになった。生物多様性は人と自然のかかわりの基準となりうる、規範的な概念となっている。こうしてみると自然再生において、生物多様性の保全に目標がおかれていることは、当然のように思えてくる。

(2) 生物多様性と文化多様性の相互作用

ただ、単純に生物多様性保全を目標に設定することに対しては、いくつもの批判がある。環境社会学者の松村正治と環境政策を専門とする香坂玲は、生物多様性にかかわる「フィールドからの批判」として、生物多様性の保全による、人びとの暮らしへの影響に関するものがあると指摘している。生物多様性の保全政策が、ローカルな現場で人びとの生活に深刻な影響を及ぼしているという批判だ。数多くのフィールドワークによって、普遍的な理念となった生物多様性のために、人びとの暮らしが軽視されている実態が明らかになりつつある(松村・香坂 2010: 182–183)。その例として、タンザニア・セレンゲティ国立公園において先住民イコマが身近な自然から隔離され、伝統

[5] 環境省自然環境局自然環境計画課生物多様性施策推進室
http://www.biodic.go.jp/biodiversity/activity/local_gov/local/information.html (最終アクセス日：2016年11月29日)

的な野生動物狩猟が禁止された事例がある（岩井 2001）。生物多様性を対象としている自然再生においても、重要な指摘である。

環境学者の武内和彦が、自然再生において、当該地域の人びとの存在や文化の尊重が弱いと指摘し、その「生物至上主義」を批判しているように（武内 2005）、過度な生物至上主義に基づく自然再生が、地域の人びとにとって抑圧的な機能をはたす危険性は否定できない。当該地域の人びとの存在や文化は、生物多様性の保全という視点から評価されてしまい、研究者などが設定した自然との共生を強制されるという事態が起こりうる[6]。生物多様性が、抑圧の概念として機能すると、「ほっとけない」のような自然との受動的かつ主体的なかかわりは、尊重すべきものとして視線に入ることすらなくなってしまうだろう。むしろ本書では、「ほっとけない」というかかわりに注目することにより、地域の人びとに抑圧的になりがちな自然再生のあり方を問い直すことを試みたい。「ほっとけない」というかかわりは、序章で論じたように、人間以外も含む他者に出会ってしまった時に、その困難を自らのものとして感じ取る能力を表す。そうした小さな声で語られる言葉に耳を傾けることにより、個々人の思いといった感性にも注目することができ、自然再生を豊かな取り組みにしていくことにつながっていくと考えるからだ。

もっとも、自然再生に実践的に取り組んできた羽山は、「地域の生物および人間社会を保全あるいは人為的に再生（復元、修復等）させるという総合的概念」と指摘し、人間への視点を組み込もうとしている。その羽山が自然再生へのアプローチとして提案しているのは、自然生態系にフォーカスした生態系アプローチと特定の種に注目した種アプローチである。羽山は、基本的な考えとして生態系アプローチを評価する一方で、施策として具体化しやすく実際的であるのは、種アプローチであるという（羽山 2006）。

---

［6］　本田（2008）を参照。

種アプローチに関連する議論として、生物のシンボル化がある。生態系や生物多様性の大切さが主張される文脈の中で、学術的に貴重な生物や絶滅危惧種が生息していることが強調されたり、特定の生物への愛護が強調されたりする現象が現れている。これが生物のシンボル化である。生態系や生物多様性が重要といわれても、抽象的過ぎて実感がわきにくく、なかなか理解できない。生物がシンボル化されると、生態系や生物多様性の保全を分かりやすく伝え、そうした活動や政策への求心力を得ることができるし、地域づくり活動へとつなげていくことができるようになるのである。地理学者の淺野敏久は、長崎県諫早湾の干拓事業では、ムツゴロウが干潟の豊かさをあらわすシンボルとなったことにより、干潟の保護に多くの支持者を募ることに成功したという（淺野 2010）。淺野の議論から分かるように、羽山が提唱する種アプローチは、生物多様性保全を目標に置いた運動論として有効であるし、政策としても現実的である。ただ、生物多様性と密接に関係している地域社会の暮らしや文化への視点は相対的に弱いままであるといわざるをえない。

少なくとも日本においては、自然再生の対象となる自然は、里山であれ湿原であれ湖沼であれ、生物間の様々な関係にとどまらず、社会関係をも含むきわめて複雑なシステムである。人の生活と自然は入れ子状になっており、そもそも人と自然の境界という考えそのものが成り立たない。自然が人の生活の中に入り込んでおり、生活もまた自然域に入り込んでいる。環境社会学者の鳥越皓之は、日本では自然を生かすために自然に手を加えるという考え方が強いと指摘する（鳥越 1999）。鳥越の指摘を待つまでもなく、地域の自然はそれぞれの地域の暮らしと密接に結びついており、自然とかかわりを通じて共同性や自然とふれあう文化が形成され、それが自然の保全に寄与してきた（鬼頭 2007）。鳥越とともに琵琶湖を歩いてきた嘉田由紀子は、生態学が対象とする生物多様性のシステムには、人びとのかかわりの中で形成・維持されてきたものが多く見られるとし、それを文化の多様性という概念で捉えている。多様な生き物が生息するところでは、生産、マイナー・サブシステンス、遊び、宗教などの「文化的多様性」が深まることが想定されるという考えを示した（嘉田 2000）。環境倫理学者の鬼頭秀一は、地域の文化と生物多様性は相互に不可分の関係にあるがゆえに、ある地域の生物多様性の保全は、そこに暮らす人たちの文化を守ることになると指摘した。そして、人が定期的にかかわり手を入れることが、適度な撹乱となり、豊かな生物多様性が形成される場合もあることが分かってきたという（鬼頭 2007: 23）。

生物多様性と文化多様性を個別に考えるのではなく、その相互作用の多様性を考える概念として「生物文化多様性」を提唱したのは、日本列島の環境史を探求した湯本貴和である（湯本 2011）。食文化に見られるように、生物文化多様性が維持されることにより、私たちは生物資源の恵みを受け、日々の暮らしを成り立たせていくことができる。生物文化多様性という用語は、生物多様性ほど一般的ではないし、概念としてもまだ十分に練られたものではないが、生物多様性と文化多様性を一体的に捉えていく視点を提示した点で評価できる。また、自然と文化の多様性原理に基づく社会形成を目指している言語学者の大西正幸と宮城邦昌は、地域共同体レベルにおけるホリスティックな自然－人間の関係を「コトバ－暮らし－生きもの環」と呼び、地域の景観と、そこに生きる人びとがつくってきた暮らし・文化の環をつなぐ、伝統的なコトバの役割を重視している（大西・宮城編 2016）。

こうした議論をしているのは、人間か自然かという古典的な二項対立図式を復活させたいからではない。むしろ逆である。大事だからといって、生態系や生物多様性だけをいくら論じても、自然から恵みや災いを受ける人や社会の姿が捉えられなければ、持続可能な社会の構築は望めない。自然再生は、それぞれの地域で個別の生態的特徴、歴史的特徴を基盤に形成されてきた地域文化と一体的に考えていかないと、「その地域の人たちの気持ちにぴったりしないことになり、地に足が着いた政策とならない」（鳥越 1999: 20）と考えるからである。先に挙げた喩えを繰り返せば、いくら格好良く、よい素材でできていても、身体になじまない服が長く着られることはないように、地域になじまなければ、持続的な取り組みにはならないのである。

これまでの議論を踏まえ、自然再生の対象とは生物多様性と地域社会の生活の間にある密接かつ多元的な「人と自然のかかわり」であると考えたい。自然再生と地域再生は不可分な関係であり、両者を一体的に進めることによって、自然再生は実効的な取り組みとなる（鬼頭 2007; 菊地 2006）。自然が再生されることにより地域が再生され、地域が再生されることにより自然が再生される。こうした循環的な人と自然のかかわりこそ、自然再生の対象だと考えるのである。

コウノトリの野生復帰は、一見すると希少なコウノトリの生息数増加を目指しているように見えるが、コウノトリの生息地となりうる田んぼや里山という二次的自然にかかわる営みの再生を目指した地域再生という特徴を持っている。生き物に優しく付加価値の高い農業が普及し、観光資源としての生き物の新たな価値が創出され、そのことによって自然再生がすすんでいく。私はコウノトリの野生復帰を通して、自然再生とは地域再生との一体的な実現にむけた人と自然のかかわりの再生であると学んだのである。

まとめると、自然に手を加えることなく保護するだけでは不十分と考えられるようになり、人間が積極的に介入して、何らかの望ましい自然を再生する必要性が唱えられるようになった。その対象は生態系、生物多様性へと拡大し、さらには文化多様性、人と自然のかかわりが含まれるようになった。そして人の営みは、自然に負の影響を及ぼすものばかりではなく、正をも含む様々な影響として認識されるようになったのである。

2-3 包括的再生

(1) 包括的再生という思想

これまでみてきたように、自然再生において、そこに住む人びとの暮らしや文化への視点が抜け落ちてしまいがちである。こうした問題を生み出す要因には、人と他の生物を二項対立的に捉えようとする認識がある。したがって、人と他の生物を複雑に関係し合うシステムとして捉える視点がきわめて重要となる（松村・香坂 2010）。

環境哲学者の桑子敏雄が提唱している「包括的再生」は、そうした関係を理念的に示すモデルといっていいだろう。桑子はこう問いかける。「人間かオオサンショウウオか、という二者択一の問いを立てることはやめて、人間とオオサンショウウオの両方を大事にする方法はないのか」と。こうした「治水も環境も景観も」という思想を「包括的ウェルネスの思想」と呼ぶ（桑子 2009: 256）。

桑子がこう主張するに至った背景には、河川の環境をめぐる対立の経験がある。1997年に河川法が改正され、環境への配慮が謳われるようになった。しかし、現場では相変わらず、「環境も大事だが、治水はもっと大事」という主張が幅を利かせている。河川は治水、利水、環境という順序で価値づけられているのだ。ある河川に生息しているオオサンショウウオと人間にとっての治水という二者択一的な問いは、これらの価値のあいだに対立が生じたさいに、一つの解決策にはなろう。しかし、これでは環境への配慮は治水に反しない限りということになってしまう。桑子はこうした二項対立の問いを乗り越え、複数の価値を大事にする方法はないかと問うのである。

私たちの社会では、行政関係者の行政システムであったり、研究者の研究目的であったり、地域住民の利害であったり、自然保護関係者の原理主義的な思考方法であったりと様々な主張や制度が存在し、それぞれが二項対立図式にとらわれている。桑子は、治水、利水、環境、景観、まちづくりといった対立しがちな多様な価値について、どれを優先するかということを理念的に考察してから現場へ適応しようとするような思考法を、まずやめるべきだという。そして、現場に立って問題そのものを把握し、そこにどのような価値の対立の問題が含まれているかを見抜き、それを解決するためには、どのような考え方が必要かを問うことが大事であるという（桑子 2009: 257）。

こうした考え方は、桑子らの研究グループが、野生復帰が計画されていた新潟県佐渡島へ入り行った「佐渡島めぐりトキを語る移動談義所」という取り組みから形成された。少し長いが、桑子の言葉を引用しよう。

> トキの野生復帰は、トキという種の保全だけではなく、生き物が豊かな国づくりを象徴するプロジェクトとして、島内外の熱い視線を集めてきました。トキとともに生きる島を作るということは、単にトキをケージ（鳥かご）の外に放つだけでは実現しません。わたしたちが、どのように暮らし、地域の未来をつくっていくかということと、深いかかわりをもっています。そのために重要となるのが、トキと社会のことを合わせて考えていく視点です。
> 『トキと社会』研究チーム（環境省地球環境研究総合推進費「トキの野生復帰のための持続可能な自然再生計画の立案とその社会的手続き（F-072）」）は、『佐渡めぐりトキを語る移動談義所』と名付けたワークショップを佐渡島各地で開催し、地域の人びとと一緒にトキと人が暮らすことができる島について考え、そのような島をつくるために何ができるか意見を交換してきました（東京工業大学大学院社会理工学研究科価値システム専攻桑子研究室編 2010: 3）。

計 43 回実施された移動談義所での語り合いは、佐渡での包括的再生の思想へと結実した。桑子はこう語る。「これまでの自然再生は、治水、利水、獣害対策など『ばらばらな目的』のもと進められてきた。しかし、佐渡には、山の幸、海の幸、美しい風景、温かい人びとなど、多様な恵みがある。これらの恵みをつないで地域の課題とリスクを緩和していく『包括的な再生』がもとめられているとの考えに至った」のである。そして、トキの野生復帰は「トキだけの再生でもなく、トキの生息する自然環境の再生（河川や生物の生きられる農地の再生）だけでもなく、地域社会と生物との豊かな関係の再生を目指すもの」（桑子 2008: 23）と捉え直された。

(2) 理念的枠組みとしての包括的再生

私は、以下の3つの理由から、包括的再生を自然再生が目指すべき方向性を示す理念的枠組みとして位置付けたいと思う。

第一に、包括的再生は二項対立図式を乗り越える合意形成モデルとなりうるからである。自然再生に関係する諸主体は、その社会的属性や経験、歴史などによって様々な価値を形成している。多様な価値が存在する場合、得てして「自然か人間か」、「学術的価値か経済的価値か」といった二項対立的図式に陥りがちである。

科学が正解を導き出せるのなら、問題はある意味単純だ。科学の普及啓発の問題として考えればいいからだ。ただ、科学が必ずしも明確な答えを出してくれるわけではない。いわゆる科学の不確実性という問題である。進展目覚ましい科学であっても、ダイナミックに変化する複雑系である自然について、理解できることは限られている。ある時点の自然、ある地域の一部の自然について理解が進んでも、自然は絶えず変化している。そもそも、科学知は、科学内部での整合性を重んじるため、限定された範囲でしか有効ではない。また、要素に還元して説明するので、自然再生のような総合的な問題を扱うのはあまり得意ではないのだ。

こうした科学の限界を認識した上で自然再生に向けた科学的な手法として発展してきたのは、生態学的なモニタリングによるフィードバックをもとに、試行錯誤して自然環境の管理を行う順応的管理（adaptive management）である。分かる範囲で調査をし、その結果に基づいて計画を立て実行する。さらに、取り組みをモニタリングによって検証し、科学的に評価をする。全体構想や実施計画が適切でない場合は、軌道修正を図っていく。科学では分からないことがあることを前提にした誠実かつ柔軟な対応といっていい。自然再生が順応的管理に基づいて進められることは、当然と考えられるようにもなった。

ただ、順応的管理も万能ではない。自然再生は誰がどんな自然とのかかわりをどのように再生するのかという「社会的な営み」として捉えるべきものであり、科学の不確実性は問題の一部分に過ぎないからである（宮内 2013: 17）。繰り返しになるが、かかわる人は自然保護に興味ある人や研究者、行政関係者だけではなく、様々な分野の人にまで広がっていく。時には相反する主張を持つ複数の人たちがかかわるようになる。コウノトリの場合、「コウノトリは経済再生のシンボル」という人もいれば、「コウノトリそのものの保護が何よりも重要だ」という人もいる。自然の価値もまた多元化するのである。自然再生の手法と担い手は、事態の推移の中で変化していくし、目標も変わっていく。いうまでもなく、社会もまた不確実なのである。私たちは、科学の不確実性と社会の不確実性をともに考えていく必要がある。自然再生は、多様な関係者が合意しながら、あるいは納得しながら社会的に進めていくものとして現出する。

このように考えると、正解を出せると考えたり、目標を固定的に設定することは、かえって多様な人と自然のかかわりを阻害したり、抑圧することにつながってしまう。目標を固定的に考えるのではなく、また正解を出せるという発想を変えていく必要があるのだ。価値を一致させることが必ずしも大事ではない。むしろ、重視する価値が必ずしも一致しなくても（一致しないことの方が多いだろう）、合意形成を進め、様々な領域でそれぞれの価値にしたがって、差異を維持しながら多面的な取り組みを創発することが大事である。包括的再生は、自然再生にかかわる異質で多元的な価値を併存しておく状態を理念的にしている点で、合意形成のあり方を提示していると考える。

第二に、自然再生に関連する多元的な価値を承認するモデルとなりうるからである。多様な価値の間に優先順位をつけるのではなく、包括的なかかわりに価値を見出している包括的再生は、一見すると明快さを欠いており、曖昧である。だが、包括的という曖昧さは、自然再生において積極的な意義を持っているのではないだろうか。というのも、曖昧さによって、自然再生に関連する多元的な価値を包み込む可能性を高めることができるからである。

たとえば、コウノトリの野生復帰では「コウノトリが棲める環境は、人間にとってもいい環境である」という物語が拡大し､共感をよんでいる。ただ、少し考えてみると、この物語は曖昧なものである。コウノトリが棲める環境は、水害が起こる環境でもある。その意味では、必ずしも両者にとっていい環境ではない。ただ、大きな方向性としては、コウノトリが棲める環境は人間にとってもいい環境であるとはいえる。こうした方向性が、物語として表現されることにより、多くの人に了解されるようになる。そして、大事なことは、物語が曖昧さを持っていることにより、多様な主体による様々な解釈が可能であることである。曖昧さを持っていることにより、一見すると矛盾する目標や取り組みを併存させておくことができ、差異を維持した多面的な取り組みが可能になるからである。研究者、行政、市民といった多様な人たちが緩やかに協働する可能性を高めることができるのだ。いいかえると、多元的な価値の併存を担保しやすくなるのである。

比喩的にいえば、自動車のブレーキやハンドルに遊びがあることにより、スムーズに運転できるように、こうした曖昧さがあることにより、それぞれの価値のエッジは丸くなり、大きな対立を起こすことが少なくなり、いくつかの取り組みを進めていくことができるようになる。

それに対して、生物学的価値といった一つの価値への統合が強く志向されると、研究者以外は、研究者が設定した物語を演じる単なるアクターとして位置付けられるようになり、結果的に価値をめぐる対立のリスクが高まり、多様な取り組みを創発する可能性は減少する[7]。繰り返しになるが、大事なことは、価値を一致させることではない。異なる価値があることを前提に、それぞれの独自性を持ちながら、併存できる社会の状況を創ることなのである[8]。

第三に、多様で異質な価値の併存という状態が、「自然という小さな矛盾と折り合う知恵と感性の復活」に大きく関係すると考えるからである[9]。矛

[7] 一見すると、包括的再生は、環境法学者の磯崎博司が提案している自然再生の統合的アプローチとよく似ているが（磯崎 2006）、両者は実はかなり異なった考え方である。やや乱暴に整理すると、統合的再生は、様々な利害や目的、価値といった複数のものを一つに統合する志向を示している。優先順位を明確にすることによって、効率的に資源を導入したり、人を配置したりすることは比較的容易になるが、たとえば自然の学術的価値に同調しない人たちは、結果的に取り組みから排除されてしまう。包括的再生は、必ずしも優先順位を明確にしない。そのことが分かりにくさでもあるが、いくつもの価値が大きく矛盾しないように併存する状態を実現することが含意されている点に注目したい。

[8] たとえば、琵琶湖の漁師たちが外来種を駆除して自分たちの漁を優先させるために、行政関係者や学識経験者から学んだ「生物多様性」を正統性の根拠として使用しているという報告がある。また、琵琶湖における自然再生の調査から、漁師にとっての「生業の論理」を踏まえたうえで、適宜、現代の科学技術や生態学的な知識と組み合わせ、使い分けながら生態系を管理していく必要性が主張されている（卯田 2005）。

[9] 生物多様性が地域社会の生活の豊かさと必ずしも結びつくわけではない。確かに、人間の豊かさには、ある程度の生物多様性の豊かさが必要となるが、生態系からの恵みがあったとしても、生物多様性が豊かであるとは限らないのである。生物多様

盾とは、解決するものではなく、折り合うものであるならば、大きな矛盾にならないような形で併存する状態を実現することが重要となる。そもそも人間は、個人においても集団においても多様な側面を持つ存在であり、ある側面では一致するものが別の側面では対立するといった、一見すると矛盾する存在でもあるが、そうした一致や対立も、様々なきっかけを契機にして変わりうるものである。同じ共同作業を通じておたがいの立場や人間性をあらためて再認識したり、その地域の過去の歴史や文化を学ぶことにより現状や未来の認識を新たにしたり、また、新しい知識を学ぶことにより、新たな別の地平に認識を開拓したりというように、人間は様々な可能性と可塑性を持つ。そのような人間が、お互いに学び合い、相互変容を促すかかわりあいを経ることにより、新たな地平で、その地域の未来を見据えた、ダイナミックな合意形成をしていくことも可能なのである（鬼頭 2007）。

こう考えると、対立や矛盾は解消するものというより、常に課題に挑戦させ続ける緊張を与えてくれるものと捉え直すことができる。包括的再生はその曖昧さによって、さまざまな主体や活動をつなぐ、多義的な概念として機能しうる。そもそも自然再生において望ましい自然という正解を見出せないからこそ、異質な価値を相互に承認したり、いくつかの目標を設定したり（宮内 2013）、関係者たちが相互に学習したりする機会を与えてくれる。曖昧さがあることにより、価値の対立リスクが軽減されるとともに、複数の価値を実現しうる多元的なかかわりを再生する可能性が広がっていく。矛盾と折り合うということは、こうしたプロセスを指すのではないだろうか。

以上の3つの理由から、私は自然再生を包括的再生として捉え、本書の基本的な視点としたいと思う。

性と人間の暮らしの豊かさは、一対一対応ではなく、限りなく複雑な関係なのである（富田 2014: 13）。

2-4 未来の構想

自然再生において再生しようとする自然は、過去の自然ではなく、未だ見ぬものとして構想されるものである。私たちが、これからどのような自然とのかかわりを創り、どのような社会を構築しようとするのかによって、再生すべき自然は異なってくる。自然再生とは、何が望ましい自然かを絶えず考え続ける必要がある取り組みである（富田 2014）[10]。このように、自然再生は、それに関係する多様な主体たちの協働と合意形成により社会的に決めていくしかない性質を持っている。研究者と多様な主体が情報を交換し、協働で知を構築できる社会的プロセスをデザインすることが、重要な課題となる。本章で検討した包括的再生は、そうした社会的プロセスのデザインの理念的枠組みとして位置付けることができる。

大事なことは、二項対立的な価値の対立のリスクを軽減し、多元的な価値を維持しながら、緩やかに協働を進め取り組んでいくことである。このプロセスは、必ずしも予定調和であるわけではない。時に協働し、時に対立することもあろう。しかし、それぞれの違いを認識しながら合意形成することで、多面的な活動の創発の可能性を高めることができる。包括的再生を理念的枠

[10] 富田は、自然再生とは、もともと現状を維持しようとするのではなく、（過去に存在したとしても）現状では存在しない未来の生態系を守るべき自然として捉えようとする点に最大の特徴があるという。したがって、自然再生における守るべき自然は何かと考えようとするならば、人と自然のかかわりの未来をどう構想するのかを先に問わなければならないと指摘する。自然再生の取り組みが、目標としてどんな自然を守ろうとしているのか「分かりにくい」のは、このためである。つまり、自然再生は、生態系のダイナミズムだけではなく、未来の人と自然のかかわりのあり方をあわせて考えなければ、何を目標とするのか、守るべき自然が何なのかすらも十分に論じることができない。したがって、自然再生を論じることは、未来の人と自然のかかわりのあり方を論じることと同義といえるのである（富田 2014: 9–10）。

組みとして考えることによって、自然再生の中で、ある特定の価値が肥大化していないか、認識することができるようになるのである。

第３章　コウノトリを「ツル」と呼ぶ

天然紀念物として指定され多くの人びとが訪れた鶴山

3-1 そこにいたコウノトリ

(1) 一枚の写真が写し込んだもの

ここに一枚の写真がある。1960年8月に兵庫県北部の但馬地方出石川で高井信雄氏が撮影した写真（写真3-1）には、7頭の但馬牛と1人の女性と12羽のコウノトリが写っている。

「人とコウノトリの共生とは、こういうものだったのか」。そう感じる人もいるだろう。「懐かしい」という気持ちを抱く人もいるかもしれない。どんな言葉よりも、理屈よりも、たった一枚の写真が、人とコウノトリがともに暮らしていた姿を生き生きと表している。しかし、長らくの間、私たちは人間と牛とコウノトリが川辺でともにいる風景を見ることができなかった。というのも、農業の機械化が進み農耕用の牛が飼われなくなったからであり、人も川辺に寄りつかなくなったからである。何より、この写真が撮影されてからわずか11年後の1971年、コウノトリは日本の空から消えてしまったからである。

在りし日のコウノトリの姿を写し込んだこの写真は、コウノトリの絶滅を憂い、過去を懐かしむメッセージを伝えるものに過ぎないのであろうか。実はこの写真は「35年前、みんな一緒に暮らしていた」そして「もう一度大空へ帰したい」というメッセージを伝えるポスターとなり、第6回環境広告コンクール　環境広告大賞・環境庁長官賞（ポスター部門）を受賞した。人とコウノトリの「共生」を象徴する一枚として一躍有名になったのだ。過去を再発見し、現在を見直し、人とコウノトリの共生という未来を創造することを目指すイメージとして位置付けられたのである。

2002年6月、私は、この写真の女性らからお話を伺うことになった。放

写真 3–1　1960 年 8 月に撮影された、人と牛とコウノトリ。野生復帰を目指す象徴的な写真となった。（撮影：富士光芸社　高井信雄）

鳥3年前のことである。91歳になるAさんのもとには、この写真が有名になってから、新聞記者や行政マンといった人間がやたらと取材に訪れていた。迷惑しているという噂も耳に入ってきた。話を聞きたい人間の1人であった私もまた、迷惑を承知しながらも、人とコウノトリの共生について、聞き取りを始めた。「昭和35年頃の様子を、少し教えていただければと思いまして」「この辺、やっぱり、よくコウノトリが降りて来るようなところだったんですか？」。

コウノトリはね、牛飼いしとる時に、牛がこう草食べとる時に、ねき（筆者注：近く）に来て、牛とうまが合うのか知りませんが、あの、嫌気もせずに、ほん牛の口元に来て。たいがい牛は嫌がるもんですけど。……相性が合うのかなと思って。

Ａさんは牛番で川に入っていた。その場にいたＢさん夫妻とともに、牛つけや牛番など牛の話を色々と語ってくれた。1960年代中頃まで、但馬地方では、初夏から夏にかけて、田んぼへ取水することで水位が低くなった川に農耕用の牛を放牧する光景が見られた。浅くなった川にコウノトリも入って、餌をとったり、休息したりしていたという。

そうですなぁ、あのもんだ、タニシ拾うのに、タニシ拾うのにな、魚もようけ入ってきましたな。魚も足元にゴチャゴチャ、伊豆堰いた時に入って来ましてな。……

この新川でも。ようけ（筆者注：ナマズが）出て来ましたなぁ。ずっと子どもが、みんな網持ってなぁ、よう捕りました。

牛や魚のことばかりが話題に上がった。一通り話を聞いた後。私はコウノトリに話題をふってみた。

まぁ何ですな、あの当時は冬場ともかく春ぬくぅなり出ゃあたらコウノトリ。スズメみたいなもんで、すごいことこの辺。

田んぼでもようけおって、ギチャギチャ踏んでよう歩いとった。また出てきたツル（筆者注：コウノトリのこと）が、なんて（笑）。ボウ（筆者注：追い払う）た時だけ逃げるけど、またな。

ホーなんて、聞こえもせんのにホーなんて言ってボウちゃって。ちょっとバタバタって逃げますけどな、ちょっと逃げてもどこか行きたらまたきますしな。

かつてコウノトリは稲を踏む害鳥でもあったのだ。しかし語られる内容からは、人びとの追い払い方もあまり緊張感のあるものとは思えなかった。この写真が撮影された出石川周辺は、大正期、昭和初期の頃、多くのコウノトリが目撃されたところであった。

コウノトリはこんなに名高いんだなって思うぐりゃあなことでした（笑）。そのくらいの気分でおりました。こっちのほうはようけおりました。こっちのほうは、稲踏むし、傷むし。

人とコウノトリの共生を象徴する一枚の写真。その登場人物は、コウノトリは当たり前のようにそこらへんにたくさんいて、意識することもなく、大事な鳥どころじゃなかったというのである。追い払っていたともいう。そんなコウノトリが名高い鳥になっていて、ギャップを感じているようだが、私はこのギャップこそ興味深いと感じた。

コウノトリよりも牛や魚捕りなど、ごくありふれた日常の営みが、生き生きと語られる。この一枚の写真に「人とコウノトリの共生」という美しい物語を思い描く人にとっては、期待はずれの語りかもしれない。コウノトリを追い払っていたことに腹を立てる人もいるかもしれない。1時間半に及んだ聞き取りの中で、AさんとBさん夫婦は、じつはそれほど長い時間をかけてコウノトリを語ったわけではない。コウノトリのことを聞いても、コウノトリだけが語られるわけではないからだ。牛や魚、農業の話題とともにコウノトリが語られる。語られたのは、暮らしの場面で登場するコウノトリであった。

意識してコウノトリとかかわっていたわけではない。でも、暮らしの中でそこにいるコウノトリとかかわっていた。暮らしという日常が語られる中で、付随してコウノトリ「も」語られる。けっして劇的で感動的な物語ではない。考えてみれば、日常とは劇的ではなく、淡々としたものであり、捉えどころがないものだ。そうであるならば、こうした捉えどころがない語りこそ、里の中で人とコウノトリがともに暮らしていたあり様を生き生きと物語ってはいないだろうか。この一枚の写真が見事に写し込んだのは、人と自然のかかわりの中に、コウノトリもまた存在していたことなのである。

語りの中で、コウノトリは劇的な物語を演じる主役というより、牛番や魚捕り、農作業という日常的な営みに付随する脇役の位置をしめている。コウノトリ「の」物語ではなく、コウノトリ「も」いた物語であろう。日々の暮らしの中で、そこにいたコウノトリとかかわっていたからこそ、意識していなかったコウノトリについて「何か」を語ることができるのではないか。

(2) 現場の知

コウノトリと生活世界で接しながら暮らしてきた但馬の人びとは、人とコウノトリの共生という未来に向けて、たいへん有効な知識や知恵を持っている。但馬には、コウノトリを保護してきた歴史がある一方、害鳥として扱ってきた歴史もある。後にみるように保護鳥や害鳥という枠組みに包摂しきれない多様で多元的なかかわりの歴史もある。人びとは、暮らしの中でコウノトリをめぐる知恵や気持ちを歴史的に培ってきた。

日常知、市民知、伝統的な生態学的知識、などと名付けられている、こうした知識や知恵、気持ちを「現場の知 (local knowledge)」と呼んでおこう。現実の問題を前にすると、現場の知が有効に働くことが多く、環境政策の現場などで注目を浴びている[1]。野生復帰を目指すのならば、ごく日常的な生

[1]　流域のありようをめぐる行政と住民の対立と協働を研究している環境社会学者の帯谷博明は、川や流域に関する知識や生活知にくわえ、市民グループの活動に関する情報、ネットワークや調整力、企画力まで含んだ領域横断的で地域性を有するローカルの知のまとまりを「もうひとつの専門性」と概念化している。領域横断的な視

活場面でみられた、ここ数世代の過去の現場の知を再発見し、再評価し、手がかりにすることが求められる。考えてみれば、ほんの数十年前までは、コウノトリと人はお互いにかかわりながら、ともに暮らしていた。しかし、人とコウノトリのかかわりは、ほとんど記録されてこなかったし、語り継がれてもいなかった。ただ幸いなことに、コウノトリとともに暮らしてきた方々が、まだまだお元気であった。このタイミングで聞き取り調査を実施しないと、コウノトリにかかわってきた記憶は、忘れ去られてしまう。私は、言葉になりにくい人とコウノトリのかかわりの記憶を紡ぐ場をつくろうと考えた。

本章では、コウノトリと日常的にかかわってきた人びとの語りに耳を傾け、人とコウノトリのかかわりを再構成する。

3-2 コウノトリを聞き取る

(1) コウノトリ歴史資料収集整理等事業

序章で述べたように、郷公園は2002年1月から6月にかけて、野生のコウノトリが生息していた時代の記憶・映像・写真等を収集・整理し、野生復帰に向けた研究に活用するとともに、歴史資料として後世に残すことを目的にした「コウノトリ歴史資料収集整理等事業」を実施した。この事業の中で、延べ313回の調査を行い、414人の方からコウノトリに関連する話を聞き

点が求められる行政の現場では、もう一つの専門性が必要とされ、あるいは頼りにされている状況が生じており、そこに対等な資格での協働の余地がみえているという。今後はローカルな知を掘り起こし、体系化する必要性を帯谷は指摘する（帯谷2004）。

写真3–2　聞き取り調査の様子。

取った。私たちと414人との間に、コウノトリの記憶を紡ぐ場が生まれたのである（写真3–2）。テープに録音された語りの中には、雑談と思われるものや雑多な話が多くふくまれているが、それらを要約することなく極力忠実に起こし、文章化した。聞き取りの場で語られるのは、聞き手とコミュニケーションをかわすことで、語り手が捉え直したコウノトリであり、「語り」が生まれる調査の過程をなるべく忠実に残す必要があるからである。また、雑多な話の中に見落としてしまいがちな重要な話が入っているかもしれない。コウノトリの記憶の記録化である。この事業の中で、約2,800枚の写真を含む計3,084点の資料を収集し、基本的にはデジタルデータとして保存されている。調査を進めていく中で、眠っていた資料が色々と出てきたのである。

(2) 生き物をめぐる言説

報道や公的発表の場では、コウノトリのような自然を象徴するとされる生き物は、生物多様性、絶滅危惧種といった科学的概念から語られることが多い。「絶滅危惧種コウノトリ」「生態系のトップに君臨するコウノトリ」「生物多様性の象徴のコウノトリ」。こういった表現はおなじみであろう。これらを「科学言説」と呼ぼう。生物の科学的価値を所与の前提にして、人と生き物とのかかわりを規定する言説だからである。

いうまでもないが、生き物は科学的価値に基づいて語り尽くせるわけではない。たとえば、普遍的なものとして呈示されるこの言説と地域の人びとによる生き物への意味付けとの間に、ズレが生じてしまうことは、わりとよくある話だ。科学知は、科学内部での整合性を重んじるため、限定された範囲でしか有効ではなく、要素に還元して説明するので、総合的で現実的な問題を扱うのも実はあまり得意ではない。科学知は本質的に不完全なものであり、しばしば地域における地域課題や環境問題と距離が生じてしまうのだ。こうした問題意識に基づき、近年、順応的管理（adaptive management）が提唱され、科学言説の中でローカルなかかわりや知識が再評価され、より地域の実情に応じることが求められている。大分県の八坂川のカブトガニ保全の問題にかかわった経験から、堂前雅史・清野聡子・廣野喜幸は、科学知と現場で求められる知との間にズレがあり、現場に応えられる研究システムと地元の知恵を生かすための場の必要性を強く訴えている（堂前ほか 1999）。それに対して、環境社会学者の丸山康司は、現場の知の意義が問われるのは科学知との整合性であり、多元的である知識が地域における科学知として一元化されてしまう可能性を指摘する（丸山 2003）。順応的管理は現場の知に注目しているが、基本的には科学知に基づき、そこからかかわりを位置付けようとする言説であるといえよう。

地域社会の文化や価値を包摂した言説としては、生活と自然という観点から人びとのローカルな知識や経験に注目する研究が、これまでにもいくつかあった。生活や生産の場面での生き物の「利用」や「資源としての管理」のあり方に着目し、人と生き物とのかかわりや知識の個別性と多様性について議論しているコモンズ、生業、マイナー・サブシステンスに関する研究である（鳥越・嘉田編 1991）。こうした研究や視点を、生物の利用に焦点をあてていることから、「利用言説」と呼んでおこう。利用言説は地域社会での人びとの暮らしが深くかかわった資源管理や利用のあり方に注目し、生き物をローカルな生活や生産、生業といった場面で意味付けられる存在と捉えている点に特徴がある。

利用言説は、その名の通り基本的には人にとって食などの面において有用である点を重視する。ただ、資源となる生き物の利用と管理というかかわりと知識を対象にすることから、資源でない生き物や生き物の有用でない意味付けを明らかにしてくれるわけではない。もちろん、経済性や生産性といった狭い意味での有用性にとらわれない議論もある。民俗学者の菅豊は、新潟県山北町に残る伝統的サケ漁は経済活動としては全く成り立っていないという。その意味でサケは有用ではない。にもかかわらず続いているのは、つきあい、競争、かけひき、偶然といった「楽しみ」があるがゆえだという。菅はこの楽しみは経済活動としての意味がなくなるまえから保持していた伝統的漁業の本来的性格であると指摘する。この遊楽性もまた、経済性や生産性と同じく生業の本質なのだ。生き物との生業を通した遊びのようなかかわりは、「マイナー・サブシステンス」として概念化された（菅 1998）。人類学者の松井健は「自然のなかに立ち入ることを要請するマイナー・サブシステンスは、身体全体を通して自然との直接的なかかわりを体験させ、その時その場所において、深く自然につつまれていることを鮮烈に体感させるという点で、さらに突出した意味を記憶の沈殿の深層にもたらす」（松井 1998: 267）と述べている。マイナー・サブシステンス論は、遊びを含めたものへと生業を拡張したが、結局のところ生業を通してかかわる資源としての生き物に対象を限定してしまい、資源でなかったコウノトリのような動物を論じることは、ほとんどない。

当たり前だが、人間にとって有用な生き物だけが、生息しているのではない。害を与える生き物もいる。害にも益にもならない中立的な「ただの虫」(宇根 1996) もいる。また、同一生物種が害という否定的価値と希少性という肯定的価値を多元的に合わせもつこともある。丸山は、青森県下北半島の「北限のサル」が地域住民にとっては、害獣、同じ地域に生活する動物、かわいい動物という矛盾する「様々なサル」としてリアルな存在感を持つと指摘する (丸山 1997)。生き物は、文化的存在として、様々な意味付けをあたえられてきたのだ。

コウノトリについては、第 1 章で述べた営巣地で開設されていた茶店では利用されていると言えるが、それを除いて資源として利用されてきた例は基本的にはない。また、否定的価値と肯定的価値をあわせもつ生き物でもある。利用言説は、ただの虫やコウノトリといった多義的な生き物や生き物の多元的な意味付けを語る方法を基本的にはもち合わせていない。こう考えると、コウノトリのような生き物は生態系におけるアクターや希少性といった地域にとって外来の論理である科学言説からしか語れないのだろうか。害をもたらす生き物も生態系のアクターとして一定の役割を果たしている。その中には、絶滅の危機に瀕しているものもあろう。しかし、その言説では地域社会の中での生き物の意味付けとの間にズレが生じてしまう。科学的知識のもつ限界という同じ問題に戻ってしまうのである。地域の人びとは普及啓発の単なる対象と位置付けられてしまう。つまり、科学言説でも利用言説でも、矛盾や沈黙をも含む、ごく日常的な生活場面でみられる、地域の人びとによる生き物の意味付けや多元的なかかわりに接近することは、難しいのである。

では、どのように聞いていけばいいのだろうか。

(3) コウノトリの聞き方

ところで、なぜコウノトリについては記録はもとより、語られることすらほとんどなかったのであろうか。この疑問に対して、C さんは以下のように語った。

> 今でこそコウノトリ、コウノトリ言いますけどなぁあ、その時分は……コウノトリがおるのも当たり前ですし……。気持ちがコウノトリにどうこう、そんな関心は全然薄かったですなぁあ。当たり前のことですしなぁあ。

コウノトリは、当たり前にいたからこそ、語ることが困難なのである。生活の中でどうコウノトリと接してきたか、どのような存在、対象として実感してきたのか。本書でいう「小さな声」で語られる事柄は、そもそも全くといっていいほど記録されていないし、伝承もされていない。生活の中に習慣化されている日常のあたりまえのことは、記録されないものなのだ。ここに、日常的であるがゆえに伝達が困難である暗黙知の問題を指摘できる。「知的であろうと実践的であろうと、外界についての我々のすべての知識にとって、その究極的な装置は我々の身体である」（ポランニ 1966 = 1980: 32）。マイナー・サブシステンス論の指摘とも重ねると、コウノトリは身体性のもとに捉えられたと考えられる。だからこそ伝達が難しいのだ。では、どのようにコウノトリとのかかわりに接近できるのであろうか。

当たり前を当たり前と見ないよそ者の視点は、地域の日常に埋没していたものを見出す可能性を持っている。ここでいうよそ者とは、地域の外から来る人だけではなく、地域に居住しながらも他者のまなざしを持っている人も含んで考えている。コウノトリを見たことがなく、自然経験に乏しく、但馬で生まれ育ったわけではない私は、日常的な経験の表出への触媒になりうるかもしれない。もちろん、地域住民の日常の価値観や知に視点をおく立場に容易に立てるといっているわけではない。私の立場性や当事者性も問われてくる。よそ者の視点を持っていても、コウノトリとの共生やコウノトリへの愛情といった「大きな声」だけを聞いていたのでは、現場の知に迫るのはむずかしい。小さな声を聞き、それらを安易に大きな声に回収しないことが何より大事なのだ。

差別経験や戦争体験など語られてこなかった経験を把握する手法として注目されているライフストーリーに関する諸研究は、語りから生活の総体を描き出すことによって、日常生活における差別経験や戦争体験の諸相を明らかにしようとしている（反差別国際連帯解放研究所しが編 1995; 桜井 2002）。社会学者の桜井厚らは、被差別部落の「いま」を生きる人びとの一人ひとりの生活史の語りを聞き、個人的な考え、思い、感情を聞き取っている。生活史の中にみえてきたのは、それぞれの個人が自己の生活状況と格闘しながら自分なりの主体的な生き方をえらびとってきた方法、生活の知恵であるという。それらの中には、被差別部落に固有のものもあれば、どこの村にもみられたものもある。そして桜井らは、語りから、差別・被差別の文脈だけを拾うのではなく、生活の総体を描き出し、経験と文化の諸相を明らかにしようとする。その結果、村の矛盾にもふれることになったという。

もちろん、被差別部落とコウノトリとのかかわりでは明らかにしようとする問題は異なっている。ただ、その手法を参考にすることはできる。一人ひとりの生活史を聞きながら、コウノトリについての考え、思い、感情などを聞き取るのである。コウノトリを発端に語られることを、コウノトリだけに限定することなくトータルに聞き取るのである。そうした聞き方をすることによって、日常生活で培われてきた「コウノトリとともに暮らしてきた方法や知恵」が聞こえてくるのではないか[2]。

少しでも聞き取り調査をしたことがある人であれば、語り手は聞き手が聞きたいことだけを語ってくれるわけではないことを経験しているだろう。語り手が一生懸命語ろうとしているのは、農作業、田んぼでの労働、遊び、戦争経験、村の組織や行事、家族関係、宗教など様々である。生き物の聞き取り調査からすれば、それらの語りは雑談として常に聞き流されたであろう。Aさんが牛や魚捕りのことを語ってくれたのに対し、私はコウノトリへの話へ戻そうとしたように、聞き手は相槌などをうちながら、常に聞きたいことへと話を戻そうとする。しかし、実は一見雑多な話に見えるそうした語りの中に、生き物とのかかわり、暮らしの中の生き物の位置や、生き物への矛盾を含んだような思い、あるいは生き物の生息環境といった重要な問題がかなりあるのではないだろうか。そして、その中でこそ、その人にとっての生き物の意味や環境問題が語られているかもしれないのだ。小さな声を聞く耳を持たなければならない[3]。

語りとは、語り手の過去がそのまま出てきたものではない。また、聞き手があらかじめ用意していた枠組みにのみ則って語られたものでもない。語り手と聞き手との間の相互作用が生み出したものである。聞き取り調査という場で語られるのは、聞き手と語り手が相互作用することで、語り手が当事者

[2]　後述するようにコウノトリは語り手によって多様に語られる。それは、聞き取りの場で聞き手とコミュニケーションを交わすことで、語り手が捉え直したコウノトリである。そこには聞き手と語り手の解釈と主観が含まれているが、語り手がそうした当事者としてのコウノトリの意味を見いだすことで、生活の現場から人とコウノトリのかかわりを再構成して捉えることができるのではないだろうか。

[3]　私は野生復帰を目指す郷公園の研究者として聞き取りを行った。したがって、調査の場は野生復帰という価値をめぐる場でもあった。たとえば語り手が私に対し「あんなもん放すんか」とか「どうするつもりなん」と問いかけることが度々あった。調査の場は、野生復帰の評価の場へと容易に変わるのである。

として捉えなおしたコウノトリである。環境社会学者の嘉田由紀子は、当事者としての環境の意味が自己発見され、それが伝承されていかない限り、社会に流通する環境は「奇麗で」「清潔で」「美しい」という言葉で表現されるだけの薄っぺらなものになっていくことを、琵琶湖畔の五右衛門風呂の伝承から示している(嘉田 2001)。次世代に伝承していかなければならないのは、共生や愛という大きな声だけで表現することができない、当事者にとってのコウノトリの意味なのだ。人びとのコウノトリ経験を聞き取る私もまた、当事者の一人としてコウノトリの意味を問い直していくことになった。

では、聞き取り調査で、これまでほとんど語られてこなかったコウノトリはどのように語られたのだろうか。多くの語り手は「私には語ることなどありません」と語り始める。けれども、私たちが「どこでコウノトリを見ましたか」と問いかけると、コウノトリから農業、田んぼ、川、遊び、戦争、宗教等と語りは相互に入り込みながら多様に広がっていく。1時間から2時間にわたる語りは「こんな話なんの役にもたたんで」という言葉とともに終了することも多い[4]。

3–3 語りの中の二つのコウノトリ

多くの語り手が、決まり文句のように語ることがある。男性D(当時74歳)

[4] コウノトリのことを聞きに来た私に対して、コウノトリのことよりも生活のことを語ったことへの言い分であるかもしれない。「こんな話なんの役にもたたんで」という語りは、調査の場の力学を表しているように思われる。もちろん、「よー聞きに来てくれました」と感謝されることもある。聞き取りの場は、語り手と聞き手がコウノトリをめぐるコミュニケーションを行いながら、コウノトリに関する知識が創出される場である。

さんは次のように語った。

> コウノトリいうことは言わなんだですがな。ツルいって。なんでコウノトリ、なんで。わしらほんとにコウノトリっちゃなもんはこの地区におれへん、ツルはおったけど、不思議だったな、わしらは。そりゃもう馴染めなんだですな、コウノトリという言葉に。

但馬にいたのは、生物学的にはツルではなくコウノトリのはずだ。だが、ツルはいたがコウノトリはいなかった、という。男性E（77）さんもまたこう語る。

> ツル、ツルいうて、コウノトリなんて聞いた事にゃあしね。……コウノトリっていうのは、まんだ（筆者注：まだ）。こちらではツルツルいうとりまして。

聞き取り調査を始めてすぐ、おおよそ70歳以上の人は、コウノトリのことをツルと呼ぶことが多いと気がついた。意外なことに、行政やマスコミが「コウノトリ、コウノトリ」と騒いでいるのに、いまだにツルと呼んでしまう人が多いのだ。先にも触れたが、かつてコウノトリはコウヅルや田鶴と呼ばれ、ツルと混同されてきたといわれている（寺山 2002: 200）。但馬でも営巣地が鶴山と名付けられていたように、ツルと呼ばれることが一般的であった。この語りでのツルも、生物学的にはコウノトリのことを指しているに違いない。もっとも、ツルと呼ぶ人たちもコウノトリという呼び名を知らないわけではないだろう。

では、高齢者たちは、コウノトリという正式名称をいつ頃知ったのだろうか。

> 捕獲（1965年）して育てるようになってからコウノトリっていう名前を

> 聞いて、これコウノトリって不思議で、ツルだ、あれはって。……へえ、新聞で。あれをコウノトリって、何で。……コウノトリを、ツルツルいっとったでしょう。なんかこうコウノトリいったってピンとこなんだ。

新聞で知ったというのは、男性F(74)さんだ。コウノトリという正式名称は1955年頃から、新聞や行政、学校によって持ち込まれ、但馬の人びとにも普及してきた。その結果、今では、あの鳥がツルではなくコウノトリであることを、頭では理解している。だが、コウノトリという呼び方に、「馴染めなかった」「不思議」「ピンとこなかった」と、いまだに違和感を持っているようだ。はじめはコウノトリと呼んでいても、話に熱が入るとツルと呼んで語る人が、思いのほか多いのである。但馬でコウノトリと接して暮らしてきた人びとからすると、「ツルはいたがコウノトリはいなかった」のである。

こうしたツルという呼び方は、訂正すべき単なる言い間違いなのだろうか。私はこの問いと向き合うことになった。コウノトリという「正しい」呼び方の普及啓発が足りないのだろうか。鳥類学者や生物学者なら、ツルと呼ぶ人びとに対して、正式名称を啓蒙し、生物としての違いを説明するだろう。私自身も郷公園の研究員として、正式名称を啓蒙しなければならない立場ではあった。

ただ、幸か不幸か私は環境社会学者であった。私が気になったのは、コウノトリという名を知っていても、ツルという呼び方のほうが、違和感なく実感のあるものとして語れるということであった。問うべきなのは、ツルなのかコウノトリなのかということではない。ツルのほうがリアルであったとするならば、ツルというコウノトリをどのような存在と思っていたのかであり、またどのようにかかわっていたのかということなのである。

コウノトリという呼び方は、捕獲をはじめとする保護運動や貴重・希少性という価値、新聞報道などとセットになって語られ、専門家や政治家、行政官、マスコミなどによって外から持ち込まれたものと認識されている。ツルという呼び方では、主に1930年から50年頃のことが語られる。60から100羽のコウノトリの生息が推定される、コウノトリが当たり前のように存在していた時期である。その呼び方で、コウノトリは保護ではなく日常生活の文脈で語られる。実際の語りでは、コウノトリとツルという両方の呼び方が混在していることも珍しくないが、基本的にコウノトリはツルとコウノトリという二つの呼び方で語られ、語りの量も内容も様式も異なっている。

序章で述べたように、社会学者の宮原浩二郎は、言葉とは使い手の身体のどこに棲みつくかによって違ってくるとして、「カラダ語」と「アタマ語」という概念を示した（宮原 1998）。その宮原の考えにしたがえば、コウノトリとツルという呼び方は、どちらが正解かという問題ではない。ツルは経験を通して憶えたカラダ語であり、コウノトリは伝聞を通して入ってきたアタマ語であり、どちらも独自の意味を持っているのだ。ツルという呼び方を単なる言い間違いとしてしまうと、こうした言葉の持つ力を聞き落としてしまう。

ツルとは、貴重な鳥というようにアタマで意識したものではなく、何らかのかかわりを経験しながらカラダに憶えこんだ言葉である。それは、言葉として表現しにくく、意識して語られることすらほとんどなかった。「コウノトリについて、お話を是非聞かせてもらえないでしょうか」という問いがあって、カラダから湧き出てくる「小さな声」で発せられる言葉である。

ツルという呼び方を語り手によるコウノトリの定義と捉え、コウノトリに関する現場の知と経験に接近してみたい。以後の節では、生物としてのコウノトリのことをコウノトリ、ツルという呼び方で語られるコウノトリを「ツル」、外から持ち込まれたコウノトリという呼び方に付随して語られるコウノトリを「コウノトリ」とし、「ツル」と「コウノトリ」でどのようにコウノトリが語られるかを検討することから、但馬における人とコウノトリのかかわりを再構成する。

3–4　「ツル」とのかかわり

(1) 害鳥とツルボイ

「ツル」でコウノトリはどのように語られるのか。コウノトリの目撃について尋ねると、男性 G (75) さんは、こう語った。

> 私らが子ども時分見るのにまあ 10 羽ぐらいはねえ。あっちゃこっちゃに来て、それから田植えした後も、あのうよう田んぼん中に入って稲を踏みましてなあ、その時分にゃあコウノトリいやへんツルツルいってましたわ。

多くの語り手は、田んぼの稲を踏み荒らす鳥として「ツル」を語り始める。語り手が子どもの時分であるから、昭和初期の頃の話である。当時は、食糧事情も厳しく、稲を踏まれることは死活問題だったのかもしれない。コウノトリが「ツル」と呼ばれる時、田んぼの稲を踏み荒らす「害鳥」という文脈での語りになることが多い。C さんが「ボウて (筆者注：追い払って) ボウて、ボウのに。見たいったらボウて。……そんな値打ちのある鳥どこでなかった」というように、多くの場合「ツルボイ」(追い払う) という行為とともに語られるのだ。

では、どのように「ボウ」ていたのであろうか。C さんは「バサバサ踏み込んできますしねぇえ。うちの田んぼこの辺の道におって棒でお前追ってこいっておやっさん言われましてなあ、降りてくるならよそ行けって」と語った。Cさんは棒を使っていたが、女性H（74）さんはこうだ。

> みんな田んぼでしたね。苗を踏んで歩くんですわ、タニシ拾うのに。ほんでもうあれ（筆者注：コウノトリ）が田んぼ入ったらボウてこい言われて、お父さんにね。バケツや洗面器持っていってね、コン、コン、コン、コン叩くんです。ほたもう、たって逃げるんです。もう、餌欲しいからかわいそうやけど。

バケツや洗面器、その辺にあった土や石を投げてボウこともあった。「ホー、ホーいって、そしたらねえ、片足をシュッとたたんで片足で立っとて、羽広げてワーとたって退（ノ）きーしよりました。ほして、次の田んぼに入りーしますんやで。あれ（筆者注：コウノトリ）が」。この場合は声だ。ツルボイにも色々なやりかたがあったが、共通しているのは声を出したり、石や土を投げたりとカラダを使う行為をともなっていたことである。道具を使っていても、それはあくまでも日常生活で使われていたものであった。ツルボイという行為は、「ツル」とカラダでかかわるものだった。

ツルボイは親に言われて行う子どもの仕事であると同時に、遊びでもあった。男性I（74）さんはこう語る。

> 田んぼ見たらあれだ、あのよけおるでしょう。……そうするとあの、あれ、ツルだでっていうことで、みんな、あの、ボウたりなにけえして、あのう、遊んどった。ほいで、よう覚えがある。

ツルボイを指示していた当時の大人たちは、「ツル」を嫌がっていたようだ。ただ、語り手たちは、子どもの頃行っていたツルボイを何やら楽しそうに回想することもしばしばであった。当たり前にいて、特に意識していなかったコウノトリについて語ることができるのは、遊戯性も含まれるツルボイを行い、カラダで「ツル」として憶えていたからではないか。ツルボイという語りには「ツル」とかかわった当事者が登場している。もちろん、「石投げてボウとかは、聞いたことない」という人もそれなりに多かったことも指摘しておかなければ片手落ちだ。「ツルは大事なもんだしけーに、なんにもするなって言うことで、(稲を) 踏み荒らしてもね」と語る男性J (78) さんはその一人だ。保護鳥で大事な鳥という意識もあったのだ。

次に、「どこ」でツルボイをしていたのだろうか。男性K (71) さんは聞き取り調査の冒頭で語った。

> この辺は一鍬ずつジルタんぼですから、水があってあの……、乾田ならんもんでねえ、それで、一鍬、一鍬みんな起こしたんですわ。……じるい (筆者注：柔らかい) のは起こしにくい、歩きにくいでしょうが。起こすのに耕運するのにね、だんだんそれで乾田になりだしたんですわ。湿田の当時のは、やっぱりコウノトリはかなり僕らの子ども時分はおりまして、それであの……、田んぼの田植えの後、稲を踏み込みますもんだからねえ。また植え直しに入らんなもんだから、田んぼの隅には必ず補充する苗を2束ぐらい置いたるんですわ。稲がコウノトリが踏み込むもんだから。

多くは田んぼである[5]。コウノトリが生息できたのは、豊岡盆地周辺が円山川が流れる低湿地帯であり、採食場所としての湿田 (ジルタ・ジュルタ)、河川の浅瀬などが広範囲に存在していたからである。主要な採食場であったジルタは、人間が働きかけてきた生産の場であった。場所によっては農作業中、体が沈まないように胴木という板を沈めていたところや舟で稲刈りをするほど深いところもあった。子どもの頃、ツルボイをしていたという男性L (92) さんは、こう語った。

---

[5] この時の調査では、営巣地に限らず田んぼなど採食場所に関する情報が多く寄せられた。

稲刈るったってこの辺まで、尻まで水に浸かりもって、ま、そんなとこでも稲を作ったっちゅうやあな非常な湿田でしたでね。とても、ほいで、あのー、なんですわ、そこで、そこに、タニシやドジョウやあるいはちょっと水のよく流れる水路や何かには、シジミがおったわけですわ。……そこで（筆者注：コウノトリの）エサが豊富にあったわけですなぁ。……

ツルがよく降りおったとこ、ほとんど埋まっちまって、付近の田んぼになってますけど。ま、あの辺に今まだ田んぼで残っとる一番こうのす（筆者注：豊岡市内の地名）に近い所の田んぼに降りおりました。で、非常に湿田でしてねえ。うっかり入ったら、もう上がれれへんですわ。足がきまられへんもんだから。で、下に胴木って木が置いてありましてね。沈めてあってね。それを頼りに稲刈りを、私らもしたことがありますが。それをふがじゅうとドボドボドボっと入るっちゅうと、手をついても何をしても。おーい助けてくれーいわなんだら、もがけばもがく程沈むやぁな事になりましてね。そんな土地だったんです。

一年中水が引かない環境だったから、コウノトリのエサになるドジョウやタニシ、フナなどが生息していたが、農作業は重労働であった。だからこそ、そこに飛来したコウノトリは害鳥として扱われ追い払われていたのだ。

では、その他の採食場であった河川の浅瀬でツルボイは行われていたのであろうか。冒頭の写真が撮影された出石川周辺はコウノトリがよく目撃された場所である。特に1930年頃は、数多くのコウノトリが毎朝のように見られたという。

高井さんの撮られた写真（筆者注：写真3–1）のあれはねえ、あのーあのもんですわ、ブト（筆者注：ブユのこと）が来たりね、牛にブトが来たり、それを食べたり、それからさっきお話したように、ここ浅瀬になっとるからジャコ（筆者注：小魚）がペシャペシャペシャペシャっとこうあの小魚、小魚がねえ。そうゆうなんとっとるようでしたわ。

こう語る男性M（69）さんは田んぼではボウていたが、牛の放牧地であった出石川河川敷でボウことはなかった。出石川でコウノトリを目撃した人は、牛の放牧や通勤・通学の記憶とともに語り、そこでボッたと語る人はいない。むしろ、そこで見たコウノトリはきれいだったとも語る。牛の放牧をしていた女性Aさんは、そこでは「牛と鳥と相性がええのかな」と感じていたと語った。

豊岡盆地には、田んぼの灌漑用の掘抜という井戸があった。一年中水が湧いていたため、降雪しても雪が積もらず、一年中ドジョウやタニシ、フナなどがおり、餌を求めて様々な生き物が集まってきた。コウノトリも主に冬場そこへ餌をとりにきていた。その掘抜でもツルボイは行われていなかった。逆に掘抜に仕掛けられたカモやイタチを捕るワナにかかったコウノトリは、害鳥として扱われていた時代であるにもかかわらず、保護されることも少なくはなかったという。

田んぼも河川敷も掘抜も餌場になっていたが、人は田んぼにいる「ツル」だけを追い払い、どこでもツルボイしていたのではない。それぞれの場所で、異なった態度で「ツル」と接していたのである。

次に、「いつ」ツルボイをしていたのか、語ってもらおう。基本的には、田植え直後の6月中旬から7月上旬頃に行われていたという。田植え直後の小さな稲をコウノトリの大きな足が踏み込んでしまうからである。しかし、稲刈り後にはボウことはなかった。女性のN（76）さんは以下のように語った。

> いやーツルがきとる、ボエーいうことで、シーシーいうてボウてボウて、はい。冬の田んぼにツルがあるんですけど、まぁまぁ私らぁ見たらきれいだなぁと。

同じ田んぼにいても、田植え直後は憎い鳥として語られ、稲刈り後は「きれいな鳥」として語られるのである。そして、ツルボイをしていた子どもたちも、稲刈り後の田んぼでは誰が一番コウノトリに近づけるかといった遊びを行っていた。しかし、こうした秋から冬にかけての語りは、相対的に少ない。

絶滅危惧種を田んぼから追い払っていたツルボイという行為は、現在では批判されるものかもしれない。だが、私は、単純にそう決め付けることに疑問を持つ。「でえじな鳥だしけえ、そねえ石投げたりするんじゃねえんだ。てんで（筆者注：手で）こうしてホーと」というように、「徹底的にボイちらすという事はなかった」。せいぜい「土投げたり、石投げたりして、ボウくらいのこと」なのである。それは「ボイまわして、まぁ遊んどったようなもん」というように遊びでもあった。「ツル」を本気で傷つけようというものではなく、「かわいそう」という感情もあった。ツルボイする時も場所も限定的であったし、遊びでもあった。

改めて指摘しておきたいことは、ツルボイは身体的で直接的なかかわりとして、友達や家人や村人とのかかわりとともに語られるということだ。つまり、ツルボイは、コウノトリと身体的にかかわる行為といえる。日常生活の中で当たり前にいた「ツル」は、身体的で直接的な関係を持つ存在であった。そうした存在だからこそ、邪魔な害鳥、遊び相手、きれいな鳥、大事な鳥というように、時と場所によって、異なった矛盾する存在として具体的に語られるのだ。

(2) 鶴山と瑞鳥

男性O（75）さんは、コウノトリは害鳥ではないかという問いかけに対し、以下のように語った。

> ツルの巣ごもりゆうたらおめでたいことだ。害鳥ではないという証拠にツルと言ったんだ。コウノトリじゃない、ツルと。鶴亀のツルと。げんのいい鳥ということで店を出したんだ。

保護鳥だから、めでたい鳥だからボウことはなかったと語る人たちもいる。1921年に出石町桜尾の繁殖地鶴山が天然紀念物指定されたように、コウノトリは保護鳥でもあった。但馬地方や丹後地方のコウノトリの営巣地は鶴山と呼ばれ、多くの場合、Oさんが語る茶店が開かれていた。茶店では酒類やニッキ水、鶴山ようかんなどが販売され、京阪神などからも多くの人が訪れた。害鳥というストーリーとともに、鶴山に代表される「瑞鳥」というストーリーも多くの人が語る。

学校から帰ったら遊ぶところがないので、親が経営していた茶店へよく遊びに行っていたと、P (75) さんたちは少年時代をふりかえった。但馬で最も有名な茶店があった豊岡市出石町桜尾の近くに住む男性Q (77) さんも、「今みたいに遊ぶとこありません。そこらごそごそして、魚捕りに行ったり、何にも娯楽あれしまへん。ツル見に行こうかゆうことで、2〜3人で」と茶店に行ったという。特に「ツル」に関心があったわけではなく、また茶店に子どもが買えるものがあるはずもなく、時間つぶしみたいなものだった。ただ、巣ごもりを近くで見ると、「ツル」は大きくて白いし、「サギよりだいぶきれい」だったのが印象的だったという。華やかな場であった鶴山は、当時の子どもたちにとって、ちょっとした遊び場であったのだ。近くに住む子どもたちは、鶴山を遊び場にすることができた。近くに住んでおらず、気軽に行けなかった人たちにも、鶴山の思い出話がある。その様子を女性R (95) さんは聞き取りの冒頭で以下のように語った。

> 山に上がりましたらもう結構、大勢の人が来ておりましてなー、茶店も2つ、3つ、2、3軒出ておって、赤いあの毛布敷いて腰掛けとかこさえましてねー。そして、まあすぐお茶やなんか持ってきてくれましたし、色々な物売っとりまして、それで私達はツル見とるよりもいい物買って頂けるのが嬉しいて喜んどったんですけど、高いあの松の木の上にちょうどあのツルが巣をしとるのがよう見えましてなー、羽根広げますと下に小ちゃいヒナがいるのもよく分かりましたし。

このように、コウノトリを見る宴会などが行われた鶴山は、華やかな場所であった。鶴山という語りでコウノトリは「非日常的」な空間での人間関係とともに語られる。

鶴山で巣ごもりしていた「ツル」は、ヒナを育てるため田んぼで懸命に餌を採っていた。生物としては同じコウノトリが、「ツル」として田んぼでは害鳥、鶴山では瑞鳥と扱われていたのである。田んぼでボウていた子どもたちも、鶴山に行くのが楽しみであり遊びの場でもあった。田んぼを荒らす害鳥と語った農業者が、鶴山のコウノトリは茶店の思い出とともに美しかったと語ったりするのである。このように、鶴山という語りで「ツル」は、「非日常的」な空間での人間関係とともに語られる。友達や親、村人とともに経験したハレの思い出であるのだ。彼ら/彼女らは、茶店で「ツル」を観察していたのではない。その非日常性を楽しんでいたのだ。

「ツル」が巣をかけることで、当たり前の村の裏山は非日常の空間である鶴山へと演出された。人びとにとって「ツル」は日常的な存在であったが、人びとは演出された鶴山の非日常性をも楽しんでいた。むしろ「ツル」を出汁にして非日常の空間を創り出していたのかもしれない。日常にいた「ツル」は、鶴山という場で非日常の鳥へと変わるのである。

ここでは、生物としては同じコウノトリが、同じ人によってさえも違った意味を持つ存在として語られることを確認しておこう。「ツル」は田んぼにいる時は日常の鳥であり、鶴山にいる時は非日常の鳥になる。日常の鳥であり、かつ非日常性をおびた鳥でもあった。

(3) 多元的現実としての「ツル」

男性S (91) さんは、害鳥や牛について語った後、次のように語った。

> フナゴ (筆者注：フナ) やなあ、ドジョウ、小魚が……住むところがあって、ようおったですすで。ほんであんたらも、想像つくか知らんけど、ここの田んぼを、今度…時期が来たら水落としてなあ、乾かさなんだら次……あの、稲刈りに入らなんだらんでしょうが。そうゆうドブドブするようなとこで (笑)、能率あがらへんしな。ほんで……8月のドヨウホシいって、それがために、ドヨウホシっちゅう……言葉があるように、田んぼに水を切って、こう……落水したですがなあ。そうすると、1ヶ所の……水じめぇの、この田んぼの水じめぇに、小魚が、ドジョウだのなぁ、フナゴ、ほんでハイんやのなぁ。……ほらもう、人間が食うの、しれとりますでなあ。鳥 (筆者注：サギやコウノトリ) も寄ってきぃして、それも落水した……日にやあもう……田んぼは、戦争場みたいなもんで、上の方には……鳥が。

民俗学者の安室知は、田んぼは稲作のみではなく、魚捕りなど様々な生業が行われてきた空間であることを緻密な実証研究から明らかにしている (安室 1998)。但馬においても、田んぼは、稲作、タニシ採りや魚捕りという複数の生業が行われた空間であった。捕れたものは基本的に食べた。コウノトリは魚やタニシをめぐる競争相手でもあったのだ。田んぼにいたコウノトリは田植えやタニシ捕り、魚捕りといった自然への「働きかけ」とともに濃密に語られる。「ツル」で「日常」にいたコウノトリは、それ自体を対象とするのではなく自然への働きかけとともに語られるのである。

何度も述べたように、こうした語りに耳を傾けていると、コウノトリのことを聞いても、コウノトリそれ自体が対象として語られていないことに気づく。語られるのは、農作業や魚捕り、タニシ捕りなど当時の生業や遊びのことなのである。そうした語りの中に「ツル」が登場する。逆説的であるが、コウノトリ自体ではなく、田んぼや生業を聞くことが、コウノトリを聞くことになるのだ。

田んぼでの田植えやタニシ捕り、魚捕りといった行為は、自然への「働きかけ」である。当時の生活は、自然に働きかけることでかなりの部分が維持されていた。「ツル」は、自然への働きかけとともに、多様な存在として濃密に語られる。「ツル」というストーリーは、生業など暮らしのことが語られながら「ツル」が語られ、「ツル」が語られながら生業が語られるという、いわば入れ子状態になっている。これは、当時の暮らしが「ツル」とそれほど分離していなかったことを表してはいないだろうか。「ツル」を外的な対象ではなく、自分たちと連続するものとして経験しているのだ。

そこで、田んぼという空間でのツルボイに再度注目して、自然への働きかけとコウノトリとのかかわりを考えてみよう。田んぼ、特にジルタでの農作業は重労働であり、働きかけが強くなるのは田植え時である。コウノトリにとってもその時期は雛を育てるため大量に餌が必要であった。田植えという強い働きかけの直後に入ってきたコウノトリは基本的に害鳥とされ、様々な方法で追い払われた。しかし、稲が成長すると人の働きかけは弱くなり、コウノトリも稲が成長した田んぼにはそれほど入らなかった。稲刈り後の田んぼは町中の人でも近くの鉱山の鉱夫でも基本的には誰でも自由に入れ、タニシや魚を捕ってもよくなった。子ども会や講で田んぼに入ってタニシなどを捕ったと語る人も多い。ドヨウホシや大水で田んぼが浸かった時も誰でも入ってタニシや魚を捕ってよかった。川や掘抜といった働きかけが相対的に少ない空間では、「片足上げて朝早ようから一服しとんなるわー」というように見る対象となる。きれいな鳥や見る鳥という意味を帯びたコウノトリを、宇根豊の言葉にしたがって「ただの鳥」と名付けよう（宇根 1996）。そして鶴山という日常とは異なった非日常的な場では、「瑞鳥」となる。生物としては同じコウノトリが、どこにいるかという空間的な配置によって異質な存在として意味付けられているのだ。

環境社会学者の藤村美穂は、琵琶湖北岸の農村での調査の結果、私有度の高い空間でも働きかけをしなくなったら「公」に戻ることから、ある空間が「私」有という意味を付与されるための必要条件は、そこに働きかけることであると主張する。働きかけの度合いによって空間の私と公という空間の意味が変わってくるのである（藤村 1994）。藤村の議論にしたがえば、働きかけが強い時、田んぼは「私」の意味を帯びているが、弱くなった時、田んぼは「公」の意味を持った空間になる。「私」の意味を持った田んぼではツルボイが行われていた。「公」の意味あいが強くなった時には、よそ者が入ってもいいし、コウノトリが入り餌をとっても、追い払う人はほとんどいなかった。コウノトリが入ってもよくなるのである。田植え直後はツルボイしていた子どもたちも、その時期はコウノトリと遊ぶようになる。働きかけが強く「私」の空間という意味あいが強い時期の田んぼに降りたコウノトリは、害鳥として扱われるが、働きかけが弱くなり「公」の空間という意味あいが強くなった時期の田んぼや働きかけの弱い空間に降りたコウノトリは、魚捕りの競合相手やきれいな鳥として見る対象といったただの鳥として扱われるのである[6]。

「ツル」という語りで、自然への働きかけを媒介にした空間の意味付けに

[6] 嘉田由紀子は、空間的には同じ場所であっても、動植物のライフサイクルにあわせて、人間の側が利用原則を変えていく資源利用システムを重層的資源利用と呼び、その原則の一つつとして、人の“労働”あるいは“働きかけ”を重視することを指摘している（嘉田 1997: 80）。

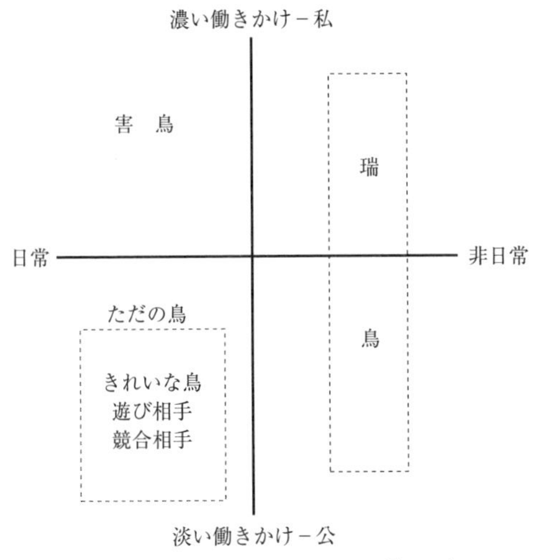

図3-1　多元的現実としての「ツル」

したがって、コウノトリは害鳥、ただの鳥、瑞鳥などと多元的な側面を持つ存在として語られた。この多元性からすると、害鳥という語りだけを切り離して、啓蒙すべき害鳥意識だとする批判は、批判されるべきである。

「ツル」という語りの議論をまとめよう。空間ごとに働きかけの濃淡があり、コウノトリが働きかけの濃い空間・時期、淡い空間・時期、日常的な空間、非日常的な空間のどこにいるかによって、かかわりが異なっていたと考えられる。人とコウノトリの間には境界線ではなく、自然への働きかけの濃淡に基づいた可変的なかかわりがあるのである。「ツル」としてのコウノトリは、自然への働きかけの濃淡に基づいた可変的な存在であるといえる。図3-1は働きかけの濃淡（私－公）と日常－非日常という2軸によって可変的なかかわりを図式化したものである。日常的で濃い働きかけの空間にいるコウノトリは「害鳥」、日常的で淡い働きかけの空間にいると「ただの鳥」、非日常的な空間にいると「瑞鳥」として扱われる。このように「ツル」は多元的に意味付けられている。「ツル」において、コウノトリはそれ自体として独立した外的な対象ではなく、濃淡ある自然への働きかけから切り離して経験されないのである。

これまで、明快に論理的に説明できない、言語化されにくい「ツル」は、よそ者が介在する聞き取り調査という場で、多元的な「ツル」として語られた。多くの語り手は、ツルボイをはじめとしてカラダを通しての直接的なかかわりを経験することで、「ツル」としての記憶をカラダの深層に沈殿させていた。彼ら / 彼女らは、自然への働きかけを通して、身体的に「ツル」とかかわっていた。自然への働きかけを媒介にした多様なかかわりが、多元的な「ツル」をつくりだしていたのである。日常、非日常にまたがる多元的な「ツル」として、生活世界におけるリアルな存在感は、身体的なかかわりを通してつくられるといえる。

身体的で直接的なかかわりを通じて、具体的な存在として経験されたからこそ、アタマでは「語ることなど何もない」コウノトリが、カラダ語として濃密に語られたのではないか。このこと自体が、「ツル」との「近さ」を現している。

3–5 「コウノトリ」とのかかわり

(1) 保護という出来事

戦中から戦後間もない頃にかけて、コウノトリに関する記録はほとんどない。まるで忘れ去られた存在であったかのようだ。1950 年になって、「ツルの巣ごもり」(神戸新聞 1950.5.25)、「豊岡に「ツル」」(神戸新聞 1950.7.14) と新聞紙上に登場する。戦後の混乱からようやく抜け出し始め、目が向くようになったのか、それとも一時いなくなったのが再び戻ってきたのかはよく分からない。ただ1950年に、巣ごもりや飛来が社会的な関心事になったのは確かである。これらの記事ではツルだったが、「コウノトリ研究　あす森理博来但」（神戸新聞 1950.7.25）ではコウノトリである。2年後の「ヒナの頭も見える　豊岡にツルの巣ごもり」（神戸新聞 1952.6.5）では、再びツルだ。「ツル（こうの鳥）は、日本の象徴でめでたいと市民は大喜びしており、付近のものはアレはツルだ、いやサギだと話題を呼び、めずらしいと鼻高々である」とその様子を伝えている。興味深いのは、ツルと呼ぶのは、直接接していた付近の者で、離れた立場から報道する新聞記者はツル（こうの鳥）であることだ。同年の「全国では豊岡だけ　コウノトリ調査團警告　保護策急げ」（神戸新聞 1952.6.26）では、コウノトリである。戦後間もない頃、新聞紙上でもツルとコウノトリは混同されていた。

これ以上詳しくは論じないが、戦後間もない頃、ツルとコウノトリは単純に混同されていたわけではない。人びとが見て騒いだとか、田んぼを荒らすので迷惑であるという地域の文脈で登場する時はツル、科学的に正しい本物の知識を普及する、学術研究を行なう、保護するという、より普遍的な視点ではコウノトリとして登場したのだ。ツルからコウノトリへ。それは単なる呼び名の変化にとどまらず、科学的に「正しい」知識を住民に伝え、「保護鳥」へと意味変換する質的な変化も伴っていた。「ツル」から「コウノトリ」である。

では、「コウノトリ」はどのように語られるのか。「ツル」と呼んでいた男性T（72）さんは次のように語った。

> 最近ですなコウノトリでやかましい言いだしたのは。まあ気がついた時にはその辺には見あたらなかったです、はい。ちょうど六方田んぼだったと思うんですけど電柱に人工的な巣を作りましてね。その頃から捕獲をし

たり飼育するとか言うことで網を使って捕獲したりするような事が始まりましたね。あの辺からですわ。

1955年からのコウノトリ保護運動はメディアで報じられたが、この頃に関する語りは「ツル」と比較すると均一的で量としても多くない。「コウノトリ」を語る時、多くの人は、捕獲といった保護に関する出来事と関連づける。子どもの頃、親にいわれてツルボイをしていたという男性U（72）さんは、こう語った。

（筆者注：豊岡市）香住の前の田んぼでも、1羽、あれが最後の1羽になったということですけどもねぇ、あれも42、3年かなぁ（筆者注：1971年のことと思われる）、あれも。あの時は大きな網でとったって言いおりましたなぁ。荒原（アワラ）田んぼの中でねぇ、網で捕獲しとりましたなぁ。

勤めていた役場の仕事として捕獲現場に立ち会い、記録写真を撮影したこともあったUさんは、「ツル」については、自然への働きかけとともにかなり濃密に語っていた。子どもの頃、田んぼではツルボイをし、鶴山には遊びに行ってコウノトリを見ていたという男性V（72）さんは、たまたま通りかかった捕獲現場を目撃した時の記憶を語った。

もう網も、そして餌が置いてある。ほいて、来たら今度スイッチ入れたら火薬でボーン、網が上に上がるようになっとってね、それで捕って、それを今のコウノトリの所（筆者注：コウノトリ保護増殖センター）に持っていってあれしたんでしょうで。……通りがかりに、あれ、なにしとんだろう思って立って見とった。ほいたら、網で捕獲して、まーあんなことして捕まるんかなー思って。

キャノンネットを使った、1967年の捕獲のことであろう。保護運動は新聞などを通して社会的関心を集めた比較的新しい出来事であるにもかかわらず、「コウノトリ」は、均一的で量としても多くない。「ツル」を多く語る人でも、「コウノトリ」は、あまり語らないのだ。語っても、その内容は、保護の語りも直接的なかかわりより、保護という出来事の目撃というように均一的である。連日のように賑わした新聞を「目にした」という間接的な語りも多い。

前節で見たように、百姓をしていた人の大部分が、田んぼなどで当事者として具体的に経験していた「ツル」を、田んぼでの生業やツルボイとセットになって「害鳥」「瑞鳥」「ただの鳥」と多元的な存在として語った。それに対して、「コウノトリ」の語りを注意深く聞くと、「聞かされて」「言いおりました」「捕獲しとりました」「立って見とった」という間接的な表現が目につく。「コウノトリ」とかかわった当事者が登場してこないのだ。保護という出来事の目撃や、他人からの伝聞や新聞で見たといった語りなのである。彼ら / 彼女らの多くは、保護活動に特に従事したわけではないから、当然といえば当然であろう。

「コウノトリ」は自然への働きかけとともにではなく、保護という「非日常的」なイベントとして経験される。間接的で非日常的なイベントを通して、「保護鳥」として一元的に語られるのだ。そして、貴重な鳥とアタマでは理解しているが、距離のある「遠い」対象として語られる。マスコミや学校、行政などを通して、科学的にただしく貴重な鳥、保護鳥と意識して憶えたアタマ語といえるかもしれない。コウノトリは、学校やマスコミを通して「コウノトリ」として経験されるようになった。「コウノトリ」では、生活から離れてコウノトリが語られる。言うまでもないことだが、ここでは保護運動の是非を論じているわけではない。今日の野生復帰プロジェクトがあるのは、地道な保護運動があったからである。愛や共生と大きな声で語られる保護を、但馬に住む人びとがどのように経験し、それを小さな声で語るのかを明らかにし、実践に結びつけようとする視点からすると、「コウノトリ」という語りからリアリティを感じることは、なかなか難しいといわざるをえない、と言いたいのである。

それはともかく、「コウノトリ」では、人工巣塔や捕獲という目に付きやすい出来事とともに保護すべき対象として一元的に語られる。コウノトリは生活や生業といった自然への働きかけから離れて、保護活動という出来事として、それ自体対象として語られるのである。

農業を営む男性W(79)さんが「稲を踏み込んでなぁ、百姓の敵でしたんやけどなぁ。もう今、貴重な、鳥類になっとってなぁ。……害鳥でしたんやけど。まぁこうして、数少なうなったら、ま、国の宝ですしなぁ、あれも」と語るように、保護によって別の意味を持つようになった。保護は、Tさんが語るようにコウノトリに「気がつく」契機でもあった。

(2) 農薬散布と絶滅

自然への働きかけが全く語られないわけではない。女性X(80)さんは以下のように語った。

> 真っ先来た除草剤……粉のでしたがなー。ほんで土と混ぜて振りましたんだがー、素手どもいろったら手の皮むくるなんて言いましたんだがなー。行きがけにこう、振って行きますと……あのー、振るのから、振るのからオタマジャクシがジャブジャブジャブジャブ、あぜ方にみーんな寄ってなー、戻りがけには、もーあぜ方寄ってみんな、死んじまっとりましたで……そんなきつい薬ですさきゃーなー、そりゃ、なんでも死んじまいますわ、あんな薬かけちゃったらー……。

農薬の散布である。語りの中で、24D(除草剤)、PCP(除草剤)、BHC(殺虫剤)、ホリドール(殺虫剤)、パラチオン(殺虫剤)といった農薬名がよく出てくる。1952年に輸入が開始されたホリドールは、蛾の一種で幼虫がイネを食害するニカメイチュウに効き、戦後の米増産の立役者になった。戦後間のない頃、一粒でも多くの米をつくることは、社会的使命であり、農薬は求められていた商品であった。その一方で、田んぼにいた生き物は「みんな死んじまっとりました」。農薬は農家が意識せずに育ててきたドジョウやフナ、タニシなど水田動物を殺すものでもあった。生き延びたとしても、農薬に汚染された田んぼの中で生息している限り、体内の農薬の濃度は上がっていく。それを大量に食べるコウノトリの体内には、農薬による有害物質が加速度的に蓄積していくのである。1959年に豊岡市福田で巣立ったのを最後に、コウノトリの自然繁殖はみられなくなったが、これは但馬で農薬が本格的に使用され始めた時期とほぼ一致する[7]。

農薬散布の様子を男性Y(76)さんは、以下のように語った。

その重てえもん(筆者注：噴霧器)負うてね、ほれからビニールの合羽着てね、ほて　最初はマスクしたりしてね。えらあてえらあてとってもできれへんですわ。ほで田んぼ　中ガサガサ歩いて回ってあの……防除したんですけどな。背中に負ってまあ……ほん……4、5年しましたまあ。それで結局あれであのもんが、コウノトリがあかんようになった　んだと思うんですけどなあ」。

男性Z(72)さんの場合は、こうだ。

あれは、(筆者注：昭和)30年ぐらいと違いますかなぁ。あの頃は、本当にきつい、今から思えば、きつい薬だったんだなぁと思いますとねぇ。その代わり、厳重に消毒、あのう散布したら、うがいして……保健所や、そ

[7]　豊岡市のある村に残された「水田除草剤24Dの適正使用について」という文書によれば、24Dは1954年から使用されていた。

れから他の保健婦さんや何かかがね、後の処理をしてました。……やった後、すぐ魚が浮いたりねぇ。今は、それがないですねぇ。はい。農薬で魚が死ぬっていうことが、まず、なくなりました。……やり始めた頃は、薬撒いて、生物が死ぬなんて事、想像もしなかったですし、知識もなかったですしねぇ。あのう、怖いもんだっていう事は分かってましたんでねぇ……その頃から。警戒してあまり使わんようになったんですけど。

田んぼで魚が捕れても「毒があるんだなあってその魚も食べんやあに」なったのだ。「命がけの消毒」は、当時「人間のために悪い事は考えとらへんわいやー」と思っていたが、今振りかえると、魚の死など日常的な出来事を通して自らのカラダへの危機感をつのらせ「怖い事したもん」だと評価される。ジルタは圃場整備によって乾田化され収量は飛躍的に伸びたが、生き物は見られなくなった。田んぼは米を生産するだけの空間になったのである。

農薬散布という語りは、Yさんが語ったようにコウノトリの絶滅という物語へと展開していく[8]。農薬散布などを要因とする個体数減少への危機感から始められた保護運動よりも、それとパラレルな絶滅過程が、農薬散布という生き物を死に追いやり、自らのカラダを傷める行為を通して、リアリティあるものとして語られるのである。

(3) 希少性を軸にしたコウノトリとのかかわり

Fさんが語った新聞などで知ったコウノトリという正式名称への違和感は、多くの人に共通していた。その正式名称が持ち込まれた時期、個体数は

[8] コウノトリの絶滅要因は、①圃場整備などによる低湿地帯の喪失や営巣場である松の減少といった生息地の消失、②農薬など有害物質による汚染、③個体数の減少した時点での遺伝的多様性の減少の3点が現時点で考えられている（内藤・池田 2001: 318–319）。絶滅という語りで、②が最も語られ、次いで①も語られる。

急激に減少し見るのも稀になった。産業構造も急激に変化し、農業のあり方も兼業化や機械化によって大きく変化した。昭和30年代まで行われていた田んぼでの漁撈も農薬の使用や圃場整備による乾田化などにより行われなくなった。生活は自然に直接働きかけるものではなくなりつつあったのだ。前述のように、コウノトリは自然への働きかけを通して意味ある存在として経験されてきた。働きかけを通さなくなれば、意味ある存在として経験されないのである。そこへ外から新たな価値が持ちこまれた。個体数の減少に歯止めをかけるため、「おるのが当たり前」だったコウノトリに「希少性」という価値が付与され、保護の対象となったのだ。女性Aa（77）さんは語った。「当たり前……のあれでしたでねえ、昔は。今こそねえ。もう、ほんまに大事な大事なコウノトリ様様ですけど」と。当たり前だったコウノトリの意味は、保護という新しい価値の出現によって問い直されたのである。

害鳥でもあった「ツル」が「コウノトリ様様」になるためには、様々な力が働いたにちがいない。コウノトリ保護を先導した阪本勝元兵庫県知事は、著書でこう述べている。

> 小学校の児童、中学校の生徒、先生や父兄の来集をもとめ、山階博士との一件をありのままに伝え、コウノトリという鳥がいかに貴重な鳥であるかということについて、貧しい知識をしぼり出しながら懇々と説いた。そして子どもたちにたいし、河原や田にいる鳥に石を投げたり、棒で追いかけたり、空気銃で撃つようなことはしないようにと熱心に頼んだ（阪本1966: 9）。

しかし、貴重な鳥というだけでは理解を得るのが難しいと考えたのか、以下のようにも述べている。

> 絶滅の危機に立つあわれなコウノトリのためにそそがれた愛情は、いか

にかたじけなく尊いものであったか。人間と動物が愛情によって固く結ばれる文明こそが、人類文明の名に値するものだ。あらゆる努力を傾倒して、この哀鳥の滅亡を救うことに成功したとき、日本人ははじめて文明国民として世界中から認められるだろう。「ほろびゆくものはみなうつくしい」とは詩人の詠嘆だ。だが、亡びゆくものを救うことこそ、もっと美しい人間の任務である（阪本 1966: 13）。

保護運動が始まった1955年は、戦後10年たって、高度成長に入る直前の時期である。文明国民として認められたいという社会的な雰囲気があったのかもしれない。阪本は、希少性に加えて愛情や文明国民、美しいという一種の「文化性」から保護の論理を構築しようとした。学術的価値と文化的価値である。コウノトリの学術的価値を認めるのは、中央の科学者や場合によっては外国の鳥類学者である。文化的価値を主張したのは政治家である。そして、こうした価値を地域住民に普及啓発したのは、行政であり、保存会であり、マスコミであり、学校である。科学者がコウノトリの価値を占有し、その価値の実践を行政及び保存会が行ない、マスコミと学校がその価値を地域住民や子どもに普及啓発する。こうして、コウノトリは保護鳥となった。この一連の社会過程をコウノトリの「科学化」「行政化」「マスコミ化」「学校化」と呼ぼう。

学校で先生に、ここにおるのはツルとは違うで、コウノトリゆうんだでって。本当のツルは頭んとこが赤いタンチョウヅル、あれが本当のツルゆうんやでってことを、教えてもらいましたがねえ、学校で。この辺でツル、ツル呼んどりましたからねえ。……何年くらいから……、5、6年くらいですかな。先生にツル違うでって言ってもらいましたでなあ。本当はコウノトリいうんやで。

女性 Ab（78）さんは、戦前の頃をふりかえった。男性 Ac（72）さんもこう語る。

　（筆者注：コウノトリという呼び名に）そんな違和感は持ってまへんなんだけど、ねぇ。それが本当の学名言うんか、だと思ったくらいだでねぇ。間違っとったんかいなー、ちぇななんて。

保存会が発足した1955年、豊岡市教育委員会は「コウノトリ保存上必要と考えられること」として、「保存の必要性の強調とその周知徹底」を挙げている。その方法として、趣旨の周知ビラ配布、まず教官に徹底させること、講演会の開催、保護座談会の開催、部落会、青年団、婦人会にも働きかけ協力を求めること、とある。間違った「ツル」が、本当の「コウノトリ」に本格的に置き換えられていったのは、この1955年からである。

基本的に「ツル」を経験していない、戦後生まれ世代の語りを聞いてみよう。中学生時代、科学部に所属していた男性Ad（53）さんは、豊岡市出石町の営巣地点で週に1、2回ほど行っていたコウノトリの観察を「もう熱心に記録をとって、あれしとってやったで。先生は」と顧問の先生との思い出話として語った。「ドジョウの話で寄付を集めたこと」も憶えているというが、生活の場面でのコウノトリについては語らなかった。豊岡市に住む男性Ae（53）さんは、学校の行き帰りにコウノトリを目撃することがあったという。父親が保護観察員だった関係から、コウノトリを守らなければならないと熱が入っていたが、学校では特にコウノトリに関する教育はなかったという。豊岡市の男性Af（55）さんは、豊岡市内の人工巣塔にコウノトリが来ていたのを目撃した。田んぼの中にある学校への行き帰りに、田んぼにエサを捕りに来るコウノトリを目撃し、時に「学校の行きかえりに石を投げて遊んでい」たのを憶えている。

　コウノトリは大きいからよく分かるから、あの記憶に当然あるんだと思うんですけども。ある程度学校がそういうふうに「あれは大事にしないといかん」と言うようなことを言ってたと思うんですよね。えぇ記憶にあるということは。

戦後生まれの人たちは、家や村で意味付けを与えられるのではなく、学校で「正しい」知識の中に位置付けられるものとしてコウノトリを経験した。価値やかかわりを伝えるのは家や村から、学校へと変わっていったのである。1970 年代に思想家イヴァン・イリイチは、学校が教育機会を独占することで、多様な教育機会が奪われてしまい、豊かな人間性が育まれなくなることを「学校化」という概念を用いて論じている。学校だけでなく、警察、福祉事務所などの制度が、何に価値があるのか、何が可能であるのかということに基準を設け、生活が制度的な管理のもとに置かれるようになった。イリイチが問題視しているのは、そうした社会全体に浸透していく過度の価値の制度化である。その根源的な制度が学校であるという（イリイチ 1971 = 1977）。

先に論じたように、「ツル」との付き合いかたは、親や近隣、村によって伝承され、生活の中に位置付けられていた。国家は天然紀（記）念物に指定し、保護鳥と扱っていたが、地域では地域なりの付き合いかたがあったのである。「ツル」には保護鳥に収まらない多元的な価値があった。だが「コウノトリ」になると、科学者、行政、学校、マスコミなど地域の外に位置する制度が、「本当」の価値や普遍的で「正しい」保護鳥との付き合いかたを占有することになった。但馬の人びとも次第に、学校、あるいは新聞で「コウノトリ」を経験するようになる。

こうして人とコウノトリのかかわりは、希少性を軸にしたものになった。希少性を軸にした人とコウノトリのかかわりは働きかけによって変化するものではなく、貴重なコウノトリに関係が「あるか」「ないか」という二分法を基本とする。どれくらいかではなく、どのような内容 ── 害鳥に取って代わった希少性など —— のかかわりを持つかが意味を持ち、かかわりはその内容への関与に規定されるようになったのである。自然への働きかけとともに経験されたコウノトリが、地域の外から導入された希少性という価値を付与された対象として経験される時、その価値へ積極的に同調しない人にとっては、意味ある存在として経験されなくなった[9]。だから、「ツル」でかかわりを多元的に語った人も、「コウノトリ」では、保護運動に積極的にかかわった人以外は、保護運動を目撃した・聞いたと平板に語るのである。それに対して、保護とパラレルであった絶滅過程は、農薬散布という行為が引き起こした生き物の死や自らの身体経験とともにリアリティあるものとして語られる。コウノトリという呼び方への違和感は、生活の中に埋め込まれた存在であったコウノトリが生活と分離し、そこへ希少性や文化性といった異質の価値を持った存在として再び現われたことへの違和感を表している。

まとめよう。「コウノトリ」でコウノトリは生活から離れた学術的価値を持った保護すべき対象として語られた。コウノトリとのかかわりは希少性といった保護概念を軸にしたものに一元化した。コウノトリは保護すべき対象という学術的で限定された価値を持つようになり、その価値は学校やメディアを通して普及され、保護対策が進展した。その一方で、その価値へ関与しない人はコウノトリとのかかわり自体が希薄になり、「遠い」対象と認識されるようになったのである。空間への働きかけとともに可変的であった「ツル」は、どこにいても・いついても保護すべき対象という客観的な同一性を確保した「コウノトリ」になった。人びとにとって、日常にいたコウノトリは、「非日常の鳥」になり、基本的には行政、科学者がかかわりのあり方や価値を占有する「公の鳥」になった。「ツル」を「コウノトリ」へと変容さ

[9]　保護運動の是非を論じているわけではない。ここでは、地域住民にとってコウノトリの意味の変遷を論じている。

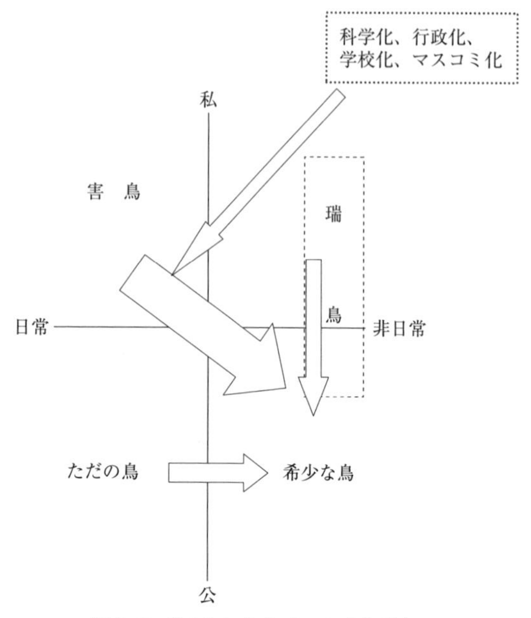

図 3–2　「ツル」から「コウノトリ」へ

せた力が、科学化、行政化、マスコミ化、学校化であり、それらを総称して「コウノトリ」の制度化としよう。「ツル」から「コウノトリ」への意味変容を現したのが図 3–2 である。

多くの人が語った「コウノトリ」への違和感。それは「コウノトリ」をアタマで理解しても、カラダでは憶えこんでいないからではないだろうか。

3-6 コウノトリのかかわりの再生に向けて

(1) かかわりが存在感を創りだす

人と自然の関係を探求している哲学者の内山節は、近代的な自然観は、自然も人間も、それ自体としてひとつの実体とみなしているという。その結果、自然と人間の関係は、実体としての自然と実体としての人間との関係になる。一つの実体である人間からみれば、自然も一つの実体であり、客観的な存在である。人間にとって自然は客観的に認識するものなのである。

ところが、内山が通い、住むようになった群馬県上野村における自然と人間の関係は根本が違う。自然も森も川も魚も無事であって欲しいという感覚を表し、自然が無事であることで村の無事があり、私の無事があることと結びついている「自然の無事」という言葉が耳に入ってきたという。村に住む人びとの発想は、客観的な対象として自然を保護するのではなく、時空を共有している自然、村、私の関係性の「無事」を考えるところにある。それに対して「自然保護」という言葉は、自然を客観的に捉えて、自分たちの外側にある自然という対象を保護するという意味をともなっている。

相互的な関係性の中に自然が存在し、村人が存在する。自然は人間の外にある客観的な対象ではなく、自然と人間は相互に関係し合うものであった。人間の存在の中に自然が入り込み、自然の活動の中に人間が入り込んでいたという。自然とは客観的な対象ではなく、私と村と自然が関係を結ぶことによって存在感を持つ関係的存在なのだ。自然との関係が変われば、自然の存在感も変わる。かかわりが存在をつくりだすのである。客観的で普遍的な真理があるわけではない。そう内山は主張する（内山 2005）。同じ生物種であっても、かかわりの歴史やあり方が異なれば、地域での存在感も共存のあり方も、当然異なることになる。

(2) 人とコウノトリの多元的なかかわりへ

コウノトリに話を戻そう。放鳥によって、「コウノトリ」になったコウノトリが再び地域の日常の中に戻ることになった。コウノトリと人の物理的な距離は近づくことになるが、遠くなった精神的な距離は、どうなのだろう。ケージで分断され、遠くなり、非日常的で公の鳥になった「コウノトリ」を再び日常生活へ埋め直し、「近い」存在にする「何か」を見いだすこと。これこそが、コウノトリが里の鳥として復活するということであり、コウノトリとともに暮らす未来に向けた課題なのではないか。

かかわりが存在感を生み出すという視点からすると、コウノトリを近くにするかかわりを創り直すという問題として考えることができる。かかわりによって存在感が変わるのならば、存在感を生み出していた「ツル」に改めて注目する必要があるだろう。害鳥と語られても、手がかりもまたそこに含まれているに違いないからだ。「小さな声」を聞いてきた意義の一つがここにある。ところで、害を語ることが必然的に否定的なイメージだと措定できるのだろうか。ツルボイとはいっても決して徹底的にボイ散らすものではなかった。それはむしろ遊びに近い身体的な行為であった。「語ることがない」コウノトリは、ツルボイという身体的、直接的にかかわる行為があったからこそ、精神的に「近い」存在としてカラダ語で語られたともいえるのである。時空を共有しているコウノトリと人間の相互的なかかわりによって、「ツル」は存在感あるものとして経験されていた。注目すべきなのは、害をも含む多元的な語りからうかがえるコウノトリの存在感、そしてそれを生み出す距離感なのではないか。

しかし、生活様式や生産様式、産業構造が大きくかわった現在、そもそも

「ツル」を復活させることは不可能だし、それがいいともいえない。環境問題が深刻化した現在、学術的価値や愛護的価値も重要だ。大事な鳥と意識して接する「コウノトリ」という視点は不可欠なのだ。だが、それのみでは、コウノトリはいつまでも遠い対象のままで、結果として地域の人びとになじまない共生を強いることになる。それどころか、いっそう遠くなる危険性すらある。コウノトリを精神的に近くするかかわりという課題を前に、このことをどう考えればいいのだろうか。

里の鳥であるコウノトリは、矛盾を含む多元的な存在にならざるをえない。私は、これから創るべきなのは、コウノトリとの多元的なかかわりであると考える。保護鳥という価値が大きな軸になるにしても、かかわりの時空によって害鳥であったり、遊び相手であったり、美しさを感じたり、めでたい気持ちになったりする。お金を運ぶ鳥だったりする。愛する相手であったりする。個々の取り組みは、矛盾しているかもしれない。矛盾していても、お互いがつながっていることが、かかわりの本質であり、コウノトリを軸にした自然と折り合うということであろう。それらは決して固定的ではなく、相互に作用し、相互に変換する。害鳥であっても美しい、保護鳥だけど少し憎たらしい、というように。そこから、「コウノトリ」は美しいだけではない、生活の中で存在感ある近しい新しい＜コウノトリ＞へと変貌するかもしれない。

コウノトリをゆらぐことのない客観的同一性を持った対象から、かかわりによって変容する、ゆらぐ存在へと捉え直す、まなざしの転移が求められる。このようにまなざしを変えれば、何らかの自然や生き物と出会うことを契機に生じてくる受動的な主体性、すなわち「ほっとけない」という主体性の意義も見えてくる。なぜなら、それは、人間にとって矛盾する存在であり、必ずしも思い通りにならない生き物や自然とのかかわりのあり方を表しているからである。

第４章　コウノトリを地域資源とする

田んぼに降り立つコウノトリ
(提供：三橋陽子氏)

4-1 自然再生の生活アプローチ

(1) 多元的なかかわりの再生

第1章で、自然再生の主要なアプローチとして、生態系アプローチと種アプローチを取り上げた。これらは焦点を限定することで、すっきりと問題を捉えることができる。ただ厄介なことは、ここまで確認してきたように、自然再生の対象は、生物多様性と地域社会の暮らしの間にある密接かつ多元的な人と自然のかかわりであるということだ。自然が再生されることにより地域が再生され、地域が再生されることにより自然が再生される。上記のようなアプローチでは、人と自然の多元的なかかわりに十分に接近することはできない。問題をすっきり捉えることによって、問題がもつ複雑さを過度に単純化してしまう恐れがあるのだ。

人と自然のかかわりの多元性の再生という問題意識から、私は自然再生の「生活アプローチ」を提唱しようと思う。これはそこに暮らす人びとにとっての自然再生や野生復帰に焦点を当てていくアプローチであり、自然再生や野生復帰を軸に、自然とかかわる営みと文化がどのように再生され、そこに生活することの価値がどのように創出されたかを問い直していくものである。このアプローチでは、その地域で蓄積されてきた現場の知恵と科学的な知識との相互作用や、自然とのかかわりの中で創出される価値の多元性を明らかにする、環境社会学的な調査・研究が力を発揮する。

本書は生活アプローチをとるが、アプローチの違いを過度に強調したいわけではない。生活の価値を重視するからといって、コウノトリの生息や生息地の再生はどうでもいいといっているわけではない。大事なのは多元的なかかわりであり、重視しなければならないのは様々な価値が併存する包括性だからである。したがって、生活アプローチは他のアプローチと相互に補うべきものである。ただ、ここでは、これまで軽視されがちであった生活の視点から自然再生を考えることの意義を強調しておきたい。

では、多元的なかかわりを創出するために、どのような視点が必要とされるのだろうか。

(2) 生物のシンボル化と環境アイコン

1990年頃から、生態学者などによって生物多様性保全の重要性が主張されるようになり、生態系のトップに位置するようなキーになる種を保全することが、その地域の生物多様性の保全につながるという視点が示されるようになった。日本の場合、キーとなる生き物の多くは、里山や田んぼなど二次的自然を生息域としている。その結果、自然を維持管理する地域の営みといった、半世紀前なら対象とはならなかったものまで、保全の対象になるようになった。生物の保全と生態系の保全と地域社会の再生が一体的に考えられるようになったのだ。水田の湿地としての重要性を理由として、宮城県蕪栗沼が2008年にラムサール条約湿地に登録されたことは、この動向を象徴する出来事であろう。

こうした生態系や生物多様性の大切さが主張される文脈の中で、ある特定の生物の希少性や保護の必要性がとりわけ強調される現象が現れた。地理学者の淺野敏久が指摘する、生物の「シンボル化」である。生態系や生物多様性が重要といわれても、なかなか理解できない。目に見えるものではないし、実感が湧きにくいからである。ただ、生物がシンボル化されると、生態系や生物多様性への想像力を培うことができるし、保全や再生の意義を分かりやすく伝え、そうした活動や政策への求心力を得ることができる。先に紹介したように、長崎県諫早湾の干拓事業をめぐって、ムツゴロウが干潟の豊かさをあらわすシンボルになったことにより、干潟の保全に多くの支持者を募ることに成功したという（淺野 2010: 222）。

淺野のシンボル化の議論が、基本的に自然保護の視点に立っているのに対して、野生生物から新たな価値創出に力点を置くのが、生態学者の佐藤哲が提唱する「環境アイコン」である。環境アイコンとは、特定の自然環境を象徴する生物や生態系であるとともに、多様な人びとが関心を寄せ、それらとの多様なかかわりから新たな価値が創出され、保全や再生への活動を引き出す可能性をもつものをいう（佐藤 2008）。パソコンのデスクトップのアイコンをクリックすると、アプリケーションが起動し、様々な作業が行えるのと同じように、環境アイコンとなった生物を軸に活動をすると、関連する様々な価値やサービスが生み出される。絶滅危惧種は、多くの人びとの関心を呼び起こす力をもっている。環境アイコンとは、そうした生物を軸に地域の自然と生活を結びつけ、自然再生と地域再生の両立の実現に向けた様々な活動を導き出すためのアイデアである。さらに、異なる価値を有する多様な人びとの間での協働と合意形成を促進するアイデアでもある。ベースにある考え方は、人びとの利用や生態系サービスの創出にあるからだ。こう考えると、環境アイコンは自然保護に限定されない多様な領域における論理を緩やかにつなげていく、多元的なかかわりの再生に向けた指針になりうる。

佐藤は、環境アイコンの代表例としてコウノトリを取り上げている[1]。確

---

[1]　佐藤は以下のように論じている。「絶滅危惧種の保護という目的に特化した活動は、地域社会の関心や利害と乖離した状態にとどまり、多様なステークホルダーとの対立が顕在化する危険をはらんでいる」。その上で、郷公園の研究者たちが「コウノトリの生息環境を整えることが地域社会にとっての多様な生態系サービスの創出につながること」という視点をもたらしたと評価した。さらに、「日常の鳥が環境アイコン化し、身近な生態系サービスを象徴するものとして人々の誇りと愛着の結節点となったことが、コウノトリを環境アイコンとして活用した自然再生と地域再生の試みを支えている」と論じている（佐藤 2008: 73–74）。

かに、コウノトリは人びとの関心や愛着を引き寄せる生き物である。コウノトリへの関心は、田んぼや里山といった田園生態系へのまなざしへと転換していく。コウノトリを大事にしようと思えば、田園生態系を再生していく必要があるし、農業などの営みを活性化しようとすれば、コウノトリを軸に据えていけばいい。大事なことは、コウノトリから様々な活動が関連してくることであり、コウノトリが生活の中で再び意味をもつことである[2]。

(3) 生き物の地域資源化

より実践的に捉え直すと、人びとの関心や愛着を呼び起こすコウノトリをアイコンとして位置付けることにより、多様な人びとの利益にかなう「地域資源」を創出する問題として考えることができる。これをコウノトリの地域資源化と呼ぼう。地域資源化とは、「地域に存在する多様な要素を選択して働きかけ、活用できるサービスに変換すること」をいう（敷田ほか 2009: 68）。本章では、コウノトリを軸にした地域資源化を取り上げ、野生復帰を軸に、創出されている価値について考察しよう。それは、コウノトリとともに暮ら

---

[2]　コウノトリの野生復帰について話をすると、よく聞かれることがある。「コウノトリは目立つ生き物でいいですね。スター性を持つ生き物だから、こうした取り組みが可能になっているのではないですか？　私の地域では、そうした生き物は見当たらないのですが、どうしたらいいのでしょうか？」と。コウノトリはスター性を持つ生き物である。そのような目立つ生き物が、里に暮らしていて、人とのかかわりが絶えず生じている。さらに、一度絶滅した生き物を人間の手によって復活させるという物語性まで付与されているのである。こうした生き物は、世界各地を見渡してもそれほど多くはないだろう。だからこそ、豊岡では包括的再生がすすんだといえる。では、コウノトリのようなスター性を持つ生き物が生息していない地域では、どのように進めたらいいのだろうか。これは非常に大きい問いであるため、機会を変えて論じたい。本書はコウノトリというスター性を持つ生き物を取り上げているが、そのアイコンとしての特性を紐解いていくと、そうした生き物がいない地域でも参考になる知見が導き出せると考えている。

す未来に向けた多元的なかかわりを考えることに他ならない。

4-2　コウノトリの農業資源化

(1) コウノトリ育む農法

第3章で詳しくみてきたように、かつて「ツル」と呼ばれたコウノトリは、農家にとっては稲を踏む害鳥でもあった。ところが、コウノトリの野生復帰が現実化した1990年代半ばから、豊岡では環境創造型農業に向けた取り組みが展開され、第1章でも少し紹介した、コウノトリ育む農法（以下、育む農法）として技術の確立が目指されるようになった。コウノトリは農業という営みの中で新たな価値を帯びた生き物へと変貌しつつある。

育む農法とは県、市、地元農協の協働により明確に規格化された生産方法であり、「おいしいお米と多様な生き物を育み、コウノトリも住める豊かな文化、地域、環境づくりを目指すための農法（安全なお米と生き物を同時に育む農法）」である。必須で取り組む要件は、化学農薬・化学肥料の削減、深水管理・中干し延期・早期湛水の水管理、ひょうご安心ブランド等の取得である。努力あるいは推奨項目としては魚道・生き物の逃げ場の設置、冬期湛水などの基準が設置されている。この農法のポイントと技術は、次のようにまとめられる（表4-1に詳しく示す）。

(1) 水管理によって生き物を育む：冬期湛水、早期湛水、深水管理、中干し延期
(2) 安全・安心な農業で生き物を育む：堆肥・土作り資材の使用、温湯消毒、農薬に頼らない抑草技術、減農薬においても魚毒性の低いものを使用

表 4-1　コウノトリ育む農法の要件

項目	共通事項	努力事項
環境配慮	化学農薬削減 ・栽培期間不使用 ・当地比 7.5 割減（コシヒカリ） ・当地比 6.5 割減（酒米） 農薬使用の場合　普通物魚毒性A類のみ 化学肥料削減　・栽培期間不使用 温湯消毒 畦草管理	魚道、魚の逃げ場等の設置 抑草技術（米ヌカ、その他） 生き物調査
水管理	深水管理 中干しの延期 早期湛水	冬期湛水
資源循環	堆肥・地元有機資材の活用	
その他	ブランドの取得 ・ひょうご安心ブランド ・有機 JAS ・コウノトリの舞 ・コウノトリの贈り物	

(3) 生き物が生息しやすい水田づくり：水田魚道の設置、生き物の逃げ場の設置、畦草の管理の徹底

コウノトリの餌場として田んぼが機能することを意識し、農薬や化学肥料の削減のみならず、冬期間または田植えの1ヶ月前から水をはり（冬期湛水、早期湛水）、さらに田植え後も深水管理を行い、7月上旬まで中干しをしないという水管理（中干し延期）を導入する。そのことにより雑草を抑制し多様な生き物を育み、田んぼの生態系を保つ一方で、米の収量と品質も保つことを目指していることに特徴がある（西村 2006）。やや古いが豊岡市が実施した調査では、育む農法に取り組むことにより、水田生物は増加する傾向にあるといえる（豊岡市 2006）。

豊岡の農家数は 1985 年には 8,370 戸だったが、2005 年には 3,678 戸と急激に減少している。水田面積も 1985 年の 4,577 ヘクタールから、2005 年の

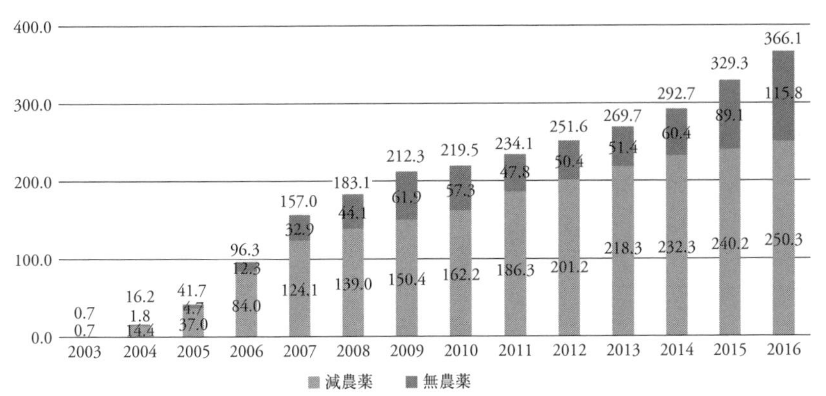

図 4–1　コウノトリ育む農法による栽培面積の推移（提供：豊岡市コウノトリ共生課）

3,373 ヘクタールへと、年々減少している。そうした状況の中、豊岡市における育む農法の栽培面積は、2005 年の試験放鳥以降に広がっており、2016 年現在、366.1ha となっている（図 4–1）。さらに、販売実績も好調である。コシヒカリの地元 JA たじまの買取価格は、慣行栽培のものが 6,000 円であるのに対して、育む農法（減農薬）では 8,600 円、育む農法（無農薬）では 10,800 円となっており、生き物ブランド米として高い付加価値がついている（表 4–2）。育む農法は、コウノトリを頂点とする生物多様性の向上に寄与することで高付加価値のブランド米を生み出し、それを流通させることで農業を維持していく。このサイクルを形成することで、野生復帰と農業の両立を実現しようという取り組みなのだ。全国的にも、環境と経済の両立を図る農法として注目度は高い。

里の鳥であるコウノトリの野生復帰は、育む農法の展開によって支えられている。後述する観光資源としてのコウノトリの価値もまた、育む農法によって創られている部分がきわめて大きい。

鵜飼剛平らによる育む農法米購入者へのアンケートによると（鵜飼ほか

表 4-2　JA たじまによる米買取価格の推移（30kg あたり）

種別	2005 年	2006 年	2007 年	2008 年	2009 年	2010 年	2011 年	2012 年	2013 年
慣行栽培	6,500	6,300	6,000	6,700	5,700	6,000	7,100	7,400	6,600
育む農法・減農薬	8,400	8,600	8,600	8,600	8,000	8,200	8,200	8,900	8,400
育む農法・無農薬	10,500	10,700	10,800	10,800	9,400	10,000	10,000	11,000	11,000

（提供：豊岡市）

2007)、購入理由としては、「安全安心」が 67％で最も多く、次いで「おいしさ」が 45％、「環境によい」が 41％であった。「コウノトリが好き」「地域貢献」は 20％前後であった。また回答者の中には農作業経験者が多く、農・環境・自然への関心がある程度高い人たちが主要な購買者層であると推測される。

購入によりコウノトリへの関心が増したとの回答が 9 割を超え、その 25％が関心の変化により豊岡を訪れたと回答した。一方で購入者の農法に関する理解は低く、農業そのものの面白さなどを共有したいと考える生産農家とは意識のズレもあるという。ただ、購入により関心の変化が生じていることから、育む米によって、購入者と地域、生産農家、コウノトリがつながる可能性は大いにありそうである。

(2) コウノトリ育む農家たち

育む農法に取り組む農家の人たちの声を聞いてみよう。豊岡市祥雲寺の A さん（1942 年生）は、当初から育む農法に取り組む一人である。7 月の朝、田んぼに出かけると、全面にくまなくクモの巣が張り巡らされていて、朝露でキラキラ輝いていた。「すごい」と感動した。「こんなもんもおったんか」と驚くほど生き物が増えていることを実感したという。ただ、10 年以上にわたって環境創造型農業に取り組み、カエルの密度が比較的高い豊岡市祥雲寺地区の田んぼでも、生き物が激的に増えているわけではない。一度破壊された自然を再生するのには時間がかかるのだ。子どもの頃、コウノトリを追い払っていた豊岡市のBさん（1938年生）は、リーダーとして育む農法に取り組んでいるが、「田んぼが餌場になる期間は限られている。年中餌が食べられる環境づくりが『コウノトリを育む』ためには必要だ」と指摘する。コウノトリのための餌場を創ることが課題なのだ。

Aさんも「まだ安心できる環境ではない」と述べた上で、田んぼにいるドジョウなどを見つけて欲しいと期待してもいる。自分たちの田んぼに降りて、歩いているコウノトリの姿をみると感動するという。かつて害鳥でもあったコウノトリは、農業、田んぼそして生き物との出会いの再生のシンボルとして意味付けられている。

では、野生復帰の重要な担い手である農家は、何を目的に取り組み、取り組む中で何を感じ、どんな課題を抱えているのだろうか。若干の先行研究（大沼・山本 2009; 菊地 2010; 中川 2010）を除いて、こうした研究はほとんど進展していない。私は、豊岡市から育む農法の社会的評価を依頼され、育む農法に取り組む農家への聞き取り調査を実施し、育む農法に取り組む農家の意識を把握することを試みた。本節では、私が聞いてきた農家の声を紹介してみよう。

(3) 調査の概要

この調査は、豊岡市内で育む農法に取り組んでいる農家30人から、育む農法に取り組むことになったきっかけ、目的、感じたこと、問題点、生き物との関係、コウノトリの目撃等について聞き取り、農家の視点から育む農法を評価するとともに、抱えている課題を明らかにすることを目的として実施した。

聞き取り調査は、対象となった農家の自宅に2〜3人の調査員が訪問し、調査票に基づきながら実施した。包括的に話を聞くため、必ずしも調査票通りに調査を進めたわけではない。むしろ、なるべく自由に話してもらえるよう努力した。聞き取り時間は、1人あたり、1時間から2時間程度であった。調査対象者の許可を得てICレコーダーに録音し、その内容を極力忠実に文章化した。こうした方法を採用することにより、語り手自身の言葉で育む農法の評価を導き出すことが可能になると考えた。

調査対象者はJAたじまの2011年度コウノトリ育むお米生産部内の豊岡北部支部と豊岡南部支部の名簿から、地域による偏りがないように心がけて、サンプリングした。27人の個人と3つの法人を対象とした。調査は2012年2月から3月にかけて実施した。

性別は男性が29人、女性が1人であった。聞き取り調査実施時の年齢は最年少は41歳、最高齢は80歳であった。平均年齢は64歳であった。最も多い年齢層は60代で12人、次に50代が9人、70代が7人と続き、40代と80代はそれぞれ1人であった。

育む農法開始年は、2005年の試験放鳥以前に取り組み始めた農家(法人)が7人、放鳥以降に取り組み始めたのが23人であった。年別にみると、試験放鳥の翌年である2006年が7人と多くなっている。

7割強は専業農家であった。豊岡市内の専業農家率は18%、兼業農家率は82%となっており(兵庫県企画県民部統計課 2011)、豊岡市内の営農形態と大きく異なる結果となった。育む農法の担い手は、比率が低い専業農家によって担われているといえよう。

平均作付面積は、育む農法の減農薬が2.4ha、育む農法の無農薬が0.7ha、その他の農法が2.1ha、計5.2haであった。個人と法人で平均作付面積を比較すると、個人では減農薬が1.7ha、無農薬が0.4ha、その他の農法が1.1ha、計3.4haであった。法人では減農薬が8.2ha、無農薬が1.4ha、その他の農法が7.6ha、計17.2haであった。豊岡市内の水田での平均作付面積は、0.87ha

となっており（兵庫県企画県民部統計課 2011）、育む農法の従事者（個人）は、豊岡市内の平均的な作付面積の約4倍を耕作している。育む農法は、相対的に大規模経営の農家によって担われているといえる。

減農薬のみに取り組んでいる人が21人、無農薬のみが1名、減農薬と無農薬が8人であった。無農薬に取り組む人が少なく、面積も少ないことが分かる。無農薬と減農薬では、農家にとっての負担が大きく違うことが推測される。

個人と法人を比較してみると、個人では減農薬のみが19人、無農薬のみ1名、減農薬と無農薬が6人であった。法人では減農薬のみが2法人、無農薬のみが0法人、減農薬と無農薬が2法人であった。

(4) 育む農法の取り組み状況

実施している努力項目

育む農法を行っている農家は、どのような取り組みを実施しているのだろうか。育む農法では、魚道、魚の逃げ場の設置、抑草技術（米ヌカ、その他）、生き物調査、冬期湛水という努力が求められる項目がある。その実施状況について聞いてみた。

魚道・逃げ場の設置は10人、抑草技術（米糠など）の導入は17名、生き物調査の実施者は22人であった。ハードな工事を伴う魚道・逃げ場の実施率は低い。ただ、効果的な魚道・逃げ場の設置は生態系のつながりを回復させる効果が期待されることから、公的な支援を実施していく必要がある。生き物調査は実施率が高いが、学習機会などソフト的な対応をより充実していくことが望ましいだろう。

努力項目である冬期湛水の実施率は約6割であった。その内訳をみると、全部の面積で実施は13人、一部で実施が6人、未実施が11人であった。

冬期湛水を実施する理由としては、助成金や抑草効果、地力向上といった「営農上の期待」を挙げる人が多く、ポンプアップや自然水での対応が可能という「水の管理」を理由に挙げる人も多くいた。また、コウノトリの餌場の創出、飛来の期待といった「コウノトリ」、生き物の増加やコハクチョウの飛来といった「生き物」への関心を挙げる人も少なからずいた。

その一方で、実施しない理由や実施する上での不安や問題点としては、除草や浮草の発生といった「営農上の不安」、ポンプ代が高い、水が来ない、水が保てないといった「水の確保」、「周囲との関係」が挙げられた。

水の問題は、地域環境、地域社会によって異なっており、個別的な対応が必要である。また冬期湛水による生き物への効果に対する疑問も挙げられており、モニタリングの実施が必要だろう。

平均収量と収入、作業量

育む農法の 1a 辺りの平均収量を聞いたところ、減農薬で 7.4 俵、無農薬で 6.3 俵であった。慣行栽培は 8.1 俵であり、減農薬の収量は 1 割減であった。後に詳しくみるが、減農薬では作業量も収量も慣行栽培と大きな変化がないと語る農家が多かった。一方、無農薬は負担増と収量の減少を招き、現状では取り組むのは難しいという農家が多かった。

収入の変化を聞いたところ、減農薬の場合、収量は若干減少するが、高い付加価値がついているため、収入は増加したと評価する農家が多かった。詳しくみると、増えた（2〜4 割未満）が 11 人と最も多かった。次いで、変わらないが 8 人、増えた（0〜2 割未満）が 2 人、減ったが 5 人であった。

では、農作業量はどうであろうか。変わらないが半数を占め、増えたが 3 割という結果であった。減農薬の場合、作業量が大きく増加することはないと評価しているといえよう。詳しくみると、変わらないが 17 人で最も多く、次いで増えた（2〜4 割未満）が 6 人、増えた（0〜2 割未満）が 3 人であった。

増えた（4割以上）が1人、減ったが1人であった。

(5) 育む農法に取り組む意識

以下では、聞き取り調査の中で語られた具体的な言葉を紹介することから、農家の意識をみてみよう。

育む農法に取り組んだきっかけ

調査対象者が取り組み始めたきっかけを尋ねた。様々な意見を得られたが、それらを整理・分類したところ、大きく4つの要因が見えてきた（図4-2）。

第一に「対人関係」である。多かったのは「行政・農協・農業改良普及センターからの働きかけ」であった。「勉強会・研修会への参加」や「行政への協力」も含めて、行政等との関係がきっかけになっていることが多い。「個人的な付き合い」から始めた人もいる。

第二に「営農上の利点」である。「経済性（単価がいい、補助金）」、時代の流れといった「将来性」、「水の条件がいい」「作業量が変わらない」というものがあった。Cさん（男性68）は「安全安心な米で、単価が高く収入面でもいけそうだということで始めた」と語った。Dさん（男性55）も「一番理想的なのは今のままじゃダメだ、何とかしたいって思いで始めることなんだろうけど、正直最初はそんな気持ちはなかったし、米価安くてやっていけないんで、生活安定させるために無農薬を始めた。何もコウノトリのためではなかった」と語った。

第三に「コウノトリ」である。「コウノトリのため」「野生復帰のお膝元」「生物多様性と野生復帰の意義」「ビオトープを創っていたから」という意見だ。Eさん（男性73）は、「（豊岡市）加陽のビオトープにコウノトリが飛来して、コウノトリ、コウノトリと言っていて、育む農法をやらないわけにはいかな

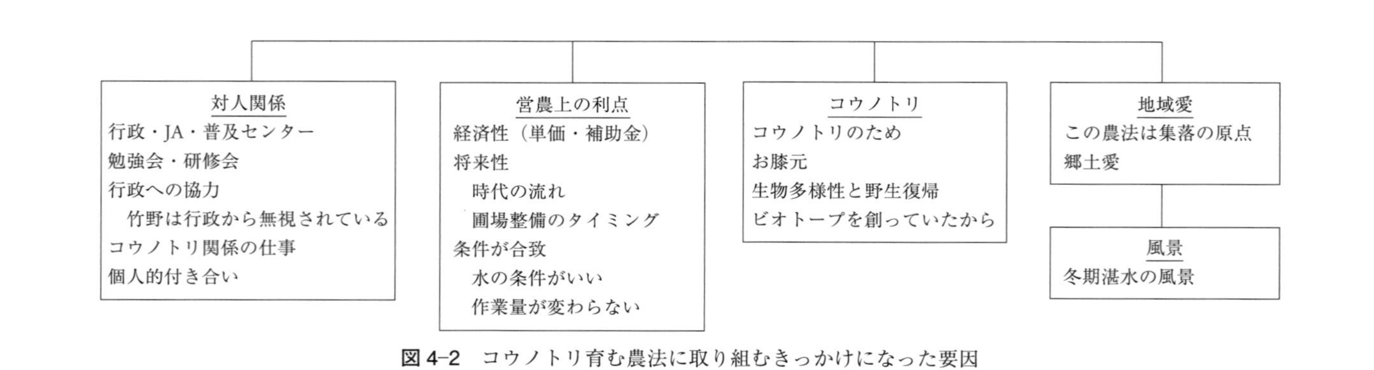

図 4–2　コウノトリ育む農法に取り組むきっかけになった要因

かった」と語った。

第四に「地域への思い」である。「この農法は集落の原点」「郷土愛」、「冬期湛水の風景の素晴らしさ」というものがあった。育む農法によって、地域の存続を目指している意見である。

このように、行政・農協・普及センターによる働きかけによって、営農上の利点やコウノトリ、地域の存続といった価値を見出して取り組み始めたといえる。

育む農法に取り組む目的

取り組む目的についても多様な意見を得ることができた。それらを整理・分類したのが図4–3である。

第一に「行政への協力」である。「郷公園のお膝元」、「市へ協力したい」という意見があった。

第二に「経済性」が挙げられた。「単価が高い」「補助金」「ブランド」「経営が安定」「選択肢の増加」という個人的利益の側面の強いものと「豊岡の売り出し」というより広域的な側面からの意見があった。

第三に「安全・安心・環境」である。「健康のため」「美味しい米を孫へ」という個人的なものと「地域全体で無農薬」「環境をよくしたい」という地域的な視点からの意見、「田んぼをよくしたい」という意見があった。

第四に「理念・物語への共感」である。Fさん（男性71）は以下のように語った。「これまで私らがみていたのは田んぼにカエルやフナゴが干からびて、死んでいるのが当たり前の風景。その当たり前だと思っていた風景をこりゃいかんというのが育む農法だから、共感できる。せっかくカエルになるまでは田んぼで育ててやろうじゃないかと」。他には「物語を創る」「職人魂を継承する」という積極的に新しい農法を創るという意見もあった。

第五に「コウノトリがすめる環境づくり」である。「餌場の創出」といっ

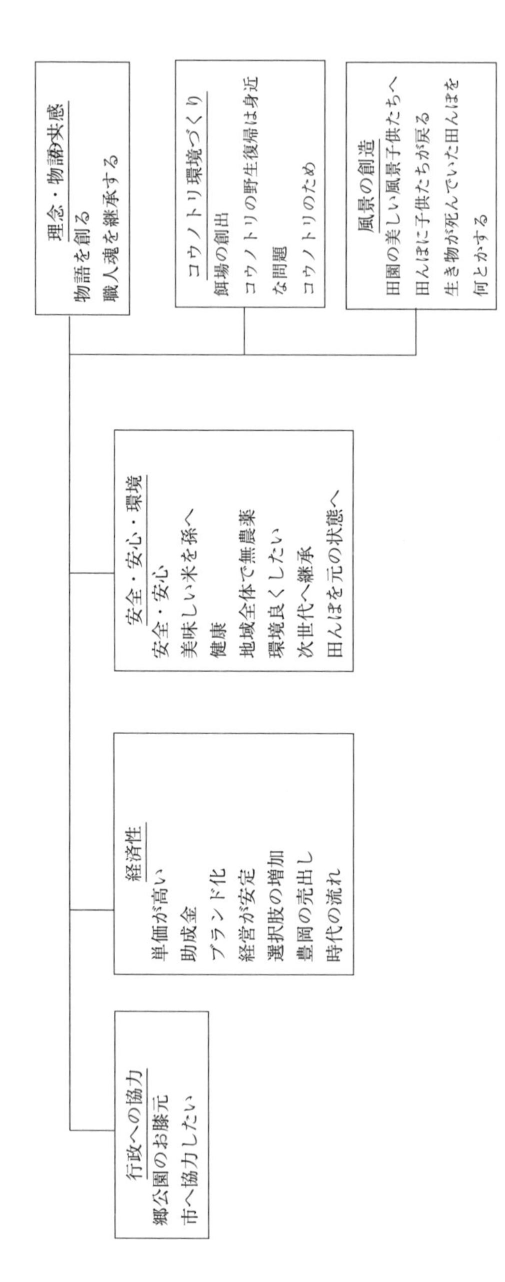

図 4-3　コウノトリ育む農法に取り組む目的

たコウノトリのためという意見があった。Gさん（男性76）は「コウノトリの餌を確保することは、餌になる魚などの餌をもまた確保しなければならないということ。生き物が増える環境を創ることだ」と語った。Hさん（男性71）は「野生復帰事業は世界に類をみない事業だと認識していた。村にとってもコウノトリとの共生は身近な問題」と語り、自らの問題として捉えていた。

第六に「風景の創造」である。生き物がいる「田んぼに子どもたちが帰ってきてくれると嬉しいんだけど」（Iさん（男性56））というように、「田園の美しい風景を子どもたちへ」「田んぼに子どもたちが戻る」という次世代に継承するという目的である。また、「生き物が死んでいた田んぼを何とかする」という生き物への思いを挙げる人もいた。

農家は、安全・安心な米の生産とコウノトリの餌場の創出の両立という育む農法の理念を体現しているだけではなく、多様な目的を内包している。ダイナミックに目的が変わることがうかがえる。

育む農法に取り組んで感じたこと

育む農法に取り組んで感じたことについても、多様な意見を聞くことができた。大きくは「メリット」に関する意見と、「課題」に関する意見、さらに「メリットと課題をつなぐ」意見に分類することができた（図4-4）。

メリットと感じていることは、以下であった。

まず「営農上の技術」である。「慣行農法と作業量は変わらない」「肥料散布・耕耘回数が減少した」といった意見である。第二に「経営」である。「経営の見通しがついた」「収益性がいい」といった意見があった。第三に「つながり」である。「消費者とのつながりができた」「色々な人とのつながりができた」という。第四に「生き物」である。「他の生き物への配慮・関心が出てきた」といった意見があった。第五に「地域環境の改善」である。「田

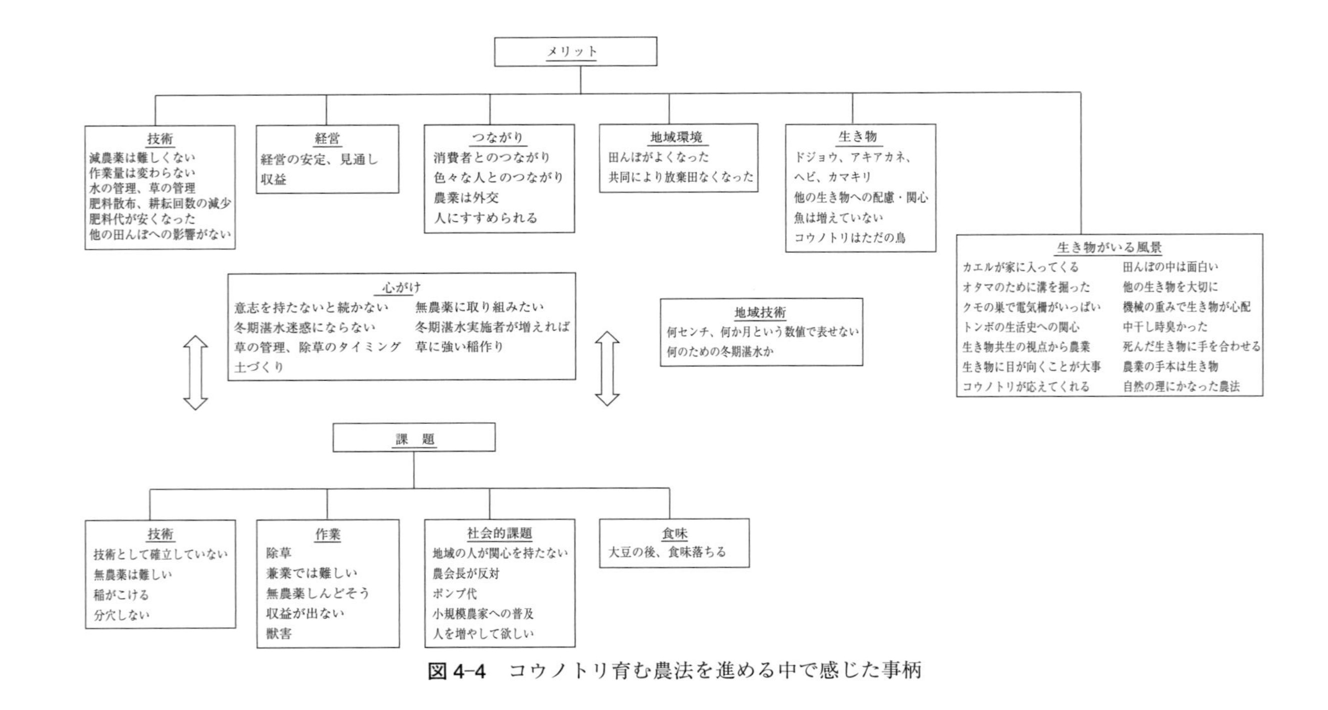

図 4-4　コウノトリ育む農法を進める中で感じた事柄

んぼが良くなった」「共同で作業をするので放棄田がなくなった」といった意見があった。

課題として感じていることは、第一に、「技術として確立していない」「無農薬は難しい」といった「技術」に関する意見がある。第二に「作業の大変さ」であり、「兼業では難しい」「無農薬はしんどい」「除草が大変」「獣害が大変」といった意見がみられた。第三に「食味が落ちること」であり、そうした意見が何人かから寄せられた。第四に「社会的課題」である。これまでは営農技術の課題であったが、「地域の人が関心をもたない」「農会長が反対」「ポンプ代」「小規模農家への普及」「人を増やして欲しい」という意見である。

減農薬に取り組む専業農家にとってはメリットがあるが、それ以外の農家は作業量が増え、技術として確立していないと評価しているといえよう。地域全体で取り組んだり、グループ化することにより、課題の多くは解決できるかもしれない。地域全体で取り組むために、何が必要かを考えることが大事であろう。

メリットと課題をつなぐ意見としては、「意志をもたないと続かない」「草の管理の仕方が大事」「草に強い稲作りに取り組む」「土づくり」といった「心がけ」と分類した意見があった。

地域によって異なる環境や地域組織を踏まえ、一律的な技術ではなく、地域技術として再構築しようという意見も挙げられた。Jさん（男性54）は以下のように語った。「但馬は雨水だけでしっかり水が貯まる（冬期湛水）。水漏れしなければ。すべてに冬期湛水を奨励しているが、すべての田んぼがそうなったらヤゴの卵カエルの冬眠場所はどうなる？　県は冬期湛水の水深を8センチと決めているが、実際は5センチでもトロトロ層[3]ができイトミミズ

[3]　水田の表層数センチにできるトロトロの粒子の細かい泥の層。米ヌカなどの有機物

がいて微生物が生きられたらいいんじゃないかと。何センチ、何ヶ月、数値だけで判断できないものもある。栽培技術と生物のためそれぞれの側面がある。何のための冬期湛水なのか、今、目的がぶれつつある」。育む農法は自然と向き合う技術であることを示唆する語りだ。

「生き物がいる風景」という意見の中には、電気柵にクモの巣がいっぱい、自分の田んぼにいるトンボの生活史に関心が出てきた、生き物に目を向けることが大事、といった「生き物とのつながり（生き物文化）」に関する意見があった。Jさん（男性54）は「田んぼの中は面白い。水の中だけで面白い。生き物が増えていくことも大切だが、こういう農法をやっていれば生き物に対して目が向く。そういうことの方が大切なのでは」と語った。また、Kさん（男性50）はトラクターの重みで生き物が死なないか心配、田んぼで死んだ生き物に手を合わせるという。以前は「中干しした時に水を抜いたら後に結構たくさんの魚が取り残されていた。死んだ魚で田んぼが臭くなった」と経験を振り返った。

生き物がたくさんいる農業が、本来の農業であるとの意見もあった。「生き物との共生の視点からの農業」、「農業の手本は田んぼ、生き物」、「自然の理にかなった農法」、「コウノトリが応えてくれる」といった意見である。育む農法は生き物とのかかわりが生じることに特徴があることを示唆している。

育む農法のメリットと課題の多くは、営農技術のものであった。課題の解決に向けて、水の管理のように地域ごとに環境は異なっているので、技術は一般化できるものと地域性を有するものとに分けて考える必要がある。生き

が水田の表面・表層に集中して入ると土ごと発酵が起こり、微生物や小動物（イトミミズ）が増殖・活性化してトロトロ層が形成される。育む農法では、田植えの1カ月前から、または冬期間も水を張ることで、イトミミズの発生を促しながら抑草効果のあるトロトロ層を形成することを試みている。

物の視点についても同様である。極端にいえば、圃場一枚ごとに環境は異なっているからである。

これらは、育む農法が自然と向き合う技術であることから顕在化した問題といえる。技術確立の困難さをもたらす一方、生き物や環境とのかかわりを創出させ、地域に馴染んだ技術の確立をもたらす可能性も有している。地域技術の確立、生き物がいる風景を価値化することで、育む農法のもつ価値の多様化と向上化を進めることができるだろう。

育む農法の問題点

育む農法の問題点を尋ねたところ、多様な意見を聞くことができた（図4-5）。

第一に「営農技術」であり、特に「水の管理」に関するものが多く挙げられた。「水の確保が難しい」「周りへの影響」「水が来ないところをどうするか」「ポンプ代の負担が大きい」といったものであった。「技術が不安定」「転作できない」「乾かない」といった「技術」に関する意見もあった。「栽培体系が違う」「暦がない」「自分で考えなければいけない」という「暦」に関する意見もあった。「苗が高い」「供給体制に問題がある」という「苗」の問題を指摘する人もいた。

第二に「社会経済」に関するものであり、「行政と農協」に関するものが多かった。「受け入れ体制の充実」「行政と農協の協力体制」「（豊岡市）竹野を見ていない」[4]といった意見や「講習会のマンネリ化」「部会のあり方」「農協資材を買わないと認証されない」という農協への意見、「コウノトリを誘導してほしい」という要望があった。「地域」に関する意見としては、「他の生

［4］　竹野とは、2004年に豊岡市に合併した旧竹野町のことを言う。合併したにもかかわらず、竹野に対して行政の関心が薄いことを述べている。

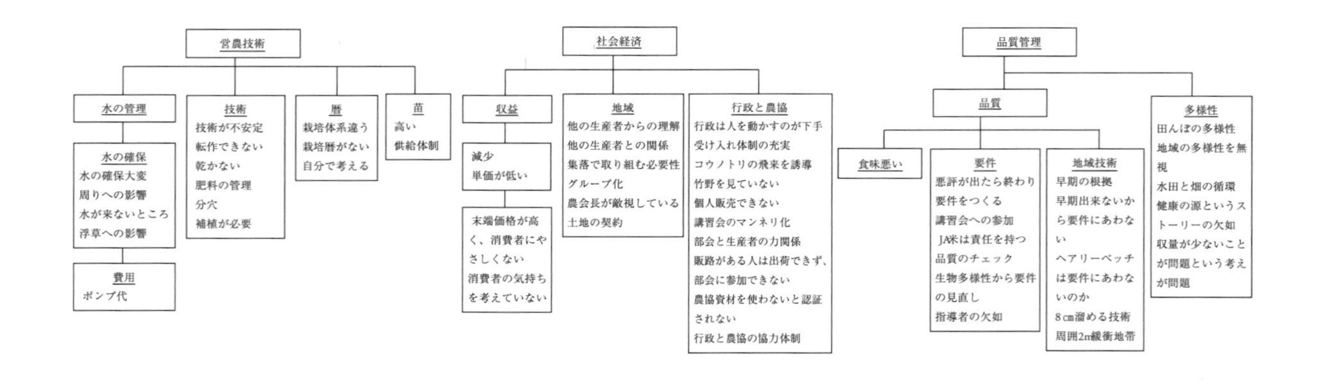

図 4-5　指摘されたコウノトリ育む農法の問題点

産者からの理解や関係」「集落で取り組む必要性やグループ化」「育む農法を行う田んぼの契約の問題」などが挙げられた。「収益」に関する意見には「収益が減少している」「単価が安い」といったものとともに、「末端価格が高く消費者のことを考えていない」という意見もあった。

第三に「品質管理」である。「食味が悪い」という意見があった。「要件」に関する意見には「悪評が出たら終わり」「JA 米は責任を持つ」「品質のチェック」「講習会への参加の義務化」「要件を作る」「指導者の欠如」といった意見があった。少し違うものとして「生物多様性の視点から要件を見直す」という意見があった。「地域技術」に関する意見には、早期湛水に関する意見が幾つかあった。「早期湛水の根拠は何か」「早期湛水できないから要件に合わない」「ヘアリーベッチ[5]は要件に合わないのか」「8cm 水を溜める技術は素晴らしい」といった、水の管理に関するものである。地域によって異なる水の管理の一律的な基準化の是非を問い掛けたものといえよう。「田んぼの周囲 2m を緩衝地帯とし、豊岡モデルとして提唱する」という意見もあった。「多様性」に関する意見は「田んぼの多様性や地域の多様性が無視されている」「田んぼと畑の循環」「畑の生物多様性」「健康の源というストーリーの欠如」「収量が少ないことが問題という考え方が問題である」といった意見があった。

具体的に語られたこれらの問題点は、ある程度一律の農法として育む農法を規格化するか、それとも地域の自然に依存する地域密着の農法であることから、地域ごとの技術体系としていくかという問題として考えることができる。要件を地域の多様性を踏まえたものへと順応的に変えていくのも一案である。水の管理によって一律に要件を設定するのではなく、生き物調査によっ

[5]　ヘアリーベッチとはマメ科ソラマメ属の一年草である。主に牧草として用いられているが、被覆力が強いため、耕作放棄地や果樹園などの雑草防止にも使われている。豊岡市のある地域では、水田の抑草のために導入している。

てリストされた生き物の数によって、ブランドとして認定するという案などが考えられる。生物多様性からの要件の見直しである。自然の状態に大きく依存する農法であるがゆえに、自然の変化を読み取れる学習プログラムの開発が必要である。

継続意志

育む農法を継続する意思について聞いたところ、すべての人が継続する意思を持っていた。農家が農法を高く評価しているといえる。その理由を詳しく聞いてみたところ、4つに分類できた（図4–6）。

第一は「やめるわけにはいかない」「仕方がない」「プライドがある」といったものや「大きな違いがない」といった「消極的理由」だ。第二に「付加価値」であり、「収益性や農業の生き残りのため」「目玉商品」というものがあった。第三に「環境」に関するものである。「田んぼをよくしたい」「農薬を振らない環境を次世代に残したい」「コウノトリ舞う田んぼの風景を残したい」「コウノトリのため」といったものがあった。第四に、「消費者との信頼関係、つきあい」「視察者の目」「情報が得られる」「交流がありがたい」「仲間を増やしたい」「行政への協力」「竹野に目を向けてほしい」という「社会関係」に関するものであった。

消極的理由が多い一方、育む農法を続けることにより、地域の環境創造や消費者などとの交流促進を期待していることがうかがえる。

(6) 生き物へのかかわり

安全な米と生き物を同時に育む農法は、生き物とのかかわりを創り出す可能性を有しているにちがいない。このように考え、生き物とのかかわりについても聞き取りを行ってみた。その結果、育む農法に取り組むことにより、

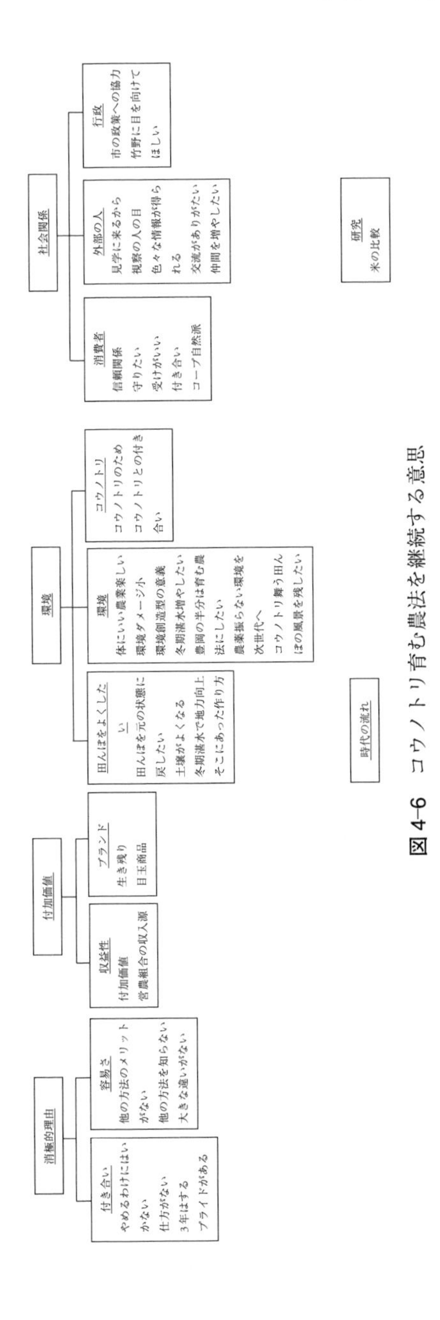

図4-6　コウノトリ育む農法を継続する意思

田んぼで色々な生き物を見るようになり、それらの生き物とのかかわりも創出されていることが分かった。生き物の増加を感じるかどうかを聞いたところ、感じるが 19 人、まあ感じるが 3 人であった。合わせて 7 割の人が増加していると評価した。あまり感じないは 1 人、感じないも 1 人、分からないが 5 人であった。

では、具体的にどのような生き物を見ているのだろうか。育む農法の田んぼで見かけた生き物を尋ねるとともに、かつて野生でコウノトリが生息していた頃に見かけた生き物についても聞いてみた。表 4-3 は、調査で語られた生き物のリストである。それを下記のように纏めることができる。

魚類：育む農法の田んぼ（以下、現在）では、ドジョウやナマズ、コイ、フナなど魚類が目撃されている。かつてコウノトリが生息していた頃（以下、過去）もドジョウやフナが目撃されているが、ナマズ、ウナギが多く目撃され、種類も多い。

カエル類：現在は多く目撃されているだけでなく、カエルを分類しているのも特徴である。それに対して過去は目撃が少なく分類もされていない。過去の方がカエルが少なかったとは考えにくいので、カエルとのかかわりが大きく変わったと考えられる。

トンボ類：現在は幾つかの種類が目撃されているが、過去はほとんど目撃されていない。過去の方がトンボが少なかったとは考えにくいので、トンボとのかかわりが変化したのだろう。

トンボ以外の昆虫類：現在は多くの種類の昆虫が目撃されているのに対し、過去の目撃数は少ない。過去の方が昆虫が少なかったとは考えにくいので、昆虫とのかかわりも大きく変化したと考えられる。

鳥類：現在の方が多くの種類が目撃されている。

ミミズ類：現在の方が多く目撃されている。特に、育む農法の象徴ともいえるイトミミズが多く目撃されている。

表4-3　育む農法下およびコウノトリが野生生息していた頃に田んぼで見られた生き物

	育む農法の田んぼで見かけた生き物		コウノトリが野生生息していた頃、田んぼのまわりにいた生き物	
	生き物名	件	生き物名	件
魚類	ドジョウ	16	ドジョウ	13
	ナマズ	5	フナ	11
	フナ	3	ナマズ	10
	コイ	2	ウナギ	8
	メダカ	1	コイ	5
	モツ	1	メダカ	3
	オイカワ	1	マス	1
	ジャコ	1	スナホリ	1
	グズ	1	タナゴ	1
			アユ	1
			ヤマメ	1
			モツ	1
			ハヤ	1
			モロコ	1
			魚	1
			小さい魚	1
貝類	タニシ	9	タニシ	8
	シジミ	1	シジミ	3
	ドブシジミ	1	カワニナ	1
	ヨコガイ	1	カラスガイ	1
	カラスガイ	1	アサリ	1
甲殻類	カブトエビ	5	エビ	1
	ザリガニ	1	ヌマエビ	1
	サワガニ	1	ザリガニ	1
	エビ	1	カワガニ	1
	ホウネンエビ	1	カブトエビ	1
両生類 カエル系	カエル	14	カエル	6
	トノサマガエル	7		
	オタマジャクシ	4		
	アカガエル	4		
	ツチガエル	2		
	アマガエル	1		
	ヌマガエル	1		
	ヤマアカガエル	1		
	ウシガエル	1		

両生類	カメ	2	イモリ	1
カエル以外	スッポン	2		
	サンショウウオ	1		
	イモリ	1		
昆虫類	トンボ	6	トンボ	1
トンボ	ヤゴ	3		
	アカトンボ	2		
	アキアカネ	1		
	シオカラトンボ	1		
昆虫類	クモ	7	バッタ	2
	イナゴ	5	タガメ	1
	バッタ	4		
	タイコウチ	2		
	ユスリカ	2		
	ホタル	2		
	虫	2		
	タモロコ	1		
	カマキリ	1		
	カメムシ	1		
	マツモムシ	1		
	ホタルの幼虫	1		
爬虫類	ヘビ	5	マムシ	4
	マムシ	2	ヘビ	3
	シマヘビ	1	スッポン	3
	アオダイショウ	1		
鳥類	ツバメ	3	カモ	1
	サギ	2		
	コハクチョウ	2		
	カモ	1		
ミミズ類	イトミミズ	7	ヒル	2
	ミミズ	4		
	ヒル	2		
	ミジンコ	2		
哺乳類			タヌキ	1
			キツネ	1
			ウサギ	1
			ノウサギ	1
植物	ミズアオイ	1		

全体的に、現在の方がより多くの種類の生き物を目撃している傾向であった。定量的なデータがないので、過去と現在の生物相や生物量を比較できないが、住民への聞き取り調査から、かつてコウノトリが野生生息していた頃は、田んぼやその周辺に多くの生き物が生息していたと考えられている（菊地 2006）。育む農法によって生態系が回復しているにしても、現在の方が生き物の種類や量が多いとは考えにくい。むしろ、育む農法によって生き物への見方が変わり、関心を持つようになったと解釈できないだろうか。過去は食べるなど生活と密接に関係している生き物を意識していたが、現在は生き物調査的な視点から生き物を把握しているといえるかもしれない。育む農法は生き物への新たなまなざしを醸成する農法と評価できるだろう。

(7) コウノトリとのかかわり

絶滅（1971 年）前のコウノトリ目撃を尋ねたところ、18 人があると答えた。いいえは 12 人であった。目撃したことがある人に、コウノトリを追い払ったことがあるかどうか尋ねたところ、7 人があると答え、10 人がないと答えた。

育む農法の田んぼや周辺でのコウノトリ目撃について尋ねたところ、9 割近くの人が自身の田んぼの周辺で目撃していた。次にコウノトリを目撃して感じたことを聞き、多様な意見を以下のように分類した（図 4-7）。

「嬉しい」という意見：「自分の田んぼに来て嬉しい」「感慨深い」「昔を知っている人は感動している」「こっちまで来たかなあ」「車を止めて見に行く」「電話がかかってくる」といった意見である。

コウノトリによって自分たちの取り組みが「評価された」という意見：具体的には「コウノトリが認めてくれた」「頑張ったと誇れる」「農業の手本

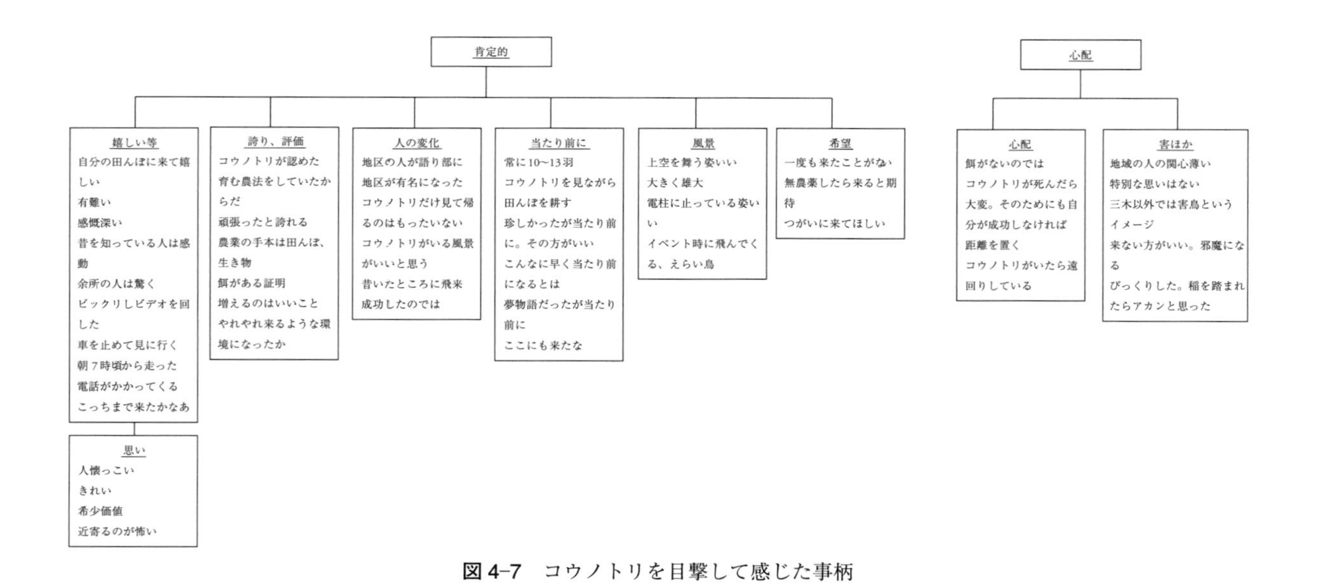

図 4-7　コウノトリを目撃して感じた事柄

は田んぼ・生き物である」「餌がある証拠」「やれやれ来るような環境になったか」といったものである。
「人が変化した」というもの：「地区の人が語り部になった」「地区が有名になった」「コウノトリがいる風景がいいと思うようになった」「昔いたところに飛来するのが不思議だ」「野生復帰は成功したのではないか」といった意見があった。
コウノトリがいることが「日常的になった」と感じている意見：「常に周辺にいる」「珍しかったが当たり前になった」「その方が人とコウノトリにとっていい」「夢物語だったが、当たり前になった」「コウノトリを見ながら田んぼを耕す」といった意見があった。
「風景」がいいという意見：「上空を舞う姿がいい」「大きく雄大」「イベントの時に飛んでくる」「コウノトリはえらい鳥だ」といったものであった。
コウノトリの飛来を「希望」するという意見：「一度も来たことがない」「無農薬にしたら来てくれると期待している」「つがいに来てほしい」といったものである。コウノトリが飛来していない旧竹野町、定着していない旧但東町では、コウノトリは当たり前の存在とはいえないようである。

一方で、以上の肯定的な意見とは異なる意見もあった。

コウノトリに「気を使う」という意見である。「コウノトリがいたら距離を置く」「コウノトリがいたら遠回りする」。コウノトリとのかかわりを模索していることがうかがえる。

また、「餌がないのでは」「コウノトリが死んだら大変だ」という「心配する」意見もあった。Lさん（男性55）は、「放鳥が公式に発表された時、自分はコウノトリが死んだらえらいことだなと思った。自分は専業農家。せめてコウノトリが豊岡で死なないようにしなければと思った。もしそんなことになれば、こんな格好悪いことないなと思わない？　事故死は仕方ないが、無精卵が出来たりしたら。次の代に出るかもしれないんだけど。そうなれば5

年間の実証段階がパーになっちゃう。県に補助金もらって頑張ってやってきたけど、最終的にはコウノトリが豊岡で死ぬことになるわけだ。そのためには自分が成功しなければと思う」。

少人数ではあるが、コウノトリの「害」を心配する人もいた。「特別な思いはない」「害鳥というイメージを持っている人たちがいる」「来ない方がいい、邪魔になる」「びっくりした。稲を踏まれたらアカンと思った」。

コウノトリの飛来は、誇りの醸成や評価、人の変化をもたらすなど総じて肯定的に捉えられ、取り組みへのインセンティブとなっていることがうかがえる。その一方、豊岡周辺では、コウノトリは当たり前の存在になりつつあり、コウノトリとのかかわりを考える段階に入ったといえるかもしれない。また、豊岡市の中心から離れた旧竹野町や旧但東町では、コウノトリは当たり前の存在ではなく、コウノトリによって自らの取り組みが評価されるという意識はない。地域間で大きな違いがある。コウノトリが死ぬことによる農業へのダメージ、コウノトリそのものの害ということを心配する意見もあった。

地域ごとに違いがあるコウノトリとどのようにかかわっていくのか、再考する時期に入ったのかもしれない。

(8) コウノトリ育む農法の社会的評価

農家たちがコウノトリ育む農法に取り組み始めたきっかけ、目的、感じていることなどは、非常に多様であることが分かった。また、すべての調査対象者が継続意思を有しているように、農家たちは育む農法により経済性と環境創造の両立を一定程度達成しており、総じて育む農法を高く評価しているといえよう。同時に、営農上、社会経済上、品質管理上にかかわる多くの問題も指摘されている。こうした農家への聞き取り調査から、育む農法が有する社会的な特徴をまとめてみよう。

第一に「大規模専業農家による農法」であることだ。育む農法の担い手は専業農家が7割を占めている。平均作付面積は5.2haであり、豊岡市内の平均の約4倍の作付面積となっている。担い手は大規模専業農家といえる。土地が集約でき、水の管理がうまくできるなど農地条件が相対的に良好な地域で推進されており、条件不利地や小規模農家が取り組みにくい状況にある。大規模専業農家中心で推進していくのか、小規模農家や兼業農家にも普及していくのか、今後の方針が問われている。

第二に「営農上メリットがある農法」であることだ。作付面積は減農薬タイプが圧倒的に多い。収量は減農薬タイプで若干減少するが、高付加価値のため収益は増加する傾向にあるが、作業量は大きく増加するわけではない。減農薬タイプであれば営農上のメリットが大きく、取り組むことが比較的容易であると評価している。一方、無農薬タイプは収量が大きく減少し、作業量も増加するため、営農上のメリットが少なく、現状では取り組むことは困難である。今後、無農薬の作付面積の増加を目指すならば、営農技術の向上、行政と農協の協力による広報の強化、ブランド力の強化が不可欠である。

第三に「多様な価値を創出する農法」であることだ。調査対象者は、安全・安心な米の生産とコウノトリの餌場の創出の両立が、一定程度達成できていると評価している。減農薬であれば営農上のメリットは大きく、生き物も増えていると実感している人が多かったからである。無農薬タイプが抱える問題が解決できれば、両立はいっそう促進される。加えて指摘したいのは、人とのつながりや地域環境の改善、生き物との付き合いといったより多様な価値が創出され、それぞれが重層していることである。こうした多様な価値をブランドとして表現していくことが求められる。

第四に「生き物とのかかわりを醸成する農法」であることだ。育む農法に取り組むことにより、田んぼで様々な生き物を見るようになり、それらの生き物とのかかわりも創出されている。生き物を細かく分類して観察する農家も生まれているし、田んぼの中が面白いという農家もいる。生き物への関心や配慮、心配などの心情も生成している。育む農法はオタマジャクシの成長具合によって中干しの時期を決定するなど、自らが自然を観察して栽培を進めていく必要があり、自然と向き合う農法といえる。生き物がいる風景を物語化することにより、高い付加価値が創出されるとともに、農業者のインセンティブも創出されるだろう。

第五に「地域環境に依存する農法」であることだ。営農技術上、品質管理、社会経済といった多様な問題を抱えている。食味や品質に問題があるとする農家からは、要件の見直しや農協による品質管理の強化という一律な品質管理を強める意見があった。その一方で、農協への依存や基準の一律化からの脱却を主張する声もあった。

育む農法の特徴である水管理は、地域によって異なるため、推進できる地域とできない地域がある。水を確保できる地域でも個人単位で取り組むことは難しく、地域全体で取り組む必要がある。小規模農家が単独で取り組むことが困難であるのは、水の問題が大きい。

品質を管理し、ブランド性を維持するためには一律的な要件が必要であるが、自然と向き合う育む農法は地域環境に大きく依存しており、多様性を帯びる技術という特徴がある。要件を地域の多様性を踏まえたものへと順応的に変えていくのも一案である。また、農家自らが田んぼの状態を把握する多様性を活かした技術を開発することが求められている。

第六に「コウノトリによって評価される農法」であることだ。「コウノトリが認めてくれた」という言葉に象徴されるように、育む農法への取り組みが、コウノトリによって評価されたという意識も醸成され、飛来が育む農法へのインセンティブになっている。旧豊岡市周辺では当たり前になったという声も聞かれる一方、旧但東町や旧竹野町では、飛来そのものが珍しく、コウノトリを通して自らの取り組みを評価することが困難である。

第七に「絶えず学ぶ農法」であることだ。自然と向き合い、地域環境に依存する農法であるため、農家自らが絶えず学ぶことが求められる。ただ、農協の研修会がマンネリ化していると語る調査対象者も複数いた。今後は、自然の変化を読み取れる学習プログラムの開発、情報交換や地域外とのつながりの機会の創出など、営農技術や生き物などに関する情報を交換する学びの場をつくり、それらを現場にフィードバックするプラットフォームを構築することが求められる。

コウノトリ育む農家たちの声を聞いた結果、コウノトリは農業再生そして自然とのかかわりの再生の環境アイコンとして存在感を発揮していることが分かった。

4–3　コウノトリの観光資源化

(1) 観光資源化

2005年の放鳥以降、郷公園の来園者数は一時50万人に迫り、コウノトリは観光領域における重要な地域資源となっている（図4–8）。エコツーリズム[6]や観光まちづくりが注目されているように（敷田ほか編 2009）、地域の自然環境や文化を観光資源化して、観光客の訪問を促すことで地域振興を進めるとともに、観光からの利益を地域に還元し、資源的価値の向上と持続的な利用を図ることが求められている。本節では、観光という外部との関係を軸

[6]　敷田麻実はエコツーリズムを「自然環境への負荷を最小限にしながらそれを体験・学習し、目的地である地域に対して何らかの利益や貢献のあるツアーをつくり出し、実践する仕組みや考え方」（敷田編 2008）と定義している。

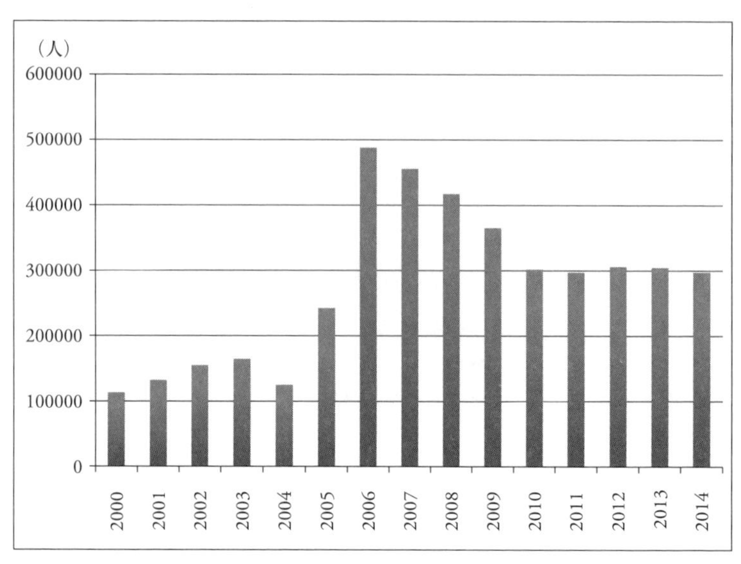

図 4-8　郷公園への来園者数の推移
（提供：豊岡市コウノトリ共生課）

に地域に存在する多様な要素を選択して働きかけ、活用できるサービスに変換することを観光資源化と定義する。さらに観光の利益を地域に還元し、資源的価値の向上と持続的な利用を図ることを観光による地域資源のマネジメントと定義する。

野生復帰によるコウノトリの観光資源化と地域資源のマネジメントについて検討するためには、来園者に関する情報が欠かせない。郷公園を利用する来園者の実態や特性については、野生復帰と観光化を論じた淺野ほか（2009）、野生復帰の経済波及効果を算出した大沼・山本（2009）による報告があるのみであった。本節では、野生復帰により観光資源化されたコウノトリにアクセスする来園者の実態を明らかにしたうえで、観光による地域資源のマネジメントの課題を明らかにしよう。調査対象を郷公園来園者とし、その特性の分析を行い、次いで一般観光客とコウノトリ観光客の特性の差に注目し、コウノトリの観光資源の価値向上と持続可能な利用に貢献する知見を見出す。その上で、観光資源化による包括的再生の実現という課題に迫ってみようと思う。

(2) 調査方法

コウノトリ放鳥の経済効果を算出するために、2008年から2009年にかけて3回、郷公園の来園者を対象としたアンケートを実施した。調査は慶應義塾大学大沼あゆみ氏と豊岡市と但馬信用金庫と共同で行い、第1回目（2008年11月）には796名、第2回目（2009年4月と5月）に554名、第3回目（2009年8月）に214名の回答を得た。3回で1,564名の回答を得た。方法は、私たちが来園者に調査票を配り、その場で回答してもらうというものである[7]。調査場所を郷公園とした理由は、豊岡市を訪問した観光客の多くが立ち寄る場所であり、多様な目的を持つ観光客を対象としたアンケートを実施するのに好都合だからである。

このアンケートから導き出された経済波及効果に関しては後述するとして、本節では、来園者の特性に関するデータを用いて観光資源化に関する分析を進める。

---

[7]　無作為サンプリングではないので、来園者の分布に偏りがある可能性がある。たとえば、団体旅行客は時間が限られていること、回答者は団体旅行客の一部であることから過小になっている可能性がある。家族での来園者の場合、親世代の方がより回答している可能性がある。

(3) 郷公園来園者の特性

回答者の属性

まず全体の回答者の属性についてみてよう。性別は男性と女性はほぼ半々であった。年齢は、60 歳以上が最も多く、中高年齢層がかなりの割合を占めていた。

旅行形態は個人旅行が圧倒的に多かった。個人旅行は 90%、団体旅行は 8%、観光つきパッケージ旅行が 2%、フリープランのパッケージ旅行は 1% であった。ただし、団体旅行は時間的制約から協力してもらいにくいため、過小になっている可能性がある。

家族との旅行が約 75% を占めていた。同伴者は、ひとりが 4%、夫婦が 30%、子ども連れ家族が 32%、その他の家族が 13%、友人知人が 12%、仕事仲間が 4%、婦人会等が 3%、学校の団体が 0.1%、その他が 1% であった。

豊岡市における滞在日数は「日帰り」と「2 泊 3 日までの宿泊者」がほぼ半々であった。

回答者の居住地は、豊岡市が 5%、それ以外の兵庫県が 32%、大阪府が 21%、兵庫・大阪を除く近畿地方が 11% である。地方別にみると、近畿が 7 割を占める一方、関東は 4% に過ぎないことから、郷公園は阪神都市圏レベルの観光地といえる。

観光行動

図 4-9 は来園者に豊岡市への観光目的を尋ねた結果である。「周遊観光」と回答した人が半数を占めている。次いで「保養休養」が 17% となっている。コウノトリを選択肢として加えたのは 2 回目の調査からであるが、2 回

	第1回 2008/11		第2回 2009/04/05		第3回 2009/08	
周遊観光	411	51.6%	264	47.7%	125	58.4%
保護休養	148	18.6%	81	14.6%	34	15.9%
スポーツ	11	1.4%	2	0.4%	1	0.5%
祭りやイベント	21	2.6%	2	0.4%	1	0.5%
業務	10	1.3%	9	1.6%	7	3.3%
帰省や親族訪問	28	3.5%	61	11.0%	11	5.1%
コウノトリ	−	−	122	22.0%	32	15.0%
その他	162	20.4%	12	2.2%	3	1.4%
無回答	5	0.6%	1	0.2%	0	0.0%
合計	796	100.0%	554	100.0%	214	100.0%

図 4-9　豊岡市への観光目的

目と3回目をあわせてみるとコウノトリ目的の来園者は2割である[8]。一方、淺野ほか (2009) の調査では、コウノトリ目的の見学者が半数を占めており、大きく異なった結果となった。淺野ほかの質問項目が複数回答であることに加え、調査時期の違いも影響していると推測される。淺野らが調査した6月は巣立ちの時期にあたり、コウノトリ目的に訪れる人が多い時期と考えられるからである。

豊岡市への訪問回数は1度目が27%と最も高くなっているが、4〜10度目も26%とほぼ同じになっている。21度以上というハードリピーターが約4%であることは注目に値する。全体的にリピーターが多い傾向といえる (図4-10)。

来訪しての感想は、「とても楽しかった」が36%、「楽しかった」が58%と肯定的な感想を持った人が約95%を占めている。ただ「とても楽しかっ

[8]　コウノトリ目的の来園者とは、コウノトリを第1目的に訪問した来園者である。それに対して、郷公園も含めて複数の目的地を周遊することを目的に訪問した観光客を周遊観光客とする。コウノトリが主たる目的かどうかによって区分する。

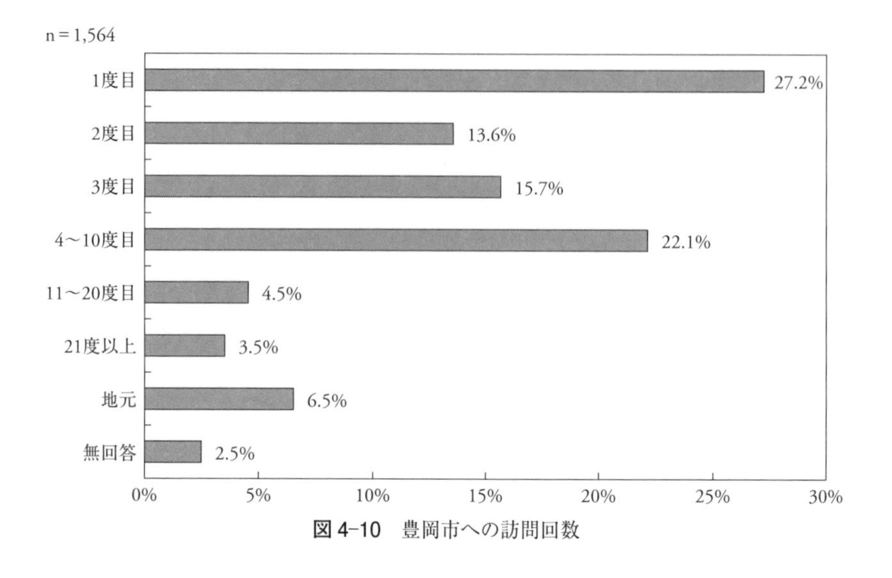

図 4–10　豊岡市への訪問回数

た」の比率は減少傾向にある。

再訪の意思を聞いたところ、はいが約 9 割を占め、いいえは 0.3% と、ほとんどの回答者が再訪の意思を持っていた。前述のようにリピーターが多いとともに再訪の意思が高いことから、リピーターが維持される可能性は高いと推測できる。

豊岡市内での一人当たりの消費額は、全体で 14,025 円であった。内訳は交通費が 433 円、宿泊費が 7,566 円、飲食費が 2,174 円、お土産品購入が 3,341 円、その他が 512 円である（図 4–11）。季節ごとでみると、秋季（11 月）が 14,734 円、春季（4 月 5 月）が 11,279 円、夏季（8 月）が 17,401 円と夏季が高い。宿泊客の平均消費額が 23,247 円であるのに対し、日帰り客は 4,038 円であった。

郷公園への来園者の特性をまとめよう。男女は半々で、年齢は 50 代以上の中高年層が多くなっている。家族単位での個人旅行が多数を占め、同伴者

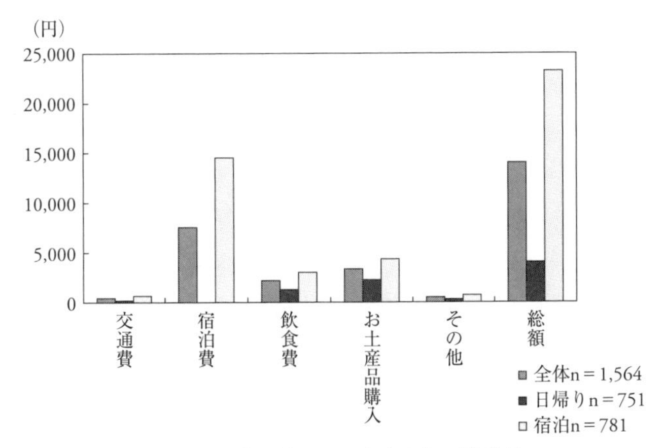

図4-11　豊岡市での一人あたりの消費額

は家族が7割、滞在日数は日帰りと短期の宿泊が半々であり、居住地を近畿圏とする回答者が7割近い。阪神圏の人々が短期間訪問する家族旅行の目的地として選択されているといえる。

観光目的は周遊観光が半数を占めているが、コウノトリ目的も2割あり、コウノトリは観光資源として認識されている。リピーターが多く、満足度と再訪意思もきわめて高いことは、コウノトリをはじめとした豊岡市の観光資源の魅力が大きいことを示唆している。多くの観光地がリピーターを増やすことを目指していてもなかなか成果が出ない中、注目すべき点であり、観光の効果が持続する可能性は高いといえる。

その一方で、首都圏や中京圏といった大都市からの来園者が少なく、現状ではコウノトリは全国的に知られている観光資源とはいえない。北海道鶴居村で実施したタンチョウによる経済効果調査では、来村者の53%が道内であるのに対し、道外が47%であった。関東は28%とかなり高くなっている（タンチョウと共生する村づくり委員会 2010）。コウノトリと比較すると、タンチョウの方がより遠方からの観光客を誘引している。

(4) コウノトリ観光客の行動と特性

次に、2回目と3回目の調査データを用い、コウノトリ目的の観光客（以下、コウノトリ観光客）と最も回答が多かった周遊観光客とその他観光客（保養休養、スポーツ、祭りやイベント、業務、帰省、その他をまとめた）の比較を通して、コウノトリ観光客の特性について分析しよう。分析に際し、「データは項目ごとに偏ることなく分布する」とする帰無仮説を設定し、有意水準1%で χ^2 検定を実施した。

観光目的と性別をクロス集計したところ、有意な差はなかった。観光目的と年齢をクロス集計したところ、コウノトリ観光客では高齢者が多い傾向がみられたが、有意差はなかった。

図4–12は観光目的別の来訪回数である。コウノトリ観光客は1度目が23%であるのに対し、周遊観光客では38%、その他では23%であった。周遊観光客は初訪問が多い傾向にある。21度以上というハードリピーターは、周遊観光客が1%であったのに対し、コウノトリ観光客は7%である。帰省や親族訪問が含まれているその他観光客は8%と高くなっている。コウノトリ観光客の地元の比率は15%であった。コウノトリ観光客は1回目の来訪が少なく、21回以上のハードリピーターと地元が多い傾向にある（χ^2=80.58、$P<0.01$）。コウノトリが複数回訪問の要因となっていると考えられる。

図4–13は目的別の滞在日数である。コウノトリ観光客は日帰りが85%と圧倒的に多い。周遊観光客は日帰りが45%、1泊2日が50%と宿泊がやや多くなっている。その他観光客は日帰りが35%、1泊2日が43%となっている（χ^2=151.89、$P<0.01$）。コウノトリ観光客は、日帰り圏内から来園している人が多い。

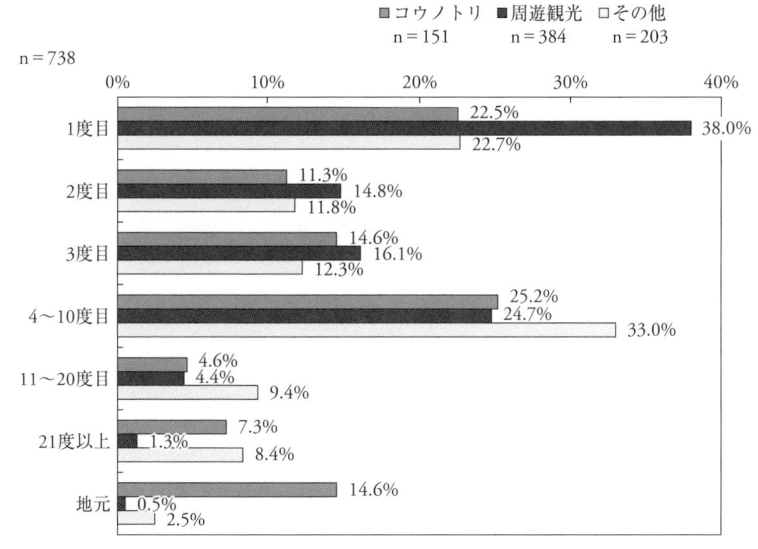

図 4-12　観光目的別にみた来訪回数

目的別の消費額である。コウノトリ観光客の平均消費額は 5,705 円であるが、周遊観光客のそれは 15,608 円、その他観光客は 13,455 円であった。コウノトリ観光客の豊岡市内での消費額は相対的に低く、地域への直接的な効果である経済効果に与える影響は少ないと考えられる。

図 4-14 は目的別の郷公園以外の立ち寄り箇所数である。コウノトリ観光客は 0 箇所（郷公園のみの立ち寄り）が 44%となっているのに対し、周遊観光客では 10%、その他観光客では 21%となっている[9]。コウノトリ観光客は豊岡市内での立ち寄り箇所数が少なく、郷公園以外の観光地をあまり訪問しない傾向である。それに対して周遊観光客は幾つかの観光地の一つとして郷公

[9]　周遊観光客もその他観光客も郷公園以外しか立ち寄っていないことになるが、周遊観光客やその他観光客は主たる目的がコウノトリではないことから、コウノトリ観光客とは異なる特性を持つ観光客層として扱う。

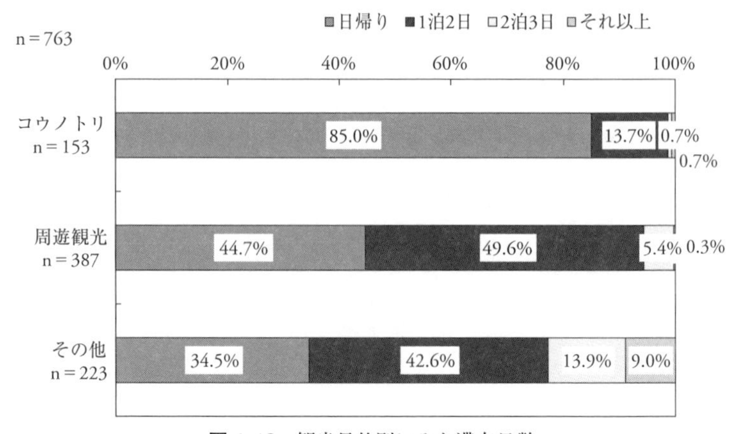

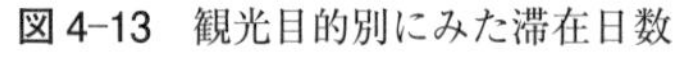
図 4-13　観光目的別にみた滞在日数

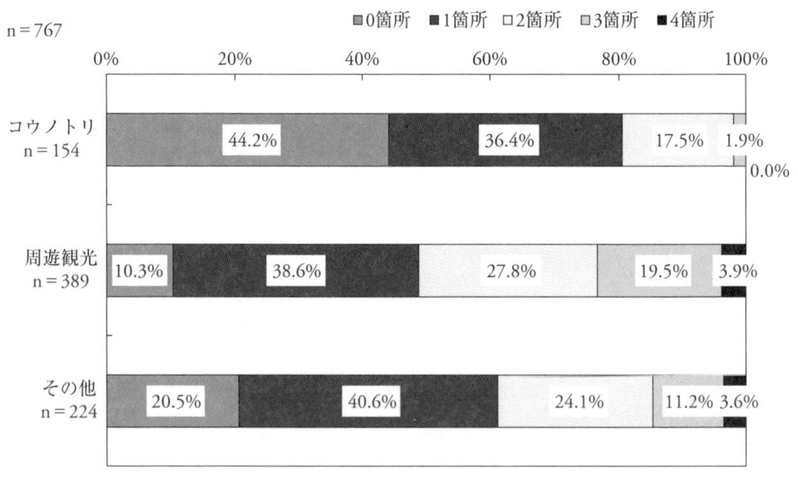

図 4-14　観光目的別にみた郷公園以外への立ち寄り箇所数

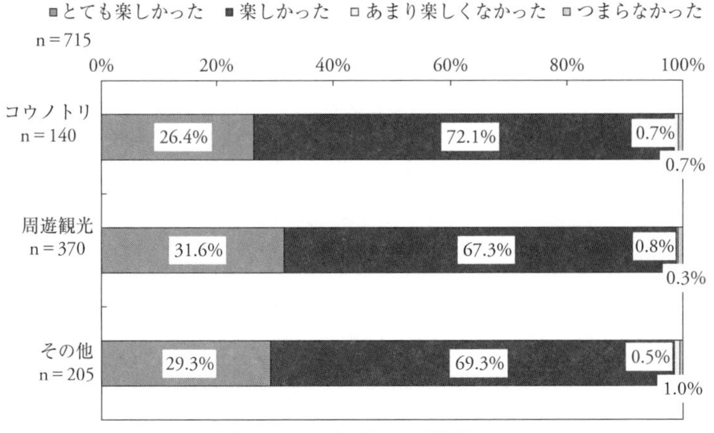

図 4-15　観光目的別の満足度

園を訪問している（$\chi^2=100.57$、$P<0.01$）。このことからコウノトリ観光客は、コウノトリに関心が特化した層といえる[10]。

図 4-15 は目的別の満足度である。コウノトリ観光客と周遊観光客とその他観光客でほとんど差がない結果になった（$\chi^2=1.96$、$P>0.01$）。

図 4-16 は居住地別の観光目的である。兵庫県居住者の 34％がコウノトリ目的であるが、近県の大阪府では 9％に過ぎない。兵庫・大阪以外の関西は 23％、その他地方は 8％であった（$\chi^2=72.65$、$P<0.01$）。郷公園に近い地域ほどコウノトリ観光客が多く、地理的距離が離れるとコウノトリ観光客の比率が減少する傾向にある。遠距離からの観光客は、周遊観光のサイトの一つとして郷公園に訪問する傾向にある。このことから、コウノトリの魅力はよ

［10］　敷田麻実と大畑孝二のバードウォッチャーの実態分析によると、石川県舳倉島に訪問するバードウォッチャーが捉える自然は、野鳥が主体であり、島全体の自然ではない（敷田 1996, p.63）。同じく石川県の片野鴨池でもバードウォッチャーは、レンジャーによる解説や野鳥そのものに満足する傾向が認められる（敷田・大畑 1998）。

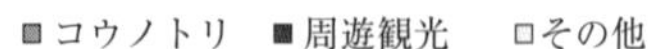

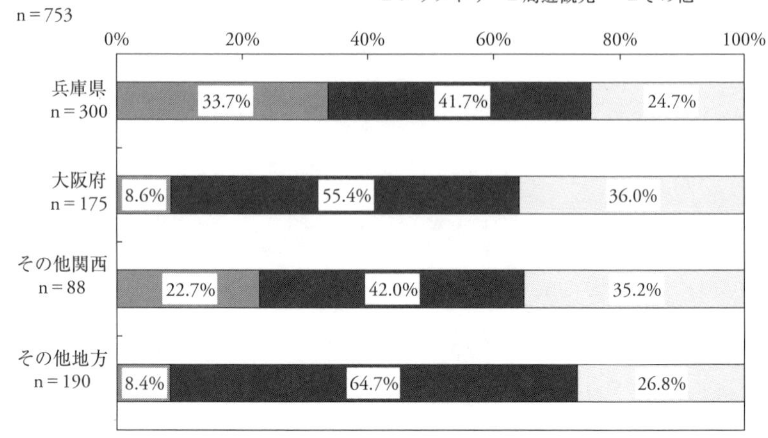

図 4-16　居住地別にみた観光目的

り広範囲の地方には、十分に伝わっていないと考えられる。

コウノトリ観光客の特性をまとめてみよう。コウノトリ観光客はリピーター度が高い傾向にあり、21 度以上訪問のハードリピーター層も存在する。その一方で地元の率も高く、郷公園は地域住民が訪問する場としても評価されている。リピーター度は高いが､阪神都市圏からの日帰りが圧倒的に多く、豊岡市内での消費額は少ない。また市内の他の観光サイトにあまり立ち寄っていない傾向にある。コウノトリ観光客は、コウノトリそのものに関心が集中しており、地域の他の資源にあまり関心を寄せていないようだ。満足度については、コウノトリ観光客と周遊観光客で差はない。

コウノトリ観光客は阪神の都市圏から日帰りないし 1 泊 2 日程度の日程で訪問し、コウノトリそのものに関心が集中する傾向にあり、豊岡市ではあまり消費しない特性を持っていることが明らかになった。

(5) 考察

地域経済への波及効果の拡大

環境経済学者の大沼あゆみと山本雅資は1回目と2回目のデータを用いて、コウノトリの観光面での豊岡市の経済への波及効果を年間約10億円と試算し、リピーターが多いことから、今後も継続的に効果が生じる可能性が高く、地域経済に寄与していることを明らかにした。このことから生物多様性の保全と経済が両立している好例と評価した（大沼・山本 2009）[11]。さらに「観光客1万人あたりの波及効果」を重要な指標として提案し、1万人増加した場合、最終需要の増分は約1,743万円となり、2,271万円の生産波及効果をもたらすとした。コウノトリは観光資源として定着しているが、それだけでは多様な関係者に観光の利益を還元できない。日帰り客と宿泊客では、豊岡市内での消費額の差が大きいことから、経済波及効果を高めるためには、宿泊客の増加を図ることが課題である。

宿泊客増加に向けた課題として、第一に新規の観光客を開拓していくことが挙げられる。訪問回数と滞在日数をクロス集計したところ、1回目の訪問者の宿泊率は高いので（$\chi^2=60.11$、$P<0.01$）、より効果は大きくなるだろう。第二に関西圏以外の観光客の増加である。遠方からの観光客の宿泊率は高いからである。第三にリピーター度の高い観光客の宿泊率の向上である。訪問回数と滞在日数のクロス集計では、訪問回数が多いほど日帰りの比率が増加している（$\chi^2=60.11$、$P<0.01$）。

もっとも、阪神都市圏からのリピーターが多い現状では、新たな宿泊客を

---

[11]　大沼・山本はアンケートから一人当たりの消費額を日帰りと宿泊に分けて推計している。その結果、日帰り客の4.56億円と宿泊客の3.36億円を合計し、最終需要の増分は約7.96億円と推計した。さらに、経済波及効果も加え、10.3億円と推計している。

増加させることは容易ではない。先述したように、コウノトリは複数回訪問の要因となっていることから、むしろ日帰りであっても何度でも訪問したくなるような、野生復帰の総合的な魅力を伝えることが、より現実的な対策といえる。

コウノトリを軸にした地域の魅力の創出

コウノトリ観光客は豊岡市内での立ち寄り箇所数が少ない傾向にあり、コウノトリを支える地域全体への関心が弱い。周遊観光客についても郷公園の訪問は幾つかの観光地の一つという位置付けであり、コウノトリと地域を関連付けて魅力を感じているとはいいがたい。コウノトリは観光資源として高い価値を有している一方で、観光客にコウノトリの野生復帰の総合的な魅力、とりわけ地域の魅力が十分に伝わっているとはいえない。地域に存在する多様な要素を観光資源化していくことが課題であるといえる。

人間が絶滅させたコウノトリを人間の手で復活させるという物語は希少性が高く、魅力ある資源としての潜在性を持っている。野生復帰は、地域の自然と文化を見直す取り組みであり、地域の自然と文化を野生復帰という物語によって関連付けることが可能である。コウノトリの野生復帰という物語を軸に、知的好奇心を満たすサービスを提供することが、観光資源の魅力の向上につながり、地域に経済波及効果をはじめ様々な効果をもたらすことにつながる。

第3章で論じたように、コウノトリは田んぼや湿地、里山を生息域にする人びとの日常生活に直結した身近な鳥であった。そのコウノトリが野生復帰という物語を通して、田んぼや里山といった身近な環境を見直す多様な活動を引き出す存在、環境アイコンに意味変容している。

コウノトリ育む農法という環境創造型農業が広がり、農作物に高い付加価値が付くとともに、田んぼの生物とのかかわりや生きもの文化が生成している（菊地 2010）。田んぼは生物を育む場としても位置付けられている。コウノトリを観察している市民のなかから、身近な自然の再生を実践している人たちが現れ（コウノトリ湿地ネット 2010a）、経済的価値に乏しい湿地が生物とのかかわりの場として再生されている。コウノトリとの多様なかかわりから地域の自然と文化を見直す活動が引き出されており、新たな価値が創出されている。

こうした地域の自然と文化に関する活動の社会学的・生物学的な解説をコウノトリの野生復帰という物語でつなげたプログラムの開発は、観光資源の魅力の向上につながり、立ち寄り箇所の増加や滞在日数の増加等による地域経済への効果をもたらすだろう。相対的にリピーター度が低かった周遊観光客やその他観光客にコウノトリを軸にした地域全体の魅力を伝えることにより、新規開拓、滞在日数の増加やリピーターになる可能性を高めることが期待できる。これまで日帰りが圧倒的に多かったコウノトリ観光客に関しては、立ち寄り箇所数や滞在日数の増加が期待できる。

地域に経済波及効果をもたらすことに加え、大事なことは野生復帰の現場である地域の自然と文化を理解することにつながっていくことである。野生復帰を支える地域の自然と文化への理解が深まれば、観光客が地域に還元するというインセンティブの創出につながり、地域への利益の還元と持続可能な利用という観光による地域資源のマネジメントの形成に寄与する可能性が高まるからである。

郷公園来園者をコウノトリ観光客と周遊観光客とその他観光客の差異に注目しその特性を明らかにしてきた本節の内容は、今後、コウノトリを切り口にした地域の自然と文化を体験できるプログラムの設計へとつなげていきたい[12]。

---

[12]　菊地（2011）で、コウノトリを軸にした地域の自然と文化に関する観光プログラム

(6) 観光による地域資源のマネジメント

自然再生と地域再生の両立を図る包括的再生に向けて、観光からの利益を地域に還元し、地域の様々な要素を地域資源化し、その価値の向上と持続的な利用を図ることが次の課題となる。

まず指摘したいのは、観光による経済的利益の地域への還元である。観光客の豊岡市への満足度は非常に高いが、その地域環境を維持しているのは地域住民の営みであり、とりわけ育む農法をはじめとする農家の生産活動である。郷公園内にあるコウノトリ文化館に豊岡市が設置したコウノトリ基金には、約880万円が寄せられている(2015年度)。豊岡市はこの基金をビオトープ水田の設置や大規模湿地の維持管理研究、小中学校での毎日の米飯給食とコウノトリ育むお米使用拡大などに活用している。これは観光客による募金を原資とした還元である。今後は観光による10億円の経済波及効果を、湿地再生や野生復帰の担い手に還元し地域資源をマネジメントする仕組みを観光に内部化していくことが求められる。還元することによりコウノトリの生息地の再生がすすみ、担い手が支えられる。その結果、観光資源の価値も向上するとともに、持続的な利用が可能になる。

二つ目は交流の資源化である。観光が地域にもたらす効果は経済だけではない。観光現象はホスト(観光客を受け入れる社会)とゲスト(観光客)とのかかわりであり(スミス編 1991)、観光人類学などでは、観光客が訪れることで、従来は存在しなかった新しい文化が生み出され、それが地域の人びとの誇りとなり、さらに生活を支える資源となる可能性も見出されている(玉置 1996)。観光客のコウノトリと共生する地域づくりへの参加意向を調査した淺野ほかによれば(回答者数520名)、観光客の市民活動への参加意向が高く

案を提案した。

なっている[13]。労働力不足に悩む地域からすると参加意向の高い観光客は地域資源としてのポテンシャルが高い。コウノトリ観光客からすると、コウノトリの野生復帰を支える農作業を、この地でしか味わえない資源として潜在的に認識していると思われる。地域と観光客をつなぎ、相互に有用なサービスとなるように転換する、すなわち交流を地域資源化する社会的仕組みづくりが求められている（菊地 2010）。

観光資源化による包括的再生の実現に向け、観光の利益の地域への還元と交流の資源化をマネジメントする社会的な仕組みづくりが求められている。言いかえよう。観光分野だけに限定されない、包括的な地域資源化に向けた社会的仕組みづくりこそが求められている。

4-4 野生復帰の「物語化」

(1) 試行錯誤を保証する柔軟な社会的仕組み

放鳥を契機にして、コウノトリは農業資源や観光資源として位置付けられるようになった。コウノトリは保護鳥であるが、かかわりによって農業再生の鳥であったり、お金を運ぶ鳥であったり、愛する相手であったり、科学的な対象であったり、生態系の回復の象徴であったりする。コウノトリとの多元的なかかわりによって地域を見つめ直すことが行われるとともに、コウノトリもまた文化的存在として再び生活のなかで意味付けられ、近い存在になりつつある。こうした取り組みの総体が包括的再生としての野生復帰といえ

［13］最も支持（「かなりそう思う」と「ややそう思う」の合計）が高かったのは、「コウノトリ観光の良さを人に伝える」（82.7%）で、ほぼ同じ傾向を示したのが「里山や水辺環境づくりの市民活動」（81.1%）であった（淺野ほか 2009）。

るだろう。コウノトリは様々な活動や価値、サービスを生み出す環境アイコンといっていい。いや、むしろコウノトリを環境アイコンとして位置付け、様々な活動を関連づけることが重要なのだ。

2003年に設立された「コウノトリ野生復帰推進連絡協議会」は、第1章で見たようにコウノトリのために結成された団体ではなく、既存の団体が多数を占めている。「トキ野生復帰推進協議会」はトキのために結成されたNPO的な組織が相対的に多い。同じ野生復帰でも協議会の構成が大きく異なっている。コウノトリの場合、行政機関や既存の地域組織がそれぞれの論理に多少なりともコウノトリを取り入れることで、野生復帰を実現しようとしている。言いかえれば、それぞれの組織の論理がコウノトリによって多少なりとも変容するのである[14]。

この野生復帰のあり方は、生態系アプローチや種アプローチからすると、目標の明確さに欠けているように見えるかもしれない[15]。しかし、視点を変えてみると、野生復帰が様々な論理を投影できる多義的な概念として機能していることを意味しているといえないだろうか。中心となる野生復帰という概念が曖昧であり多義的であることにより、かえって多元的なかかわりが再生する可能性が高まっていく。本章で見た農業と観光は、独立した取り組みとして別々に展開してきた。それぞれの取り組みは緩やかにつながっているが、必ずしも同じ方向性を向いているわけではない。

ここで浮かんでくる問いは、「必ずしも同じ方向を向いていなくても、こうした取り組みが同時多発的に創発しているのは、なぜだろうか」というものだ。野生復帰にかかわる人は自然保護に興味ある人や研究者、行政関係者

[14] 生活の論理に保護を取り込む「生活のコウノトリ化」と保護の論理に生活を取り込む「コウノトリの生活化」の相互浸透である。

[15] 磯崎は、生物学的な視点から行政施策の達成度を評価するために、将来目標を明確にしなければならないと述べている（磯崎 2006: 86）。

だけではなく、様々な分野の人にまで広がっていく。関係者の多様化である。時には相反する主張を持つ複数の人たちがかかわるようになる。価値の多元化である。自然再生の手法と担い手も、事態の推移のなかで変化していくし、目標も変わっていく。当然のことながら、自然も社会も不確実なのである。いま、私たちが考えなければならないのは、関係者の多様性と価値の多元性、自然と社会の不確実性を前提として、どうしたら研究者、行政、市民といった多様な人たちが協働しながら、手法や目的を順応的に変えていくプロセスを創り出すことができるか、ということだろう。状況に応じて変えられる「試行錯誤を保証する仕組み」の重要性を指摘する宮内泰介は（宮内 2001）、そうしたプロセスを「順応的ガバナンス」と読み替え、そのポイントとして、以下の3つを挙げている。

第一に、試行錯誤とダイナミズムを保証することである。単一の仕組みではなく、複層的な仕組みにすること、そして曖昧な領域を確保することで、硬直化を避けることができ、仕組みを動かし続けることができる。第二に、多元的な価値を大事にし、複数のゴールを考えることである。幅広い自然再生には矛盾する内容も含まれている。そのことを認めた上で、価値の単一化や対立化ではなく、併存を志向する。第三に、多様な市民による調査活動や学びを軸としつつ、「大きな物語」を飼いならして、地域のなかでの再文脈化を図ることである。生物多様性保全や地球温暖化防止といった大きな物語は、大枠では正しくても地域社会の文脈においてコンフリクトを生む可能性がある。地域にあった小さな物語に書き直す必要がある。宮内は、このような特徴を持つ順応的ガバナンスは、社会がしなやかに継続する強さ、危機から回復できる強さ、柔軟だが壊れない強さをもたらすという（宮内 2013: 23–26）。

コウノトリとともに暮らす地域に向けて、環境、生き物、農業、経済、愛護、科学など様々な価値を大事にし、それらを試行錯誤しながらつなげていく順応的ガバナンスの実現が求められる[16]。

(2) 物語の曖昧さ

本書のなかでは、幾度となく物語という言葉を使ってきた。それには理由がある。野生復帰という物語が創られたことによって、試行錯誤とダイナミズムの保証、多元的価値の重視、大きな物語の飼いならしと地域のなかでの再文脈化といった順応的ガバナンスのプロセスが動いたと考えているからだ。必ずしもつながっているわけではない農業と観光が併存する状態は、野生復帰という物語を、多くの関係者が緩やかに共有していることによって成り立つ。

一般に、固有性が強いほど地域の要素は高付加価値を持ちやすい傾向にある。ただ、そうした要素は、基本的にその土地と関連してこそ意味がある性質を持っている。固有であるがゆえに、地域外の人にとっては理解することは難しい。地域外の人が理解できないと、活用できる資源とすることはできない。そこで、地域に固有の要素を、地域外の人たちにも理解できるように、そして共感できるように変換していくプロセスが必要となる。多くの場合、普遍性を標榜する研究的視点が入ることにより、地域の固有性を外部の人にも理解できるように表現することが促進される。そのことによって、価値の創出へとつながる可能性が高まっていく。

こうしたプロセスを「物語化」と呼ぼう。そうした活動は、多くの場合、

[16] 宮内は、合意形成とは協議会という制度的に設定された話し合いの場だけで生じるものではなく、様々な場面での日常的なコミュニケーションによって形成されるものであるという。そして合意形成とは、社会の中の多声性に耳を傾け、対話したり一緒に汗をかいたりしながら考えていくプロセスであり、「聞く」という社会学的な認識プロセスが、中心的な技法であるという（宮内 2016）

起承転結のある物語という形式をとることが多いからである。物語が創り出されることで、都市の消費者の共感を呼び込み、消費やファンの獲得につながり、農山漁村の新しい経済のベースになりうる。コウノトリの野生復帰を例にとれば、「コウノトリは田んぼなど人里にすむ里の鳥である」→「コウノトリが暮らせる環境は人間にとってもいい環境である」→「その環境をつくっているのは農家である」という物語によって、多くの人びとの共感を呼び、農産物のブランド化につながっている。基本的に、物語は地域外に向けて発信される。自然再生に向けて、何らかの活動をしていこうとすれば、何らかの抽象的な言説によって、自らの活動の意義が価値付けられることが必要だ。そのことによって、活動を「演じる」ことができるようになる。

その性質上、物語は現実をある視点から単純化したものである。単純化したがゆえに、地域外の人も理解できる物語となりうるのである。しかし、たとえばコウノトリと人間の関係は、それほど単純ではなく、人びとの思いは多様で複雑である。「コウノトリに優しい環境は人間にとっても優しい」という物語は、曖昧である。また、コウノトリが棲める環境が人間にとっていい環境とは、単純にいえないだろう。コウノトリが棲める環境は、水害が多い環境でもある。矛盾する環境でもあるのだ。「コウノトリに優しい環境は人間にとっても優しい」という物語は、複雑さを単純化することで可能となる。

むしろ、ここで問いたいのは物語が曖昧であることによって、差異を維持した多面的な取り組みが可能になるということである。その曖昧さゆえに、様々な解釈が可能となる。一見すると矛盾する異質な価値を併存させておくことができ、それぞれの関係者が自身の取り組みを野生復帰に関連づけることが可能となるからである。異質な価値の併存を担保することによって、研究者、行政、市民といった多様な人たちが緩やかに協働する可能性を高めることができるのではないだろうか。

それに対して、生物学的価値といった一つの価値への統合が強く志向されると、研究者以外は、研究者が設定した物語を演じる単なるアクターと位置付けられるようになる。結果的に、価値をめぐる対立のリスクが高まり、多元的なかかわりを創発する可能性は減少するのではないだろうか。

これが続く第５章のテーマとなる。

第５章　「野生」を問い直す

コウノトリの巣立ちを見守る
（2007 年 7 月）

5-1 問題としての「野生」

(1) 一羽のヒナの巣立ちから

2007年7月31日、1羽のコウノトリが巣立ちした。国内では、1961年に福井県小浜市で2羽のヒナが巣立ちして以来のことであった。その現場は、兵庫県豊岡市百合地の田んぼのなかに設置された人工巣塔である（写真5-1）。付近は、ヒナの動向に一喜一憂する人たちが多数集まり、地元紙である神戸新聞が「自然界で46年振り」という見出しの号外を出すほどの騒ぎとなった。

当時、私は郷公園の研究員として、巣立ちという騒動の渦中にいながら、ある違和感を持たざるを得なかった。というのもその個体が、2006年9月に放鳥したコウノトリを親とする放鳥第2世代のコウノトリだったからである。いったい、どこからが野生の鳥といえるのだろうか。そもそも線引きすることに意味はあるのだろうか。

また、野外での定着を目的とした「給餌」に依存していることにも違和感をおぼえた（現在、給餌は行われていない）。この巣立ちは人間の管理下なのか、管理外の出来事だったのか。給餌に依存するコウノトリは野生の鳥といえるのだろうか。給餌は野生を損なうものなのだろうか。そんな疑問が浮かんできたのである。

その頃の私は、人の関与のあり方が野生復帰の主な課題であると考えていた。放鳥されてから当面は、人に依存しながらコウノトリは生息していかざるを得ないにしても、徐々に人の関与をなくしていくことが、野生復帰のめざすべき方向性であろう。では、今後、人の関与をどのようなものにしたらいいのだろうか。人とコウノトリのかかわりを再創造するという課題にとっ

写真 5–1 2007 年夏、兵庫県豊岡市百合地の田んぼのなかに設置された人工巣塔から巣立つコウノトリ。

ても、人の関与の問題は重要である。人が関与し続けること、たとえば給餌を継続的に行えば、コウノトリへの愛着、特定の個体への愛着は生じてくるだろう。そうした愛着は野生復帰にとってどのような意味を持つのだろうか(菊地 2006: 241–242)。私は、人によるコウノトリへの「関与」をめぐって、「野生」とは何かが問われていると考えたのである。

(2)「関与」としての給餌

野生復帰は、一度は絶滅した動物を飼育下で繁殖させ野外に戻すという、能動的関与に基づく自然保護の最新の取り組みである。ただ能動的な手法は、野生復帰のような最新の取り組みだけにみられるものではない。野生動物への給餌は、まさに古典的で原初的な能動的手法である。実際、給餌によって絶滅の危機を脱して生息数を増やした動物たちがいるし、そうした努力は美談として語り継がれていたりする。

北海道のタンチョウは、その代表例だ。1952年に北海道道東地区で実施された一斉調査では、33羽の生息が確認されたに過ぎず、絶滅の危機に瀕していた。大寒波が襲来したこの年、鶴居村の幌呂小学校が給餌に成功した。終戦後のこの時期、人間でさえ食べるものに困っていたにもかかわらず、弱っているタンチョウを見かけ、助けようと農家に呼びかけたのだ。1950年代から60年代にかけて小学校や住民による自主的な給餌活動が行われ、個体数は徐々に回復していった。1962年から、北海道は自主的に給餌していた人たちを給餌員として委嘱し、餌の現物支給など支援を行うようになった。官民一体となった長年の努力が実を結び、今では1,500羽を超える生息数を数えるまでに至った。この劇的な個体数の増加は、地道な住民の給餌活動を抜きに考えることはできない。私たちは、住民の善意から始まったタンチョウ復活の物語に感動し、生き物との共生に思いを馳せるのである。

コウノトリも、給餌によって絶滅の危機を脱することが試みられた動物の一つである。やはり絶滅が危惧された1960年代、「ドジョウ一匹運動」というキャンペーンのもと、兵庫県内の小中学生たちはコウノトリを救おうと餌になるドジョウを集め豊岡へと送っていた。コウノトリの野生復帰という最新の取り組みは、給餌という古くからある手法によって、その基礎が築かれたのである。

給餌は絶滅の危機に瀕した野生動物を救うための一つの手法といっていい。その一方で、給餌は様々な問題を引き起こす行為であることもよく知られている。餌をやることで個体数が急激に増加したり、人馴れをおこしてしまい、農林産物への被害を引き起こすことがある。北海道道東地区では、増えてきたタンチョウがデントコーン畑を荒らすようになっている。給餌にともなう人間への被害の発生である。野生動物への給餌は、たとえ絶滅危惧種であっても無条件に受け入れられるわけではないだろう。給餌の問題は、いまだ社会的規範として整理されていないのだ。

(3)「野生」問題

野生復帰とは、人が何らかの能動的な関与をしながら、あるべき自然の姿としての「野生」をめざす様々な取り組みの総体といえる。しかし目標である「野生」の定義は曖昧で、改めて問われることがないし、人がどのように関与していくのかもほとんど議論されることはない。

これまで見てきたように、現場レベルでは、自然再生の現状認識や給餌の是非､目的などをめぐって齟齬が見られることも少なくない。給餌は「野生」を損なうのか、それとも「野生」に向けた行為なのか。「野生」なのだから極力人は関与すべきでないのか、それとも積極的にかかわっていくべきなのか。個体への愛着は「野生」にふさわしいのか、否か。「野生」の定義そのものが争点となるのである。

ただ、私は「野生」の曖昧さが、単純に問題であると指摘したいわけではない。逆に「野生」に本質的な価値を付与し固定的に捉えてしまうと、生きものとのかかわり方や共存のあり方を固定化してしまい、地域社会との間に齟齬を招くだろう[1]。そうなると、コウノトリを野生に戻すというプロセスで構築される、コウノトリと自然とのかかわりのダイナミズムが、損なわれてしまうにちがいない。

---

[1]　柿澤宏昭は、アメリカの森林局が森林管理目標の設定という価値的で「正解」のない課題に対して、伝統的な林業技術に基づく森林局としての「正解」を押しつけたために深刻な対立を招いたという（柿澤 2001: 48）。

繰り返し述べてきたように、人里を舞台とするコウノトリの野生復帰は、研究者や行政、市民、農家、漁業者等多くの主体がかかわりながら進められるべきものである。こうした関係主体の拡大は、価値基準や現状認識が多様化することを意味しており、相反する価値を含む複数のかかわりが存在することが想定される（丸山 2007: 10–11）。人の関与の程度およびそこから生じる多様な価値や感情という具体的な問題をどのように調整し、合意形成するのかという意味において、「野生」を問い直さざるを得ない。

私は、郷公園の研究員としての業務や同僚との議論、豊岡市の関係者、コウノトリに関係する市民との話し合いなどを通じて得た情報や思い浮かんできた疑問をもとに、野生復帰の見取り図を提示することで、「野生」に向き合おうとした。本章では、まずは「野生」を関係的な概念として捉え直してみる。しかし、それだけでは、現場では何の解決ももたらさない。そこで次に、野生復帰の見取り図の提示を試み、人の関与のあり方を位置付けてみる。それに基づき具体的な出来事の分析を行い、「野生」問題を考えるための視点を提示しよう。

5–2　コウノトリの野生復帰における「野生」の定義

以前、私はコウノトリの野生復帰を「コウノトリがかつて生息していた地域社会の自然環境と文化を総体として保全・創造し、今後コウノトリも棲める地域社会のあり方を模索する試みの総体」（菊地 2006: 35）と定義したことがある。地域再生としての野生復帰である。野生復帰は総合的な取り組みであり、市民、NPO、行政、研究者等の協働が不可欠であることを意識した定義であるが、改めて見てみると「野生」についてまったくふれていないことに気づく。

「コウノトリ野生復帰推進計画」は野生復帰を「国際自然保護連合のガイドラインによる『再導入』を指し、過去における生息地またはその一部であった場所に、そこから一度、駆逐されたり絶滅した種を野生に復帰させる取り組みを言い、存続可能な個体群の確立を意図している」と定義している（コウノトリ野生復帰推進協議会 2003: 1）。存続可能な個体群の確立は目標として共有されているが、「野生」が定義されていないのはここでも同じである。「野生」はブラックボックスなのである。

もちろん、私たちは「野生」への問題に関心がなかったわけではない。郷公園の研究部長であった池田啓は、高病原性鳥インフルエンザへの対応時、家畜伝染病予防法に基づいて扱う場合と野生動物として扱う場合との両面を見定めて、野生復帰を待つ飼育下のコウノトリに対応せざるを得なかったと振り返る。そこから見えてきたのは、コウノトリの存在の「曖昧さ」であった（池田 2004）。

池田は、郷公園のコウノトリは一時的には飼育下に置かれ人の管理下にあるが、いずれその管理を離れるべき野生動物であるとの認識に基づき、動物を家畜とペットと野生動物とに明瞭に区分する。そのうえで、家畜化の度合いを縦軸にとり、横軸にこの区分に関係なく、その動物と人との関係の度合いをとり、動物の存在状態の多様さと動物分類の曖昧さを明確化しようと試みる（図 5–1）。この視点に基づき、横軸にとった人との関係の度合いが人による関与の許容度となると考える。すなわち、野生動物への関与の許容という問題を議論することが可能になる。人のかかわりが弱くなれば、関与の度合いも弱くなるだろう。

この視点から池田は、放鳥コウノトリは「飼い鳥」か「野鳥」か、という問題を提起し、放鳥コウノトリは存在として曖昧で、関与の度合いも必ずし

野生種	動物園で飼育されるタヌキ 多摩動物園のコウノトリ 大島公園のキョン	町のタヌキ 六甲山のイノシシ 郷公園のコウノトリ 東京都のカラス	タヌキ イノシシ 放鳥した個体、ハチゴロウ 八丈島キョン
ペット	イヌ、ネコ アライグマ ブラックバス	ノライヌ、ノラネコ ドバト	ノイヌ、ノネコ 北海道のアライグマ 芦ノ湖のブラックバス ワカケホンセイインコ
家畜	ウシ、ウマ、ヒツジ、ヤギ、ブタ イノブタ ニワトリ	寒立馬 岬馬 トカラ馬	イノブタ 小笠原のヤギ

強 ← 人との関係の度合い → 弱

図 5-1 人との関係の度合いで動物を分類する（池田 2004: 77）

も明確ではないとした[2]。加えて、どのような状態にあるものを野生動物と見なすのかも検討課題であるという。

池田が指摘するように、放鳥コウノトリの存在は曖昧である。たとえば、放鳥に関する法律は整備されておらず、人の占有下にあった動物を放す行為は動物愛護法における虐待行為と解釈されるかもしれない（羽山 2006: 120)。放鳥したコウノトリはどのような存在なのか、人間とのかかわりがどうあるべきかについて、明確な答えがあるわけではないのだ。

この議論は野生種とペットと家畜との明確な区分に基づいたうえで、人のかかわりの程度と関与の度合いを結びつけて考えている点に特徴がある。た

［2］ 池田啓「郷公園のコウノトリは野生？　ペット？」（連続講座コウノトリ〔郷公園主催〕、2005年7月9日、於：豊岡市立コウノトリ文化館）。

だ疑問もある。第一の疑問は、かかわりと関与の具体的内容が不明瞭な点である。野生復帰では人の関与の度合いとその内容が争点となっている。第二の疑問点は、動物の価値の多様性を十分捉えられないことである。人のかかわりによって、動物の価値はどのように変わるのだろうか。第三の疑問点は、野生種とペットと家畜の区分である。野生種とペットと家畜は、明確に区分できるのだろうか。そもそも、人のかかわりによってある動物がより野生的な存在と価値づけられたり、逆に家畜的な存在として位置付けられたりするのではなかったか。

たとえば、同じコウノトリという種であっても、人によって「野生」の感じ方が異なることはありえるだろう。私たちが実施した、人びとの野生の生き物への認識に関するアンケートにおいて当該動物を「野生」と判断した人の割合は[3]、ツキノワグマが95.9%、タヌキが95.6%、2002年に豊岡に飛来した1羽のコウノトリ（通称ハチゴロウ）が72.0%、放鳥したコウノトリが24.9%、ハクチョウが72.0%、奈良公園のシカが5.2%、シカが93.5%、野良猫が40.2%であった。生物としては同じコウノトリであっても、「野生」の感じ方がかなり違う。また注目したいのは、「野生」的と考えられるハチゴロウでさえも72.0%に過ぎないことである。人は様々なフィルターを通して生きものを認識していることが分かるだろう。

何に「野生」を見出すかは曖昧であり、「野生」を明確に区分することは困難である。たとえば、イノシシを研究している高橋春成は、アジアでは粗放的に飼育されている土着のブタがイノシシと自然交配することがあり、粗放的な管理下に置いて半野生化していると考えられると指摘した上で、イノシシとブタを区別する境界線は不明瞭であり、遺伝学的にも区別することは困難であるという（高橋 2001: 19–20）。私たちは人間からの干渉が無いとこ

---

[3] 無作為抽出した豊岡市民1000人へのアンケート。結果は未発表である。

ろで生きている生き物を「野生」と漠然と認識しているが、その境界線はかかわりの度合いの問題であり、曖昧なのである。

5-3 人と動物のかかわりとしての家畜化－再野生化

羽山伸一は様々な野生動物問題を扱ってきた経験から、以下のようにいう。「本来の生態を失った野生生物は、生きたぬいぐるみに等しい。われわれが未来の世代に果たすべき責務は、あるべき自然の姿を保全することである」「ありのままの自然に価値を求める」「進化しない生き物は野生動物とは言えないのだ」と（羽山 2001）。本来の生態、ありのままの自然、進化という言葉を使っているように、人間の干渉を受けず自然淘汰される状態を「野生」と考えているようだ[4]。

羽山は、和歌山県のタイワンザルの問題を扱うなかで、畜産学で野生動物の生殖を人が管理し、その管理を強化していく過程を「家畜化」と定義していることを理由に、避妊処置をされた動物を野生動物と呼ぶことに疑問を呈している。そして野生動物を「野生」のまま存在させようとするならば、避妊処置は許されるべきではないと主張する。つまり、人による生殖管理の有無によって「野生」を線引きするのである。

では、畜産学ではどのような議論が展開されているのだろうか。野澤謙と西田隆雄は、家畜と野生原種が交尾してできた子どもに生殖力に異常がないことから、家畜化によって新種の形成は起こっていないと指摘する（野澤・西田 1981: 7–8）。動物を家畜と野生動物に二分することなどできず、純粋に

[4] 一見、「野生」を本質化しているように見受けられるが、野生動物問題には正しい解決方法はなく、野生動物自身の問題ではなく、人間社会のありようの問題であると指摘している（羽山 2001: 9）。

野生の動物から極限まで家畜化された動物にいたるまで完全に連続しており、区切り目はないと主張する。人の関与のあり方こそが、ある動物を家畜へと移行させる要因という。そのうえで「家畜とはその生殖がヒトの管理のもとにある動物」(野澤・西田 1981: 3) と定義する。

家畜化とは「ヒトの側が初めは無意識的に、後にはそれによる利益に気づいて意識的かつ計画的に、動物の生殖を自己の管理下に置き、管理をより強化していく、世代を越えた連続的な過程であり」、「動物が受ける自然淘汰の圧力が、人為淘汰の圧力によって徐々に置き換えられていく過程」にほかならない (野澤・西田 1981: 5)。

家畜化は人と動物の相互関係のなかで起こる現象であり、双方に要因がある。自然条件として人と動物との生物としての接近があり、雑草的生態を持った動物が家畜化されるという。雑草とは、人によって攪乱された環境に適応した作物以外の植物のことであり、作物と雑草とは生態学的類似性が高く、人に役に立つものが作物で、役に立たないものが雑草と位置付けられる。この雑草的生態は動物にも見られ、スズメ類やネズミ類などはまさにそうであるという。コウノトリも雑草的生態を持った動物といえる[5]。

人間の側の条件としては、雑草的生態を持った動物を食肉獲得などの資源的利用の対象にすることがまず考えられる。また、ヒトの心のなかに存在理由がある家畜もいるだろう。精神的な利用である。学術的な目的から生殖管理に及ぶこともある。絶滅のおそれのある野生生物保護では、緊急手段として野生生物を動植物園など飼育下に持ち込んで、保護することがある。「野生」

[5] 役に立つか立たないかという視点は、人間の側のものであり、生態系という視点からすると違った評価になる。宇根豊は、田んぼにおける害虫でもなく益虫でもないただの虫の重要性を指摘し、人間にとって役に立つという視点の相対化を試みている (宇根 1996; 2001)。基本的に宇根の主張に同意するが、本章では人間が意図的に呼び寄せたのではないという意味で雑草的生態という用語を用いる。

動物の保護と増殖を目的に、生殖管理や遺伝的管理が行われるのである。

野澤と西田は餌づけという人間の行為を家畜化のプロセスの萌芽形態と指摘する。給餌は家畜化を進展させ、自然淘汰圧が人為淘汰圧によって置き換えられる。

家畜化は動的なものであり、逆行過程である再野生化もまた同様に理解すべきである。再野生化という現象は、家畜化が停滞も後戻りもあり得ることを示している。人の管理がどの程度弱まったかによって、再野生化がどこまで進行するかもある程度決まると指摘する（野澤・西田 1981: 1–32）。

ここまでの議論を整理してみよう。第一に、家畜化とは人と動物のかかわりであり、人による関与の度合いを強めていくプロセスということである。とりわけ生殖の管理を強化するプロセスといえる。第二に家畜化されるのは人と出会う動物であることだ。動物側の条件は雑草的生態を持っていることにある。人による利用としては、資源的、精神的、最近では学術的なものが考えられる。したがって家畜化の対象はいわゆる家畜に限定されることはなく、ペットや保護増殖動物も含まれる。第三に餌づけは、家畜化への萌芽ということである。野生動物への保護を目的とした給餌も含まれるが、そうした直接的な給餌に限定されない。羽山は自然界のものとは違う餌が手に入るのであれば、動物側からすれば同じことであり、その意味で農業とは餌づけであるという（羽山 2001: 102）。第四に、再野生化は、人の関与の度合いが弱まっていくプロセスである。家畜化と再野生化は、停滞もあれば後退もある双方向に開かれた複合的なプロセスなのである。

いずれの議論でも、生殖管理という関与が「野生」と「家畜」を区分する指標といえるが、「野生」と「家畜」は動的なプロセスであり、両者を本質的に区分することはあまり意味がない。家畜化－再野生化は、一方的かつ実体的な概念ではなく、双方向的、関係的な概念である。

以上の議論をもとに、横軸に人による関与の強弱を置き、縦軸に動物への

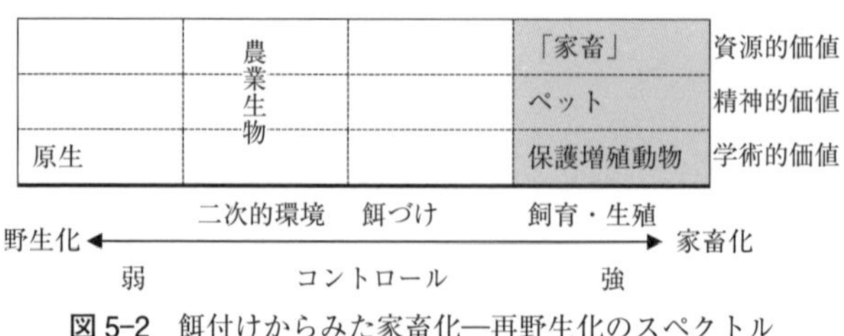

図 5–2　餌付けからみた家畜化―再野生化のスペクトル

価値を設定すると、図 5–2 になる。横軸はほとんど人の関与が及ばない状態から、田んぼや里山など二次的な自然、そして餌づけ、生殖の管理へと関与が強くなる状態を想定できる。縦軸は、人間が動物に資源的価値、精神的価値、学術的価値を見出すのかによって便宜的に線引きする[6]。いわゆる「家畜」は右上に位置することになる。「ペット」は右の真ん中に位置し、「保護増殖動物」は右下に位置する。この分類に違和感を持つ人も多いかもしれないが、自然再生や野生復帰という人の関与が重要なファクターになる自然保護を意識した分類である。田んぼに適応した「農業生物[7]」は、左から二列目に位置する。人の関与が弱く、学術的視点から価値づけられる動物は左下の「原生」に位置付けられる。一般的にイメージされる「野生」はこの象限と考えられる。

この区分は便宜的であり、現実的にはこれらの領域は重層することが多々見られるだろう。同じ動物であっても、人の関与と価値づけによってこの象限のなかを重層しながら移動する。コウノトリの保護の歴史と野生復帰の取り組みは、家畜化－再野生化の「行きつ戻りつ」というプロセスと捉え直す

[6]　さらに多くの価値を設定することは可能であろう。本章ではコウノトリの野生復帰という課題からこうした価値を設定した。

[7]　宇根豊は田んぼを主な餌場とする生きものと農業生物と名づけ、コウノトリもその生きものの一つとして取り上げている (宇根 1996: 15)。

ことができる[8]。「野生」問題に向き合うことになった私は、この図を野生復帰の見取り図として使えないかと考えたのである。

5-4 コウノトリ保護史再考

家畜化－再野生化図式に基づき、兵庫県但馬地方におけるコウノトリの保護史の再解釈を試みたい。詳細はすでに序章で論じているので、最小限の記述に留める。

但馬は江戸時代からコウノトリの生息地として知られていた。出石藩の幕末期の執務日誌をまとめた『御用部屋日記』に鳥獣害に対する百姓からの願い（陳情）が残っている。江戸後期にはコウノトリが普通に田んぼにいたのであろう。但馬でコウノトリは「農業生物」であったことが分かるが、給餌の記録はない。

明治になると、日本各地で大型鳥類の密猟が横行した。但馬でも一時期減少したが、1904年、兵庫県知事は銃猟禁止地区と定め、1908年に狩猟法の保護鳥となり、1921年3月に出石の繁殖地である鶴山が天然紀念物指定を受けた。明治後期から大正期にかけて、「給餌場」の設置、国庫補助での「給餌」などの保護策が実施され、個体数は順調に増加していった。明治後期から昭和初期にかけて、鶴山には「茶店」が開設され、多い時には1日2,000人もの見物客が訪れたという。この時期、保護のための「給餌」が実施され、人の関与が強くなった。

1943年、鶴山の松が伐採され、営巣地は広く分散してしまった。個体数

[8] 秋篠宮文仁は、鶏の家禽化モデルとして「行きつ戻りつ」過程を提示している（秋篠宮編 2000: 77）。

が減少するなか、1955年、コウノトリ保護協賛会（後、但馬コウノトリ保存会）が設立され本格的な保護運動が始まった。コウノトリは学術的な視点から価値づけられるようになった。但馬コウノトリ保存会は生息・生態調査を実施し、1959年に「人工巣塔」を設置した。1959年以降、田んぼなどを借り上げ、ドジョウ、フナなど小魚を放流しコウノトリの餌場とする「人工餌場」を豊岡市内に設置した。小・中学校の協力のもと人工餌場に供給するドジョウを集める「ドジョウ一匹運動」も展開された。この時期、人が関与を強める保護策がとられたが、個体数は減り続けていった。

1963年、巣から採卵して「人工孵化」する試みが開始されたが、ヒナはかえらなかった。1965年、豊岡市福田で1ペアを捕獲し「人工飼育」が開始された。この段階で関与はより強まり、「生殖管理」が行われるようになったが、人工繁殖は成功しなかった。「家畜化」の度合いが強まるが一方で、野外での個体群は壊滅していき、1971年に最後に残っていた1羽が保護され、1ヵ月後に死亡した。日本で生息していたコウノトリの個体群は絶滅した。

1985年、ソ連（当時）のハバロフスクから6羽の幼鳥が贈られ、これらを創設ペアにして人工飼育から24年たった1989年、はじめてヒナが誕生した。これ以降日本で生まれた個体同士によるペアからもヒナが生まれ、「飼育下繁殖」は順調に進み、2008年には100羽前後のコウノトリが飼育されている。

郷公園では、健康に飼育・管理され、遺伝的な多様性に富んだ複数のペアを創り出し、安定した飼育下個体群を形成することをめざした飼育下繁殖に関する研究を行っている。ペア作りや産卵調整など人が介入することもある。

但馬のコウノトリは、保護鳥となる過程で人による関与を強く受けるようになり、「家畜化」の度合いが強くなった。

5–5 ゆらぐ「野生」

(1) 自立促進作戦

放鳥は「コウノトリ野生復帰推進計画」に則って実施されたと述べたが、その第４章「野生復帰の方法」では、放鳥計画（案）として飼育下繁殖とモニタリング体制の構築、４つの放鳥の方法が論じられ、野生復帰の留意点として放鳥のリスク分析とガイドラインの作成が挙げられている。放鳥の方法は明示されているが、「野生」に戻すプロセス、すなわち人がどのような関与をどの程度行いながら、存続可能な個体群の確立に導くのかは論じられていない。続く第５章で「コウノトリが生息するための環境整備の推進」が取り上げられているので、人の関与は環境整備にとどまると読み取ることもできなくはない。先ほどの見取り図でいえば、放鳥後は農業生物として位置付けられることになる。

最初の放鳥は、当時の環境でも人の関与なしに生息可能との推測に基づき、2005年９月24日に郷公園で行われた。放鳥された５羽のコウノトリの行動は、自然再生という人間の行為を評価する指標でもある。だがコウノトリは、すぐに郷公園周辺に居つき、開放型の公開ケージで展示用に飼育しているコウノトリの餌に依存するようになった[9]。2006年１月に初めて遠出し、行動域が拡大すると思われたが、春になると郷公園から出ることが極端に少なくなってしまった。郷公園内では、「放し飼いだ」「半飼育状態だ」との現状認識が示されるようになる。私は放し飼い状態も野生復帰であると考えていた

[9]　公開ケージで飼育しているコウノトリは風切り羽を切られ、飛べない状態になっている。このコウノトリたちに与える餌を目当てに、放鳥コウノトリが公開ケージに入るようになったのである。

が、議論を重ねるなかから、コウノトリの行動によって環境を評価することも必要だと考えるようになった。

その頃、郷公園前の祥雲寺拠点では別の放鳥方法が試されていた。「羽切り済みのペアを屋外ケージがある拠点で飼育・繁殖させ、巣立ちした幼鳥を自由にさせる」という方法である。幼鳥を「野生」に戻していく方法であり、「半飼育」で育った幼鳥の行動が注目された。しかし、拠点と郷公園が目と鼻の先であることから、放鳥されたコウノトリと行動をともにし、放し飼い状態になってしまうことが懸念された。現状では新たな放鳥方法を評価できないし、コウノトリの行動によって自然再生を評価できない。巣立った幼鳥に園外にエサ場があることを覚えてもらう必要がある。「野生復帰を実現するためには、餌を公園に依存せず、園外において自力で取る力をつけさせることが必要」と判断した郷公園は、2006年8月3日から「自立促進作戦」を行うことにした。公開ケージで展示用に飼育されているコウノトリを順次収容し、放鳥コウノトリが餌を食べられないようにする作戦である。「野生」は自立と不可分なのである。この作戦は「自立」「野生化を促進」「荒療治」と地元新聞各紙で取り上げられた。

8月7日に開催された「コウノトリ野生復帰推進連絡協議会」では、「周辺住民にも情報提供を」との要望や「幼鳥の鳴き声に心配する住民の声がある」などの発言があった。郷公園は、幼鳥はわずかしか餌を採れない日もあるが、「動物の子は親に甘え、鳴くと親が餌を与える。それを親や人が切らないと」自立できないと説明した。自立促進作戦の結果、コウノトリたちの行動範囲に一定の広がりが見られた。

ところが、8月17日、郷公園は自立促進作戦の中止を発表した。市民からの「死んだらかわいそう」「餌を求めて鳴き続ける幼鳥がかわいそう」といった声や、豊岡市からの「生息環境の回復は不十分であり、給餌するのは当然」との意見から、現状では理解を十分に得ることができず、野生復帰の推進に支障が生じると判断したからである。

郷公園は関係者への情報提供の重要性を改めて認識した。しかし、問題はそれだけだったのだろうか。郷公園あるいは研究者の考える「野生」が「正解」として位置付けられることへの違和感が表明されたといえないだろうか。研究者の考えとは、生息環境は現状でも十分であり、基本的に人が関与することなく、コウノトリが努力して自立することが野生復帰であるというものである。そのベースには、人が関与しないのが「野生」という認識がある。それに対する「かわいそう」という声は、一見すると感情的な反応と思われる。感情的な側面があるのは確かだが、反対した人たちは生息環境の回復は不十分との現状認識に基づき、基本的に人が関与するのが野生復帰であると考えている。コウノトリのことを「ほっとくこと」ができないのである。序章で述べたように、「ほっとけない」とは、自然とかかわりたいという一貫した主体性をあらわすものではない。目の前にいるコウノトリに出会い、その困難（と考えられるもの）を自らのものとして感じ取る能力を表す言葉であり、その発露としてのかかわりである。そうした心象はコウノトリの無事を第一義とすることから、「無事」というかかわりとしよう。無事が人の関与の基準なのである。努力すべきなのはコウノトリよりも人である。人が積極的に関与することが、放鳥した人間の責任であるとの考えを示す人もいる。

自然再生の現状をコウノトリの行動によって判断することは科学的妥当性があり、研究者の目線に立てば自立促進作戦は十分に意義のあることであった。しかし、それに対してコウノトリに負担を与えてまで科学的データを取ることに疑問が投げかけられたのである。コウノトリは文化的・社会的存在であり（菊地 2006）、けっして科学的目的のためだけに放鳥されたわけではない。「野生」を定義するのは郷公園だけではない。私は、地域になじんだコウノトリの野生復帰をめざすために、地域社会で培われてきた感性や知恵、すなわち現場知の重要性を指摘した（菊地 2006）。コウノトリのことを「ほっ

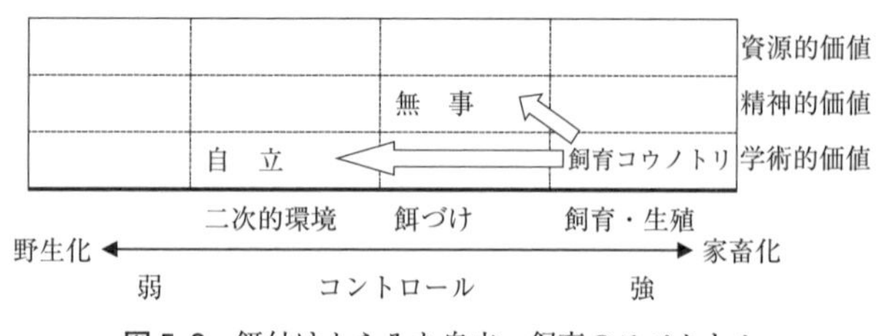

図 5-3　餌付けからみた自立―飼育のスペクトル

とけない」気持ちから、どのような自然とのかかわりが創出されるのかを問う必要があるだろう。

この作戦を通して、郷公園と市民や行政との間に「野生」の定義のズレが顕在化し、野生復帰の目的や人の関与のあり方が問い直されたといえるだろう。見取り図でいえば、郷公園は二次的環境と学術的価値が交差する象限にコウノトリを位置付けていたのに対し、反対する市民たちは、給餌という関与によってコウノトリの精神的価値を実現しようとしていたといえる（図 5-3）。

私が巣立ちという騒動の渦中にいながら持った違和感は、「野生」化に向けた給餌の論理が揺れ動いていることを目の当たりにし、給餌と「野生」の関係が曖昧なことに気づいたからだったのである。

(2) 給餌の論理

この作戦で郷公園は、「給餌はコウノトリの行動をコントロールする技術」という考え方を採用する。場合によっては「定着」をめざした給餌を行うことにしたのである。2006 年 9 月に、豊岡市河谷の拠点から放鳥されたコウノトリは、自力で餌を採っていたが、1ヵ月後に郷公園に戻ってきてしまった。このままでは、2005 年に放鳥したコウノトリと同じ道 ── 郷公園での

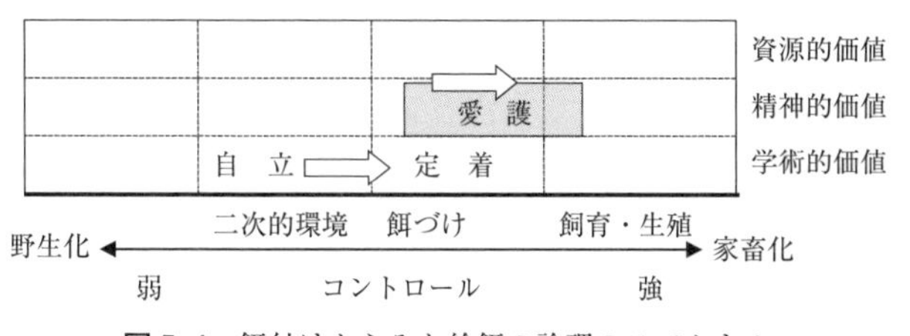

図 5-4 餌付けからみた給餌の論理のスペクトル

放し飼い状態 ── を歩むことになると考え、河谷拠点での給餌を実施した。その結果、コウノトリは河谷周辺に定着し、ペアを形成し、産卵した。冒頭のヒナは、この給餌されたコウノトリを両親にしている。「野生」化のために給餌を行うことにしたのである。その一方で、給餌に依存しない個体も徐々に増えてきている。郷公園の「野生」化に向けた当面の方針は、「自立」から「定着」へ転換した。給餌はコウノトリの「野生」化を促進しないので、基本的には望ましくないが、「定着」という科学的・政策的目的のために行っていく。けっして、繁殖を手助けするものではないのである（図 5-4）。

(3) 給餌からの段階的脱出

2007 年の 1 羽の巣立ちに続き、2008 年には 8 羽のヒナが巣立った。その後は毎年 10 羽前後が巣立ち、2011 年には放鳥したコウノトリの孫である第 3 世代が誕生している。2016 年現在、約 90 羽のコウノトリが野外で生息するまでになっている。郷公園はモニタリングを継続的に行い、コウノトリがおおよそ半径 2 キロメートルのなわばりを形成することなど、コウノトリの行動、生態などに関する発見を発表している（兵庫県教育委員会・兵庫県立コウノトリの郷公園 2011）。

2011 年、郷公園と兵庫県教育委員会は科学的研究成果を検証し、これからの本格的野生復帰を目指した「コウノトリ野生復帰グランドデザイン」を策定した。短期目標である「安定した真の野生個体群の確立とマネジメント」では、豊岡盆地個体群と飼育個体群の維持などとならんで、給餌からの段階的脱出がかかげられている（兵庫県教育委員会・兵庫県立コウノトリの郷公園 2011）。

郷公園が考える野生復帰の生物学的目標は、存続可能な野生個体群を確立することであり、そのための必要条件の一つは、コウノトリの野外個体が給餌に依存することなく生存し、繁殖していくことである（大迫・江崎 2011）。豊岡盆地のなかで、一定数の個体が「定着」するなかで、郷公園の「野生」化に向けた方針は、再び「自立」へと転換したのだ。

給餌からの段階的脱出に関して、どのような取り組みが行なわれてきたのだろうか。先に述べたように、放鳥されたコウノトリのなかには、郷公園内の屋根のない飼育ケージ（オープンケージ）に侵入し、そこの餌に依存するものが多く存在した。自立という観点からは、この状態は好ましくないが、豊岡市、見学者等への配慮から、対策は実施されずにいた。

ところが、思いかけず「自立」の条件が生まれた。2010～2011 年冬期に、日本で発生した鳥インフルエンザの防疫のため約 2ヵ月にわたって、このオープンケージが閉鎖されたからである。その結果、オープンケージでの飼育が再開されても約半数の個体が同所の餌に依存しなくなり（大迫・江崎 2011）、1 年後も飼育用の餌に依存する個体の割合は減少したままであった。だが、その後、それ以上の減少は確認されていない（コウノトリ湿地ネット 2013c）。

また、定着促進のために、2006 年から河谷で給餌していたペア（2007 年に巣立ったヒナの親鳥）に対して、2012 年 1 月より給餌を実験的に削減したところ、このペアの餌をとる時間が増加していることが確認された。

郷公園は科学的視点に基づいた「自立」という考えにしたがい、給餌から段階的に脱出する取り組みを進めている。このことによって、自然再生の現状をコウノトリの行動によって判断することもできるようになる。ただ、人間の手による給餌はないにしても、飼育用の餌に依存している個体がいるなど不十分な段階であり、生息環境の整備も含めて、これからも新たな対策を考える必要がある（大迫 2012）。コウノトリにばかり自立を求めるのではなく、生息地の整備といった人間の努力もまた求められているのである。

5-6 「ほっとけない」からの給餌

(1) 市民による給餌

2008年、放鳥コウノトリのペアが相次いで誕生し、ヒナが生まれた。コウノトリにかかわる市民らが心配するのは、生息環境の未整備と餌不足であった。コウノトリが生息していた昭和30年代、長靴を履いてジルタに行くと、ドジョウが土のなかにもぐる音がしていたとの話がある。1匹、2匹ならそんな音はしない。それほどドジョウが多かったというのだ。そうした「記憶」を持っている人たちからすると、ドジョウがもぐる音が聞こえない現在の田んぼは、生息環境として十分整備されているとは思えないのであろう。短期間で生息環境は回復しない。これからが、自然再生の本番なのだ。子育て中のコウノトリを「ほうっておく」わけにはいかない。コウノトリを観察する市民のなかから、人工巣塔に営巣しているコウノトリに、給餌する人たちがあらわれた。

コウノトリに関心がある市民たちによって2007年9月に設置された「コウノトリ湿地ネット」（以下、湿地ネット）は、営巣した豊岡市戸島で2008年3月から給餌を実施してきた（現在、給餌は行っていない）。給餌するだけではなく、生息地再生に取り組んでいる。第6章で紹介する小さな自然再生である。

湿地ネットは、長期的な時間軸でみると、徐々に人の関与をなくしていく方向性は研究者たちと共有しているという。ただ違うのは、保護の歴史のなかで人は関与し続けたのであり、放鳥しても関与はすぐには変わらないとの考え方である。

湿地ネットの給餌に関する基本的な考え方は、「無原則恒常的な給餌でない目的意識的給餌はコウノトリ野生復帰の現状において一定の手段として許される」(湿地ネット 2010b) というものだ。2011年5月に発刊された湿地ネットのニュースレターである『パタパタ』13号で、代表の佐竹節夫氏は、いまだにコウノトリが生きていく上で必要な餌量という (科学的な) 数値が分かっていないとしたうえで、対処するための基本項目として以下を挙げた。

一つ目は1羽1羽が非常に貴重であることである。だが、その生態はよく分かっていない。二つ目は、野生絶滅時点より環境は悪化しているが、環境再生の取り組みは緒に就いたばかりであることである。三つ目は、普通の野鳥として生息するには、相当な年月 (多分、数十年の単位) を要することを想定し、それまでは個体の保護と環境づくりに邁進する必要がある。にもかかわらず、現状では個体への支援が不足している。四つ目はコウノトリに関心ある人は、少しでも多く観察し、情報交換しながら学習していくことが大切であり、わずかでも水辺づくりに行動することが重要である。

佐竹氏は生息環境が整備されるまでの個体への支援活動が給餌であるという。続けてこう指摘する。「給餌は是か非か」の一般論ではなく、個体の動向、その年の気候の状況、人間の取組みの進展具合、長期的な展望などによって、判断されるべきだという。この方針から、湿地ネットは豊岡市戸島の繁殖ペアに対して給餌してきたと主張する。その一方で、2012〜13年の冬は、コウノトリが郷公園に駆け込まないことから、餌量は足りていると判断し冬期の給餌を行わないことにした(湿地ネット 2013a)。コウノトリの動向を観察し、試行錯誤しながら判断していることを表している。

湿地ネットの取組みは、第一にコウノトリをはじめとする生きものへの「愛情」、第二に「実践」という基本姿勢によって行われており(湿地ネット 2012a)、「餌生物がいない場合は、繁殖を給餌で支援することは野生復帰にかかわるものとして当たり前のことであり、『見守る』などの綺麗事は論外」だという(湿地ネット 2012b)。見守るのは愛情と実践性に欠ける行為だという。

(2) 給餌から市民調査へ

ある人が給餌をしていると、コウノトリが数メートルまで近づいてくることがあるという。このようにコウノトリとかかわるなかで、地元のコウノトリという意識が芽生えるようになる。地元のコウノトリが一番「かわいい」という。家族からは「コウノトリは家族以上の存在だね」と言われている。コウノトリが無事にいてくれて、ヒナが育っていくことが市民の誇りになるという人もいる。湿地ネットは、コウノトリの生息地づくりや支援活動を行う中で、人と自然が共生する豊岡の実現が市民一人一人の課題になっていくことが重要だという(湿地ネット 2013b)。

第3章で見たように、私が2002年に行ったコウノトリの聞き取り調査では、「かわいい」という語りはほとんどみられず、「うちのコウノトリ」という語りも皆無であった。それに対して、給餌活動によって生息数が大幅に増加した北海道のタンチョウに関する聞き取り調査では、給餌によるタンチョウの「家族化」が見られ、豊岡のコウノトリとの違いを実感した[10]。特徴的

[10] 私は、2004年以降、約20名の給餌人からタンチョウへのかかわりを聞く調査を

なのは、コウノトリが農作業をはじめとする日常の些細なことと関連づけて語られるのに対し、タンチョウは餌やりという、ある意味で特別な行為とともに、子どもの誕生、病気といった家族の出来事と関連づけて語られることである。

タンチョウの場合は保護、とりわけ給餌というかかわりに特化している。コウノトリとは、田んぼなどの私有地と共有地が曖昧な空間でかかわっていたが、タンチョウとは私有地でかかわることが多い。給餌が敷地内や農地という私有地で行われるからであろう。家の中から見える場所にタンチョウがやってくることも少なからずある。時には「ウチのツル」と語られることもある。タンチョウと人間の間には、様々な軋轢がある。給餌をしているツルが農作物被害を引き起こせば、「ウチのツルが悪さをしてすいません」と謝る人もいるのである。あえていえばコウノトリは「ムラの鳥」という意識であるが、タンチョウは「ウチの鳥」という意識といえるかもしれない。

また人と鳥の生活域の重なりの違いも大きい。コウノトリの行動圏は、通年にわたって人の生活圏とかなり重複するが、タンチョウは繁殖期と越冬期で生活域が変わるため、タンチョウの行動圏と人の生活圏が重なるのは基本的に越冬期である。そして越冬期、人が野外で活動を行うことは多くない。タンチョウとのかかわりがコウノトリと比べると一元的なのは、人の生活域との重なりがコウノトリに比べて少ないことも要因となっているかもしれない。

こうした語りの違いは、コウノトリの調査は農家を中心とした一般住民であるのに対し、タンチョウの調査は給餌人というある意味特殊な人たちを対象にしていることが大きく影響しており、単純に比較をすることはあまり意味がない。今後研究を進めていきたい（菊地 2013a: 190–191）。

それはともかく、豊岡でも、給餌によるコウノトリの家族化が見られるよ

行った。

うになったといえよう。動物観を探求する石田戢は、動物の保護だけでは満足できず、愛護という言葉が使われるようになったと指摘する。餌やりという行為は愛情の発露としてあり、「精神的な満足感を満たす」「動物との関係をつなぎとめたい」(石田 2008: 193–194) ものと判定できるという。一方、動物への給餌が爆発的に個体数を増加させ、動物を人馴れさせてしまうという問題も指摘されている。実際、タンチョウでは人馴れが問題になっている (財団法人日本野鳥の会 2007)。

湿地ネットによる給餌活動は、コウノトリとの直接的、身体的なかかわりのあり方であり、「愛護」という精神的価値を新たに創出している。ただし、湿地ネットは愛護団体と自己認識しているわけではない。湿地ネットのある会員は、私にこう問い掛けてきた。「農家は育む農法に取り組むことで、野生復帰に参加することができる。では、市民はどうやったら野生復帰に参加できるのだろうか」と。コウノトリが放鳥され、目の前でコウノトリが飛んでいる。そうした光景が日常化するなかで、コウノトリを連日観察し、記録を蓄積している人たちが現れた。観察が生活のリズムになっている人もいる。こうした市民たちは個体を識別し、その個性的な行動やペアの動向に一喜一憂している。コウノトリの生態や餌生物、採餌環境等に関する調査を進めている。市民の目によるモニタリングである。コウノトリへの身体的なかかわりから生じる愛護を一つの軸にしながら、地域環境を見直し、生息環境の整備に向けた活動を展開し、コウノトリの採餌調査など市民調査[11]も行っているのだ。こうした活動から地域専門家が誕生し、新たな現場知が生み出されつつある。こうした能動的な活動は、野生復帰によって新たに展開した人と自然のかかわりのダイナミズムであり、環境創造の主体形成という点からも、コウノトリの野生復帰を重層的な取り組みにする。

[11] ここでは、市民の問題関心に基づく市民による調査といっておこう。

近年、地域の身近な自然を守るために、博物館のような社会教育施設を拠点にした多数の市民による環境モニタリングの可能性が唱えられている（鷲谷・鬼頭編 2007）。背景にあるのは、人手が足りないという現実的な問題だけではなく、積極的理由もある。コウノトリの野生復帰のような社会的な課題の解決を目指した研究では、職業的な研究だけではなく、住民・市民の目線での調査・研究が求められるからである。

研究者は、基本的に自立可能な個体群の確立、生態系の回復という目線からモニタリングするのに対し、市民は個体の目線、とりわけ「無事」にやっていけるかという目線からモニタリングする。現場でコウノトリをよく見ているのは、そうした市民であったりする。

とりわけ包括的再生としての野生復帰という視点からすると、「自分の社会を自分で作ってゆく」（宮内 2003: 186）仕組みとして市民調査の展開が期待される。課題は、市民の主体性（能動性）と専門性の獲得をいかに両立するかである（立澤 2007: 44）。プロジェクトに参画する専門家の専門性と市民調査へのかかわり方が問われている。

5-7 「野生」とは何か

(1) 給餌と「野生」の曖昧な関係

羽山は給餌を人間と野生動物のかかわりのなかで最も古くからある方法とする一方、現代社会で餌づけが無条件で認められることはないという（羽山 2001: 101）。給餌の問題がいまだ社会的規範として整理されていないなか、給餌を止めることは難しい。だからといって、無条件で行っていいともいえない。では、どうしたらいいのか。人びとの給餌への態度は、何に「野生」

を見いだしているかによって異なっている。しかしながら、これまで繰り返し指摘してきたように、何をもって「野生」と呼ぶかは、じつに曖昧で論争的である。そもそも給餌によって「野生」は損なわれるのだろうか。仮にそうであるとすれば、明治期にはコウノトリは「野生」を失っていたことになる。そう考えるならば、一体どこに野生復帰の「目標」を設定したらいいのだろうか。たとえば、給餌をしていなかった江戸時代に設定することになるのだろうか。ただ、これは現実的な目標ではないだろう。

野生動物との共存という理念は共有されていても、多くの現場でその実現が困難な状況にある理由の一つは、「野生」の定義が曖昧なことにあるのではないだろうか。ただ、どこに違いがあり、どこに一致点があるかをお互いに知り合うことができれば、協調することは可能であるはずだ。では、その条件とは何か。

湿地ネットはもとより、郷公園も人の関与そのものを否定している訳ではない。両者とも、それぞれの目的にしたがって給餌を行ってきた。学術機関でもある郷公園は、野生復帰の生物学的目標の達成という学術的な目的、すなわち基本的に「野生」とは「自立」であるという考えにしたがって給餌の是非を判断している。野生復帰には不確実性が伴うため、給餌の中止などの取り組みには実験的側面が伴ってしまう。湿地ネットは、基本的に「野生」には人の関与が必要であるとの観点から給餌を位置付け、コウノトリの生存や繁殖が「無事」に行われるために給餌を行っている。「無事」ということを判断基準においているため、実験的側面についてはかなり厳しい批判を展開している。給餌を軸に、地域の見直しや市民調査といった動きが出てきていることは、人と自然のかかわりの創出という視点から評価できる。ただ給餌がどの方向に向っているかは確認したほうがいいだろう。

見取り図でいえば、郷公園は二次的環境と学術的価値が交差する象限にコウノトリを位置付けていたのに対し、湿地ネットは、精神的価値をベースに

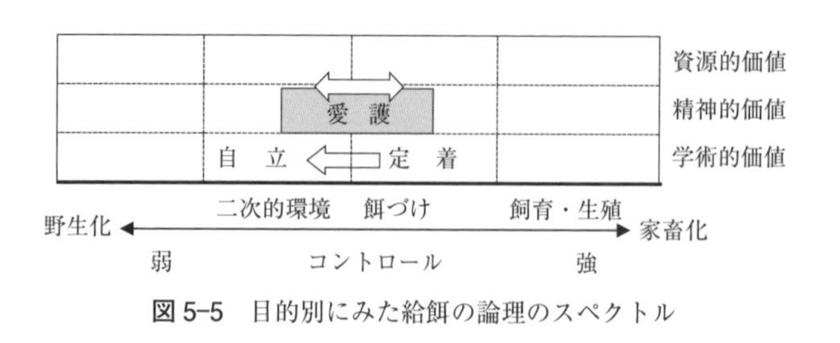

図 5-5 目的別にみた給餌の論理のスペクトル

二次的環境と餌付けの象限を行き来している（図 5-5）。

(2) 曖昧な「野生」による価値創出

野生復帰は、コウノトリの再野生化という一方向に進んでいるのではない。本章で取り上げなかった対応に、近親交配の阻止がある。近親交配が進むと、生存率、繁殖率が低下する可能性が高まることをふまえ、郷公園は近親交配を避けて多様な血統を残すため、兄弟婚を阻止する方針をとっている。この考えに基づき、ペアになった兄弟婚のオスを回収した。郷公園は遺伝的管理という科学的目的のための「生殖管理」という関与を行ったことになる。この対応は、再野生化－家畜化の図式に従えば、「野生」化という名目で家畜化を強めているといえる。一度再野生化の方向に振れながらも、再び家畜化に振れている。

1羽のヒナの巣立ちでおぼえた違和感は、私自身がこの再野生化と家畜化という「行きつ戻りつ」のプロセスをよく理解していないがゆえに生じたものかもしれない。

「行きつ戻りつ」のプロセスで、人の関与のあり方をめぐって見られる「野生」の定義のズレ、意見や感情のすれ違いは、すぐに解決できるようなものばかりではないだろう。第3章でみたように、私はコウノトリの聞き取り調査から、人とコウノトリの間には矛盾する関係があることを明らかにしたが

(菊地 2006)、野生復帰という取り組みそのものも、また矛盾する側面を持っている。野生復帰は不確実性を前提にしながらも科学をベースにしなければならない。科学的な目的を達成することが野生復帰において求められるが、そのためには広範な市民の参加が得られなければならない。コウノトリは学術的価値を持っているとともに、精神的価値も有している。「野生」という名で人の関与を強めたり弱めたりする。「野生」は目標であるが、たえず揺れ動いている。

コウノトリの野生復帰では、不確実性と矛盾が不可避であり、こうした課題に対して「正解」が出せるわけではない。だからこそ、どのような価値に基づき、どのように人が関与しながら、野生復帰を推進していくのかという見取り図が必要となるのだ。それによって、どこにすれ違いがあり、どこに一致点があるかをある程度見通すことができるようになる。本章では不十分ではあってもその提示を試みたが、対立や矛盾の解消に向けた道筋を示すものではない。

ただ、対立や矛盾は解消すべきものというよりも、むしろ常に課題に挑戦させ続ける緊張を与えてくれるものと捉えたほうがいいのではないだろうか(柿澤 2000: 193; 菊地 2006: 248–249)。野生復帰という物語の中核を占める「野生」が曖昧であることは、逆説的であるが、様々な主体や活動を緩やかにつなぐ、多義的な概念として「野生」が機能しうることを意味している。「野生」が曖昧であるがゆえに、様々な解釈が可能となる。そのことにより、一見すると矛盾する異質な価値を併存させておくことができ、それぞれの関係者が自身の取り組みを野生復帰に関連づけることができる。結果的に、価値の対立リスクが軽減されるとともに、複数の価値を実現しうる多元的なかかわりを再生する可能性が広がっていく。

もう一つ指摘したいことは、「再導入」という生物学的な用語ではなく、「野生復帰」という人びとが直感的に理解でき共感しうる物語的な言葉を用いることにより、「野生」というコウノトリのブランド化が可能になることである。「野生」は活動に「もっともらしさ」を加えてくれるのだ。コウノトリを軸に自然の再生が進み、環境と経済をつなぐ取り組みや農業の再生をめざした取り組みが展開されているように、コウノトリは資源的価値を有している[12]。研究者、行政、市民といった多様な人たちが緩やかに協働する可能性を高めているのは、曖昧な「野生」によって異質な価値の併存を担保することができるからである。

それに対して、生物学的価値といった一つの価値への統合が強く志向されると、研究者以外は、研究者が設定した物語を演じる単なるアクターと位置付けられるようになる。結果的に、価値をめぐる対立のリスクが高まり、多様な取り組みを創発する可能性は減少するだろう。

コウノトリの野生復帰において「野生」は、政策化され科学化され運動化された「野生」として現出するのだ。

(3)「野生」を飼いならす柔軟な仕組みへ

本章では、「野生」の曖昧さが持つ意義を強調してきた。それは実態ではなく、操作できる概念として「野生」を捉えていく視点の重要性でもあった。だからといって、何でもありと言いたいわけではない。大事なことは、様々な関係者が「野生」という概念を飼いならして、多元的な価値を創出することである。そのための提案を示して、本章を終えたい。

第一に、科学的な研究が必要不可欠であることである。科学は不完全では

[12] 生物学的な再導入という用語ではなく、野生復帰という用語を用いることにより、「野生」というコウノトリのブランド化が可能になる。本章で見た「野生」をめぐる問題は、コウノトリのブランド化のための社会的コストとみることも可能かもしれない。

あってもベースとなる考え方や多くの人たちが共有できる知見を導き出すことができる。たとえば、給餌に関する社会規範が確立していない中、「ほっとけない」という気持ちからの関与は、得てして行き過ぎてしまうことがあるかもしれない。それに対して、科学がもたらす知見は重要な指針になる。市民には科学の知見を尊重することが求められる。研究者に求められることは、問題解決志向であることと、多くの人びとがその知見を共有できるようにしていくことである。このことにより、科学は生きた知識となる。ただし、研究は研究者だけが行うものではない。コウノトリの野生復帰では、活動から地域専門家が誕生し、新たな現場知が生み出されつつある。

この問題において、私のような環境社会学者が果たしうるのは、文脈を構築する役割である。「聞く」ことから問題の構造を包括的に捉える環境社会学の志向性は、多元的な価値観を調整し、統合する技能を潜在的に持っているともいえる。本章で提示した見取り図は、その一例である。

第二に、試行錯誤を保証していくことである。当たり前だが、科学は万能ではない。野生動物との共存においては、むしろ分からないことばかりであり、「失敗」はつきものだ。したがって、「うまくいくモデル」を考えること自体に無理があり、試行錯誤していくしかない。大事なことは、うまくいかない時にできるかぎり検証し、その結果をもって対応や行動を修正していくことである。そのためには、曖昧な領域を確保することにより、硬直化を回避し、仕組みを動かし続けることが大事である（宮内編 2013）。市民や研究者といった関係者が参加する仕組みづくりのためには、行政が重要な役割を果たすが、そのためには、失敗を恐れず試行錯誤する勇気が必要だ。

第三に相互学習の場をつくることである。野生動物は様々な価値を持っている。コウノトリは絶滅危惧種で生態系のトップに君臨する生物である。また、環境創造型農業を推進する象徴的存在であり、重要な観光資源でもある。大事なことは野生動物とかかわっている人びとの考え方や価値、感情を相互に学び、試行錯誤しながらつなげ、相違点が大きな対立や矛盾にならないようにしていくことである。さらにいえば、対立や矛盾があっても様々な活動を創出していくことである。

そのためには、地域も「最適な専門家」を選択できる「目利き能力」が求められる（敷田・森重 2006: 202–203）。野生復帰を推進するには、市民と専門家との間に緊張感を持ちながらも信頼ある関係を築くことが不可欠である。参加する市民も研究者も地域にこだわり、地域を見直し、よりよい地域を創ろうとする意識をベースに、相互に学ぶことが求められる。「聞く」という手法を持つ環境社会学者には、専門家と市民をつなぐ専門家としての役割が期待されているのである。

第６章　小さな自然を再生する

兵庫県豊岡市田結地区のコウノトリ日役。灼熱の太陽の下、２時間ほど汗を流す。

6-1 小さな自然再生

第5章で述べたように、コウノトリは単なる「野生」動物ではない。野生復帰という大きな物語性を帯びた文化的、社会的な生き物であり、多元的な価値が付与されている。第4章では、コウノトリが、農業を維持するという新たな価値を帯びた生き物へと変貌している様子を見た。農家はコウノトリ育む農法に取り組むことにより、田んぼで色々な生き物を見るようになり、それらの生き物とのかかわりも創出されている。生き物を細かく分類して観察する農家も生まれているし、田んぼの中が面白いという農家もあらわれた。この農法に取り組むことによって、自然へのまなざしが変わってきている。

その一方でこの農法は、土地が集約できる、水の管理がうまくできるなど、相対的に良好な農地条件がととのった地域で推進されており、条件不利地や小規模農家には取り組みにくいことも確かである。コウノトリ育む農法が拡大する一方で、営農するには条件が悪い棚田や谷筋の田んぼは放棄がすすみ、荒れた農地が広がっている。

では、こうしたいわゆる条件不利地域では、コウノトリの野生復帰という「物語」を軸に、どのように新たな価値を創出することができるのだろうか。本章では、「小さな自然再生」[1]によって、放棄した田んぼをコウノトリの生息環境として創り変えているある村の取り組みを見てみよう。この取り組みから、野生復帰という物語の生活への組み込み方を考えてみたい。

---

[1]　「小さな自然再生」研究会によれば、小さな自然再生とは、小規模で速やかにかつ低コストで行うものである。小さな自然再生を満たす条件とは、第一に自己調達できる資金規模であること、第二に多様な主体による参画と協働が可能であること、第三に修復と撤去が容易であること、であるという。http://www.collabo-river.jp/about/（最終アクセス日：2016年11月11日）

6-2 小さな村の大きな出来事

(1) コウノトリが選んだ村

兵庫県豊岡市の北端にある田結（たい）地区。日本海に面し、古くから半農半漁の生活が営まれていた52世帯の小さな村である[2]。西光寺というお寺には、代々の住職が日々の出来事を書き留めた日誌が残っている。「午前十時頃前の田に鶴飛び来ん」。初雪だった1936年12月3日の日誌だ。鶴とはコウノトリだったに違いない。第3章で見たように、この頃、コウノトリは「ツル」と呼ばれるのが一般的だったからである。この日以降、この村にコウノトリが舞い降りることはなく、久しい間、コウノトリは村人の記憶のなかから消え去っていた。

それから七十数年が過ぎた2008年の4月下旬。田結地区の人の気配がほとんどない静かな谷あいに、大きく白い一羽の鳥が舞い降りてきた（写真6–1）。西光寺の住職の奥さんは、何度か姿を見て、その鳥はコウノトリであると確信した。戦後生まれの彼女にとって、村でコウノトリを見るのは、初めての経験である。その姿に「ドキドキ」し、「よう田結を選んでくれたなぁー」と思ったと言う。コウノトリからすると、田結地区は、数多くある餌場の一つに過ぎないかもしれない。だが、奥さんは予感していた。「何かが変わるんじゃないか」と。

田結地区の田んぼの多くは、標高100〜200メートル程度の山に囲まれた

---

［2］ 田結地区は、豊岡市の北東部に位置し、円山川を挟んで城崎温泉の対岸の北側に位置する。第二次大戦後には80戸あった戸数が52戸にまで減少し、また一戸あたりの成員も減り、過疎化・高齢化が進んでいる。60歳以上の世帯主が半数以上を占めている（石原 2011）。

写真6-1　豊岡市の北端、田結地区の放棄水田に降り立ったコウノトリ。(提供：大平幸次郎氏)

谷沿いにあるため、耕作は困難をきわめた。取り巻く条件は厳しかったが、村人たちは田んぼや海、山といった地域の環境を共有し利用することで、生活を組み立ててきた。しかし、生活を組み立てていた田んぼは、減反政策をきっかけに奥から徐々に耕作放棄されるようになり、さらに近年では後継者不足やシカやイノシシの獣害によりその傾向は急激に加速した。そして、2006年を最後に、すべての田んぼが放棄されてしまった。村人たちは田んぼがあった場所に寄りつかなくなり、その存在を意識することもなくなりつつあった。共有してきた環境を忘れ去ってしまったかのようだ。

コウノトリが降り立ったのは、そんな放棄されてしまった田んぼであった。コウノトリが飛来したことがきっかけとなり、村人とともにNPOやボランティア、研究者、行政といった多様な主体がスコップ片手に小さな自然再生に取り組み、放棄水田をコウノトリの生息地として共有するようになるのである。

(2) 小さな自然再生によるコウノトリの生息地づくり

村人たちは、いったんは意識の外に追いやった田んぼを、コウノトリの生息地という新たなまなざしから、意識化するようになった。

近年、生物多様性の視点から田んぼの重要性が指摘され、農家の営みが注目されている。ただ、この小さな村の人たちは、研究者やNPOと同じまなざしで、放棄水田に働きかけているわけではないだろう。科学的な目標だけでは、半農半漁の生活を営んできた村人たちの行動を支えていくだけの説得力を持つのは難しいに違いない。にもかかわらず、村人たちは、コウノトリが飛来してきたことをきっかけに、田んぼをコウノトリの生息地として、多様な主体とともに共同管理しようとしているのである。

それではいったい、田んぼという環境の持つ価値の多元性のなかで、小さな自然再生によるコウノトリの生息地の共同管理は、いかに成り立っているのだろうか。本章ではこの点を明らかにすることを通して、ともすれば生活からかけ離れがちな自然再生の取り組みを、生活に根ざした多元的な活動へと仕立て直す要件について考えてみたい。

(3) 試行錯誤による小さな自然再生

田結地区から約3キロ南に豊岡市立ハチゴロウの戸島湿地（以下、戸島湿地）がある。これまで何度か紹介したように、全国的に甚大な被害をもたらした2004年10月の台風23号が過ぎ去った後、豊岡市戸島地区の田んぼにハチゴロウと呼ばれる野生のコウノトリがしばらく滞在した。このことをきっかけに、圃場整備中だった田んぼの一部をコウノトリの餌場となるべく整備したのが、この湿地である。

戸島湿地の管理・運営は、コウノトリ湿地ネット（以下、湿地ネット）が担っている。コウノトリの採餌場所となる湿地の保全・再生・創造に取り組み、人と自然が共生する社会づくりに寄与することを目的としている団体であり、コウノトリに関する市民活動の中心となっている。戸島湿地では、2008年から毎年コウノトリの繁殖が観測されている。

2008年に田結地区の放棄水田に降り立ったのは、戸島湿地で営巣していたコウノトリである。ヒナに与える餌を探しに来ていたにちがいない。このことを契機に、放棄水田はコウノトリの生息地として、俄然、外からの注目を集めるようになった。

コウノトリが飛来してから間もない2008年5月、湿地ネット関係者らは、コウノトリを探索した後、放棄水田のなかに足を入れた。湿地ネット関係者らによると、放棄水田はところどころ漏水するなど、かなり荒れている状態だったという。田んぼは、集落より奥にあることもあって、荒れていても「目を向けなくてもすんでいた」。人の目が行き届かなくなった環境は荒れていくのだ。早速、長靴をはき、スコップ片手に池を掘り、水が溜まるようにした（写真6-2）。

この日から徐々に、村の役員、湿地ネット、豊岡市コウノトリ共生課、研究者などが共同で、畦や堤防からの漏水の防止、農業用水路の給水口の補修、水溜まりの造成などを行い、放棄水田をコウノトリの生息地にする取り組みが展開されるようになった。

具体的な作業をみてみよう。カエルの産卵場所や水生昆虫の生息場所に適していると考えられる場所に杉板を打ち込んで止水する。上流に板で堰を設け、土を盛って強くする。漏水している箇所は補修する。手作業もしくはユンボなどを使って、田んぼのなかに畦を設置し、湿地としていくのである。

写真 6-2　スコップ片手に放棄され漏水した水田を整え、湛水するようにする。（提供：豊岡市コウノトリ共生課）

放棄されたとはいえ、そこは個人所有地であり、境界線は入り組んでいる。にもかかわらず、お構いなしに畦を作り、水が溜まるようにしていくのだ。田んぼの真ん中に畦を作ることもある。

こうした作業によって、放棄水田に再び水が溜まるようになり、ドジョウ、メダカ、ゲンゴロウ、ガムシなどが確認されるようになった。春には、アカガエルやヒキガエルの卵塊が数多く確認されている。コウノトリ飛来日数は、2009 年が 52 日、2010 年が 68 日、2011 年が 67 日、2012 年が 20 日、2013 年が 143 日、2014 年が 145 日、2015 年が 120 日と順調に増えている[3]。

［3］　NPO コウノトリ湿地ネット提供の資料による。

写真 6-3、6-4　放棄水田とつながる小川に設けられた、手作りの簡易な堰。

作業は「見試し」という考えに基づいて行われている。スコップや小型のユンボなどを使って、数時間から半日程度でできる作業を行い、修正点があれば、手作業などで改良を加える。構造に大きく手を加えるものではなく、いわばスコップ片手で試行錯誤しながら進めていくのである。

放棄水田とつながっている小さな川がある。そこで石を積み上げる。5分ほどで石は積み上がり、後方にある田んぼに水が入るようになった。手作りの簡易な堰である。石を積み上げただけなので、大水が出ると壊れてしまう。壊れれば、作業し、手直しをすればいいのである。コストがかからず、自分たちで作業した結果が見えやすいため、何か問題があれば柔軟に対応しやすい（写真6-3・6-4）。

こうした順応的な小さな自然再生によって、放棄され忘れ去られようとしていた田んぼは、コウノトリの生息地という生態学的な機能に配慮した空間に書き換えられ、「田結湿地」と呼ばれるまでになった。外部の研究者から、この湿地と湿地作りは「国宝級」と評価され、今では村人たちの誇りとなっている。西光寺の住職の奥さんが予感していたように、確かにこの村は変わったのである。

(4) 小さな自然再生を成り立たせる要件

興味深いのは、田んぼという個人所有地の境界線が、あたかも存在しないかのように取り去られ、コウノトリの生息地という生態系の視点にもとづく共有空間へと変貌していることである。田んぼは私有地ではなくなったかのようだ。村人たちに聞いてみると、「どうぞ勝手にやってくれ」、「村で好きに使ってくれたらええ」といった答えが返ってくる。経済性がなくなったとはいえ、気にする様子はない[4]。

次に、村総出で進められることも興味深い。2009年7月から、生息地づくり作業は「日役(ひやく)」と呼ばれる住民総参加の作業で行われるようになった。村を維持するための共同作業を、兵庫県や京都府北部では日役と呼ぶ。田結地区の日役には、公式な総日役と必要に応じて召集される非公式な臨時日役がある。2011年にはあわせて26にもおよぶ日役があった。臨時日役とは台風の後の海岸の清掃などである。総日役は3月の「八八カ所道造り日役」、7月の「道造り日役」である。総日役にコウノトリの日役が加わったということは、生息地づくりは村を維持するための公的な取り組みと位置付けられるようになったことを意味している。日役には原則として各戸主が出席すればいいのだが、一つの家から何人も出てくることがあるのは、コウノトリの日役の特徴だ（写真6-5）。

第三に、コウノトリの日役は村人に閉じられたものではなく、湿地ネットや行政職員、ボランティア、研究者など外部の者も参加する開かれたものである点も興味深い。2008年から田結地区は、東京大学と国連大学高等研究所、豊岡市による「日本・アジアSATOYAMA教育イニシアティブ」（環境省）の研究フィールドとなった。このように、コウノトリが飛来してから、多様な「よそ者」がかかわるようになったのだ。様々な調査や実験が行われ、研究者や学生によるワークショップも開催されている。こうしたよそ者は、保全生態学をはじめとする科学的知識を地域にもたらした。村人たちは、科学というまなざしを通して村を見直すようになったのである。

田結地区の小さな自然再生が進展しているのは、私有地の共有化、日役という村総出の作業、よそ者の力の活用という仕組みを形成しているからであ

[4]　生産物を生み出すという意味の経済性は喪失したが、現在でも個人所有地であるので、課税対象となっている。

写真6-5 田結地区に新たに設けられたコウノトリ日役。

るといえよう。

多様な主体がかかわることは、放棄水田へのかかわりや実現しようとする価値が多元化することを意味している。田結地区が抱えている事情に配慮しながらも、コウノトリの餌場づくりという目的に従った活動をしている湿地ネット。生物多様性と里山の保全といった学術的価値の実現を目指している保全生態学者。コウノトリの生息地の拡大を期待している地元の研究機関である郷公園。村人たちは、よそ者たちが持ち込んだこうした価値に賛同し、行動しているように見える。

ここで浮かんでくる疑問は、村人たちは生息地の再生という科学的な目的のみにしたがって、作業にかかわっているのだろうか、ということだ。

6–3　コウノトリの生息地づくりへの村人の思い

「今日も来とるかなぁー」。コウノトリの飛来を気にする村人は少なくない。コウノトリを探すのが日課になっている人もいる。第3章で見たように、かつて、コウノトリは稲を踏み荒らす害鳥として扱われていたが、今の田結地区に稲作をする人はいない。コウノトリに稲を踏み荒らされる心配はなく、マイナスイメージを抱く状況ではない。

湿地ネットも行政も研究者も、田結地区にコウノトリが降り立つことを、同じように気にしている。彼らにとって特に気になるのは、餌は十分にあるか、生物多様性は保全されているか、といったことである。一方、村人たちがコウノトリに寄せる思いは、やや違っている。住職の奥さんは、コウノトリが飛来したとき、「田結を救ってくれる」と思ったという。その後、毎日のように記録を取るようになった。コウノトリのことが「ほっとけない」のだ。コウノトリによって救われたという心境は、NPOや研究者とは明らかに異なる、この村に暮らす人に独自のものであろう。

実は、村は深刻な問題を抱えている。戸数は七十数戸から52戸へ減少し、子どもの声が村の中に響くことは滅多にない。若い世代はどんどん村を出て行き、さびしくなる一方である。少子・高齢化が進む村の活力をいかに維持し、向上していけるのか。どのように村の将来を構想していくのか。村の役員や村民からそんな声が聞かれる中、これだけ深刻な状況であるにもかかわらず、お金にならない生息地づくりに村をあげて取り組んでいるのはなぜだろう。

村人たちは、その理由として「田んぼを作ってくれた先祖への申し訳なさ」を口にする。厳しい環境のなかで苦労して耕作し、稲穂を茂らせていた頃の記憶があるだけに、田んぼを放棄してしまい、荒れさせてしまうことは、「先祖に申し訳なく」、「つらい」ことなのだという。田んぼの姿に村の行く末を重ねて見ているかのようだ。村人のなかに、放棄田ではなく「永久休耕田」と呼ぶ人がいるのは、こうした心情にもとづいているからであろう。

田んぼを餌場とするコウノトリは、放棄してしまった田んぼのことを、村人たちに強く意識させる存在である。コウノトリが飛来してきたことで、稲作はしなくても、再び田んぼにかかわる道筋ができたのである[5]。生息地づくりはそうした道筋であり、コウノトリは村人と田んぼをつなぐ、いわば触媒なのだ。村人たちは、コウノトリの飛来を機に、あらためて自分たちと田んぼとのかかわりを意識化し、そこから少子・高齢化という課題を抱えた村の未来を見据えようとしている。コウノトリが「救ってくれる」という言葉に込められた村人たちの思いは、村の過去を忘却しないという思いであるとともに、村の未来への希望でもある。

こうした田んぼへの思いは、どのような日々の営みによってつくり出されているのだろうか。

6-4 コモンズとしての自然

(1) 複数の生業を組み合わせる

先に述べたように、山と海に囲まれ、土地に恵まれない田結地区の村人の多くは、山・海・里といった多様な環境を様々な形で利用することで生活を組み立てていた。1960年頃までは、文字どおり半農半漁の生活であった。

[5] 私は、里の鳥であるコウノトリを軸にして、川や遊水地、田んぼ、山などの振り返ることもなかった身近な環境を見直す活動を創出する力を「コウノトリの力」と名づけている。菊地（2006）参照。

雪が溶け始める3月、山奥の棚田に入り、溝の掃除や畦付けを行い、水を入れる。二反程度の田んぼを耕作する家が多かったが、その枚数は数十枚にもおよび、一畦を作ると田んぼの中の土がなくなるほど小さいものもあったという。湿田だったため、田植えは腰まで泥につかりながら手作業で行わなければならなかった。作業は村内の親族との共同で行った。こうした共同作業のことを「もやっこ」という。もやっこで稲刈りをし、荒起こしをして冬を迎えた。田んぼ作業と並行して、急峻な斜面を段々畑にして、麦やサツマイモといった野菜を栽培していた。収穫した野菜は自家消費するだけではなく、女性たちが行商に出かけ現金収入を得ていた。山の畑に植えた柳は、春に刈り取っていた。豊岡は柳ごおりの生産地であり、生産された柳はこおり職人に卸していたのである。

山に目を向けてみると、春は山菜採りや燃料となる枝木採りである。他人の山でも、勝手に採取してよかった。育てたものではなく「生えてきたもの」だからである。秋から冬にかけては、個人の山に炭焼き小屋を作り、炭を焼く人もいた。

ほとんどの家が集落の目の前に広がる地先の海の漁業権を持ち、丸子舟という小さな舟で多様な漁を行っていた。一年中、アワビやサザエを採り、ソコミと呼ばれる箱メガネで銛を突く漁をしていた。4月から6月までは、ワカメ漁である。どこで採ってもよかったが、干す場所はクジで決めたという。ワカメは貴重な現金収入源だった。冬は岩のりの採取である。主に自家消費用だが、一部出荷する者もいた。

春は晴れの日はワカメ漁、雨の日は田植えと忙しい。冬は雪に閉ざされるため、百姓道具の手入れやワラ、草履、コモロ、ムシロを作って売っていた。杜氏として神戸市灘付近まで出稼ぎに行く男性もいた。

このように、村人たちは軸になる一つの生業によって生活を成り立たせていたわけではなかった。多様な生業を組み合わせ、「なんでもやる」ことによって生活を成り立たせていたのである。一つひとつの生業は小規模であっても、こうした複数の生業を組み合わせて生活を組み立てることは、結果的にリスクを軽減する作法として働く。一つの生業がだめになっても、その他の生業で何とか糊口をつなぐことができるからである。ここに、複数の選択肢を持つことにより、状況の変化に適応しつつ自己の目的を達成する能力である「レジリエンス（強靭性）」を見出すことができるだろう。

(2) 生成するコモンズ

上で述べた田結地区の村人たちの生活には、環境を共有し、共同で利用するという特徴を見ることができる。こうした自然資源を共有し共同管理する仕組みが「コモンズ」である。林政学者の井上真は、コモンズを資源にアクセスする権利が一定の集団に限定される「ローカル・コモンズ」と、アクセスする権利が一定の集団に限定されない「グローバル・コモンズ」とに分けた。そしてローカル・コモンズには、ルールがはっきりしている「タイトなコモンズ」とはっきりしていない「ルースなコモンズ」があるという（井上 2004）。

この村の資源利用のルールは緩く、村人であれば比較的自由に利用できた。厳格な資源管理のルールがない、「ルースなローカル・コモンズ」といっていいだろう。ただ、時代の状況の中で、「タイトなコモンズ」と「ルースなコモンズ」は行きつ戻りつする。環境へのかかわりは、所与のものではなく、社会経済的な状況や歴史的な変化のなかで組み立てられたり、消滅したり、再生されたりといったダイナミズムを持つ。コモンズのありようは動的なのである（宮内 2004: 17）。

農村社会学者の家中茂は、新空港建設をめぐって揺れ動いた石垣島白保において、日常の生活をとおして具体的な海とのかかわりが、住民ひとりひとりのなかに蓄積されていたという。そのような経験が空港問題を機に、相互に承認されることをとおして、「われわれの海」という「公」の意識が形成されていった。コモンズとは、人びとの集合の意識が形成されるプロセスをつうじて生成されてくるものなのである。

言い換えると、住民各自の内面に蓄積された、身体性にもとづく経験というたいへん私的なものと、「海は部落の命」という言葉に象徴される公的なものとを媒介するのが、コモンズである。白保住民にとって海は、一人一人が生活のなかにおいて、人生の場面を刻み込んできた自然であり、単に客観的に存在する自然ではない。生活のなかの利用をとおして身体性のもとに捉えられた自然は、人びとが自らの海とのかかわりを想起するときの最も深層にある基盤となっている（家中 2000: 129–130）。

(3) コモンズの衰退

ただ、山・海・里といった多様な環境を様々な形で利用する生活は、今ではすっかり崩れている。田んぼはすべて放棄され、隣の村で稲作をする人がいるのみである。急斜面に作られた畑では、自家消費用の野菜が栽培されているが、その面積はわずかである。ワカメ漁に出るのは、村全体で10軒程度までに減っている。若い世代はサラリーマン化し、稼ぎを村外に求めるようになったのである。

田んぼを放棄するに至った理由として、第一に1970年代より推進された減反政策、第二に1960年代以降、すぐ近くにある城崎温泉の大規模開発により雇用の機会と現金収入源が生まれたこと、第三に圃場整備・耕地整理ができず、農業を近代化できなかったことを指摘できる（石原 2010, 2011）。圃場整備・耕地整理を実施しなかった理由は、負担金が小さくなかったことや、水害のリスクが高まることなどであった。稲作が主要な生業ではなかったこ

写真 6-6　かつてこのような稲干しの風景が見られた田結地区の田んぼは、すべて放棄された。最後の稲干し（2006 年 9 月）。

の村にとって、リスクが高い選択だったといえよう。最後のトリガー（引き金）となったのは、イノシシやシカによる獣害である。獣害は 2000 年頃から激しくなり、一晩中、獣を追い払う「晩付け」を行う人もいた。そこまでしても田んぼを維持するのは困難であり、「みるみるうちにやめていった」。最後まで稲作を続けた男性は、「獣害がなければ頑張った」と振り返った。こうして、生活を組み立てていた田んぼは、すべて放棄されてしまったのだ（写真 6-6）。コモンズは、衰退してしまったのである。

6–5 重層する田んぼへの思い

(1) 村という管理主体への信頼

田結地区では、生活を営むためには共同作業が不可欠であった。棚田が多いため、水は上から落としていく。水路は自分だけのものではなく、共同で管理していかなければならなかったのである。だからこそ、人びとの共同性が生まれてきたといえよう。

こうした共同性は、村を維持する様々な活動に見いだすことができる。出稼ぎで男性が不在の期間が長いため、地区を守るための「婦人消防組」が結成されていた（つい最近、組は解散した）。風が強く狭い土地に密集して暮らすこの村では、火事は大きなリスクである。女性たちは「自分らで村を守らなあかん」かったのである。

コウノトリの生息地づくりのために勝手に畦を引かれ、境界があいまいになっても、文句を言う人はほとんどいない。出てくるのは、「好きに使ってもらったらええ」、「どうぞ勝手にやってくれ」といった言葉だ。経済性がほとんどないからこその言葉かもしれない。明確な畦が残っていないことも敷居を低くしている。もう少し耳を傾けてみると、「村に任せている」、「区長が言うことに従う」といった言葉が続いて出てくる。村人たちは、村総出で取り組む理由として、「村の領域を管理する主体」としての村[6]への信頼感を口にするのである。

環境社会学者の鳥越皓之は、個人の所有地であっても、村ではその所有者

[6]　ここでいう村とは、区長、副区長、農会長などから構成される協議員という区組織のことを指している。

に完全に属しているわけではないという二重性を指摘している（鳥越 1997）。村内の土地は基本的に村の土地であって、その土地の各地片が個人のものという所有観である。高齢の女性は、自分の畑は「ゆずりの土地」であると言った。先祖が開拓した土地を一時的に譲ってもらっているという意識だ。複合生業によってリスクを軽減することで生活を組み立てていたこの村では、村が生業や土地を管理する主体としての役割を果たしてきた。田んぼに手を加えても文句が出ないのは、土地を管理する主体として、村を信頼しているからなのである。生息地づくりが日役として行われているのもまた、村への信頼感からであろう。

(2) 村を維持する選択肢としてのコウノトリ

村内での生業がほとんど消滅してしまった現在、とりわけ若い人たちにとっては、日役の負担感は決して小さくない。コウノトリの生息地という価値だけで、日役を存続できるかは疑問である。田結地区を調査した石原広恵は、日役＝生息地づくりはコウノトリのためでもある一方、「地区のため」という意識が第一義であると指摘している（石原 2010, 2011）。

コウノトリの日役は、多くの村人が参加する村の公式行事である。そこでの作業は、村人たちが相互に「田んぼに目を向ける」機会となる。放棄してしまって以降、田んぼに足を入れる人はほとんどいない。稲穂が茂っていた田んぼを知らない若い人も多い。田んぼに込められた村への思いは、それが個人の内面にとどまっているかぎり、村人たちの共同の意識を形成するには至らない。個人の経験が共有されるには、生息地づくりという道筋を通じてそれが表現され、人びとに共感をもって承認される必要がある。経済性がなく、泥遊びのようなものであるが、皆が集まることで村を再認識し、村の未来という共同意識を形成する場なのである。

コウノトリが生息する里を目指すという目標のもとで取り組まれている田結地区の小さな自然再生には、自分たちが住む地域の生活をより楽しく、より充実したものにしたいという願いもまた重なっている。だからこそ、「救ってくれる」という気持ちがコウノトリに込められているのだろう。

そう考えると、コウノトリは村を共同で維持するための「選択肢」とでもいうべき存在といえるだろう。村の現状は、村人だけで村を維持することができるほど、楽観的ではない。コウノトリという新しい選択肢が加わったことによって、地域外の様々な人や情報、力を借りることができるのだ。村の役員は、「皆が集まれる場所」ができたという。皆とは村人だけではない。NPOや行政マン、研究者、ボランティアもその一員である。科学的知識も必要であるし、若い労働力も必要だ。コウノトリという物語性を帯びた生き物は、そうしたよそ者の力を呼び込んでくれる。その力を積極的に活用することで、村の活力を生み出そうとしているのだ。コウノトリの生息地というコモンズを生成することを通して、村を維持していく能力を組み立てようとしている。

小さな自然再生によって放棄水田という私有空間をコウノトリの生息地という共有空間へと書き換えることができたのは、コウノトリを機に田んぼへのかかわりを創出することで、生活のなかで蓄積された経験を村の共同意識としてまとめ上げることができたからであろう。村への信頼によって生息地づくり活動が推進されるとともに、活動によって村の共同意識が形成される。コウノトリはこうした相互作用を媒介する存在である。この意味でコウノトリは村を維持する選択肢なのである。

6-6 小さな自然再生の多元的な価値

(1) 共同性と公共性の交錯

村人たちにとってみると「わが村のコウノトリ」であっても、絶滅危惧種であり公共的な価値を有する生き物でもあるのがコウノトリである。生息地づくりは、公共的な価値を実現することでもあり、村内の関係だけで完結するわけではない。これまでみてきたように、村人とは異なる関心と価値観を持つ多様な主体の参加と協働が不可欠である。餌場づくりに主眼を置く湿地ネットや、生物多様性に視点を定める研究者といったよそ者のかかわりは大きく、発信力は村の比ではない。

日役によそ者が参加していることからも分かるように、村が受け皿となって異質な価値を持つよそ者を受け入れることにより、よそ者のかかわりは村内で正統性を持ち、生息地の再生は進展する。同時にそのことによって、よそ者の持つ情報や労働力などは、村人が活用できる資源となるのである。コウノトリという公共的な価値を担保にすることで村の共同意識が形成される一方、コウノトリの持つ公共性も具体化され、内実を豊潤化させる。

小さな自然再生による生息地づくりは、コウノトリのためでもあり、村人の生活のためでもある。放棄水田はコウノトリの生息地という生態学的な機能に配慮した空間であるとともに、村の共同性を生み出す空間としても書き換えられた[7]。ここで生成しているのは、コウノトリを軸にした多元的な価値の実現を目指した動的かつ重層的なコモンズなのである[8]。

---

[7] 田結地区の小さな自然再生に、包括的再生という特徴を見いだすことができるだろう。

[8] 井上真は、ルースなコモンズにおいて持続的な資源管理をしていくためには、

放棄水田という環境の持つ価値の多元性のなかで、論理が異なる主体間の共同管理を成り立たせているのは、領域を管理する村がベースとなって、多様な主体にひらかれ、共同性と公共性の交錯が試行されているからであろう。この小さな村では、私有地の共有地化、村総出の作業、村をハブとしたよそ者の資源化という要件によって、共同性と公共性の交錯という試行錯誤を保証する社会的仕組みが成立し、小さな自然再生が生活に根ざした多元的な活動へと仕立て直されている。

(2) 小さな自然再生におけるレジリアンス

コウノトリの飛来を機に村は大きく変わり、自然と共生する村として注目を浴びるようになった。コウノトリは大きな存在であるが、複数の生業を組み合わせて生活を成り立たせていたこの村では、あくまでも一つの選択肢と位置付けているといった方がいいだろう。生息地づくりに取り組む村人たちは、放棄したとはいえ、田んぼの構造を大きく変革されては困ると口にする。彼らが望んでいるのは、スコップ片手でできる程度の小さな自然再生である。村が管理する自然再生であることが重要だからだ。そうすることで、コウノトリを村の選択肢として位置付けるとともに、リスクを軽減することができる。一つの選択肢に依存し過ぎるのはリスクが高いのである。

現状では、経済効果を生み出さない生息地づくりは、村を維持していくための選択肢としては弱いといわざるをえない。では、田んぼを復活させるかといえば、それもまた現実的な選択肢ではない。村人たちは、コウノトリという選択肢から、どのように村の生活を組み立てていくのかを試行錯誤している。女性たちが田結の自然や文化、歴史などを解説する「案ガールズ」を

NGOや研究者の視点、働きかけも含めた方策を議論している（井上 2001）。

写真 6–7 田結の自然や文化、歴史などを解説する「案ガールズ」。

結成し（写真 6–7）、新たにエコツーリズムに取り組み始めているのは、その一例だ[9]。

村人たちは、一度は放棄してしまった田んぼをコウノトリの生息地というコモンズに生成することを通して、村を維持していく能力を組み立てようとしている。そしてコウノトリ一辺倒にならないところに、多様な生業を営むことで生活を組み立ててきたこの村の人たちが持つレジリアンス（強靭性）を見いだすことができるだろう。

[9] 田結地区におけるエコツーリズムの萌芽的な取り組みについては、菊地（2011）を参照。

村人にとって所与のものであった放棄水田が、価値のある環境へと転化し、再生の対象として価値づけられていくこの小さな村の出来事は、地域の生活に根ざした多元的な自然再生を打ち立てていく可能性を示唆している。

6-7　物語の「生活化」

「コウノトリに優しい環境は人間にとっても優しい」。この野生復帰の物語は、多様さや複雑さを単純化することで創られていく。物語は、その性質上、現実をある視点から単純化したものだからである。分かりやすく単純化したがゆえに、地域外の人も理解できるようになり、地域の固有性を広域的に伝え、共感を呼ぶことができる。物語化によって、広域的な多元的な価値の創出の可能性は広がっていく。

この村の小さな自然再生もまた「コウノトリと共生する村」という物語として、広く知れ渡るようになった。自然再生に向けて活動をしていこうとすれば、物語によって、自らの活動の意義が価値付けられることが必要だ。そのことによって、活動を演じることができるようになる。村人たちの活動は共感を呼び、取り組みを学ぶため国内外から多くの人が訪問するようになり、少しばかりの賑わいをもたらしている。そうした人たちのまなざしや共感、評価によって、さらに活動に取り組む動機が作られている[10]。小さな自然再生にかかわり共感をおぼえた私も、この物語を演じる脇役のアクターの一人

[10]　田結地区を訪問した東京大学大学院の鷲谷いづみ氏（保全生態学）らは、「人と自然の関係だけでなく大型獣と水辺生物の関係なども含めた様々な生態がまとまっていて興味深い。もう他ではほとんど見られなくなっている。ここは非常に重要な地だ」と評価した。こうした評価は、村の環境を当たり前だと思っていた村人に強烈な印象を残したという（コウノトリ湿地ネット 2012c: 15）。

である。たまに田んぼに足を入れ、折に触れて、この取り組みを紹介するようになったのだ。

ただ、アクターとなって改めて感じるのは、コウノトリと人の関係や人びとの思いは多様で複雑である、ということだ。そして、当たり前だが、村人たちは物語を演じるだけの存在ではない。物語が肥大化すると、物語と現実の地域生活のギャップが大きくなり、様々な齟齬が生じてしまうだろう。物語を演じることが、村人たちに強要されることも起こり得るだろう。物語が遊離し一人歩きしてしまうのである。

こうした物語の肥大化による権力的な作用を軽減するために、私は、物語を再び地域生活につなげていくプロセスが必要であると考えている。このプロセスを物語の「生活化」と呼ぼう。コウノトリ育む農法に取り組むある農家は「この農法は集落の原点」であるという言い方で、コウノトリと集落の維持を結びつけた。別の農家は、生き物がいる「田んぼに子どもたちが帰ってきてくれると嬉しいんだけど」と期待していた。それぞれの論理でコウノトリを生活につなげているのだ。

田結地区の小さな自然再生は、コウノトリの生息地づくりであるとともに、自分たちが住む地域の生活をより楽しく、より充実したものにしたいという願いが込められた活動でもあった。つぶやきに近い「救ってくれる」というコウノトリに込められた気持ちは、そういう願いでもあった。「今日も来とるかなぁー」と気にするこの村の人たちは、野生復帰という大きな物語をそのまま受け入れているわけではないだろう。大きな物語を村の「小さな物語」へと組み替えていくことによって、村の生活を維持する能力を組み立てようとしているのだ。村の暮らしが維持されることにより、コウノトリの生息地もまた再生されていく。

物語によって創造された価値は、生活化することによって地域に定着していく。生活化とは、物語の肥大化を回避するプロセスである。そのプロセスのなかで、再び曖昧さや多義性が物語に組み込まれていき、複数の価値の実現が図られていく。生活化によって曖昧さが生じるのは、生活とはまさに曖昧で多義的な実践だからである。

第７章　レジデント型研究者として生きる

コウノトリから地域の未来を考える鶴見カフェでコーディネーターをつとめる筆者（中央）。この日（2010年1月17日）のテーマは「私たちの野生復帰」。提供：三橋陽子氏

7-1　現場の力

兵庫県立コウノトリの郷公園（以下、郷公園）の一研究員だった私は、人とコウノトリのかかわり（第３章）、農業の再生や観光資源といったコウノトリの地域資源化（第４章）、「野生」と付き合う見取り図の提示（第５章）、選択肢としての小さな自然再生（第６章）などに関する研究を進めてきた。第１章で述べたことだが、こうした研究は、最初から論文や本にすることを目的に進めてきたわけではない。野生復帰を進めていくためには、かつての人とコウノトリのかかわりのあり方は行政的にも不可欠な情報であったし、コウノトリが放鳥されてからは、観光や「野生」の問題に向き合わざるをえなかった。経済性もないのに、なぜ小さな自然再生に取り組むのか。これも現場で発せられた問いであった。郷公園の研究員として、野生復帰という現場で問題になっていることに向き合ったり、現場で対応をしている中で見えてきた社会的現実を、様々な機会を利用し、結果的に研究成果として公表してきたものであった。研究成果が社会実践を生み、社会実践が研究を生むこともあった。ここには首尾一貫した私自身の研究者としての「主体性」は、それほど見られないかもしれない。少なくとも、私は環境社会学の「フィールド」の一つとして野生復帰にかかわってきたわけではない。

しかし、こうした行き当たりばったりに近い研究活動を積み重ねたことで、私自身の中にしこりのように固まってきたものがある。それは「小さな声」を「聞く」ことであったり、「矛盾」や「曖昧さ」に向き合うことであったり、地域の課題と研究の課題を結びつけることであったり、する。いわば、行き当たりばったりという渦に投げ込まれる中で、私自身に固有の研究の方法が培われてきたように思うのである。野生復帰という「現場の力」である。その現場の力に、時に翻弄され、時に冷や汗をかき、時に興奮しながら、私は自分自身の言葉を創り出し、現場に戻し、そして評価してもらった。こうした経験を積み重ねていく中で、コウノトリと野生復帰は、私にとってすっかり「ほっとけない」問題となっていった。言ってみれば、出会ってしまったコウノトリや野生復帰の問題を自らの問題として感じ取るようになったのである。現場の力に出会った私は、いわば「受動的な主体性」から自身の研究スタイルを培ってきたと思うのである。

私のこうした研究スタイルは、野生復帰や自然再生、さらには自然を資源とした持続可能な地域社会形成という課題にとって、どのような意義があるのだろうか。そして、私の経験は他の地域にとって、どれぐらい意味があるのだろうか。これが、今の私にしこりのように固まってきているテーマである。

7-2 フィールドからの問い

どこかの地域を「フィールド」として切り取り、そこに生きる人びとを研究の対象とする。フィールドワーカーと呼ばれる多くの研究者が実践している行為である。私が研究活動のベースとしている環境社会学は、それぞれのフィールドで地域の人びとの声に耳を傾け、地域の実情や人びとの現状に合わせて作られた工夫を社会学的な概念を使用して明らかにすることから環境問題の「解決」に向けた研究を積み重ねている。

フィールドに通い始めた当初は、素朴な質問も少々懐疑的な問いも許容される。フィールドワーカーは「お客さん」である可能性が高いからだ。しかし、頻繁に通い、人びとと多様な関係性を結び、研究成果も出てくるようになって、いつも話を聞かせてもらっている地域の人びとから、以下のような問いが発せられた経験を持つフィールドワーカーも多いのではないだろうか。

「あなたの研究の関心は理解できるし、結果はそれなりに面白いことは分かった。では、あなたの研究がここに暮らす私たちにとって、どんな意味があるのか？　私たちが抱えている環境問題の解決にどのように役にたつのか？」。

こうした人びとから発せられる切実な問い（山室 2004）は、フィールドワーカーを「何のための研究か？」という問いに向き合わせる。地域というフィールドは、フィールドワーカーに積極的に働きかける「ちから」を持っているのである（足立 2010）。聞き取り調査といった質的な調査手法を駆使する研究者は、地域の人びとの多様な声を聞くがゆえに、また地域生活の全体性が見えてくるがゆえに、この力強い問いに向き合っていかざるを得ないのである。その時、どこかの地域をフィールドとして切り取り、そこに生きる人びとを対象とする研究方法は、何らかの問い直しを迫られる。

フィールドの人びとからの問いへの遭遇は、環境社会学者に特有のものではなく、フィールドワークを手法とする研究分野に広く共通する現象だろう。様々な学問領域において「役にたつ」研究が求められており、それぞれの現場で多くの問いが発せられているに違いない。役にたつという社会実践を志向した研究を定義することは非常に困難である。誰にとって、どのように役に立つかは、千差万別だからである。ここでは、少なくとも、あるディシプリンから地域を単なるフィールドとして切り取ることによる研究ではないと、消極的に定義しておこう。

民俗学者の菅豊は社会のなかで役にたつことを標榜し、アカデミズムの特定の狭いディシプリンから脱し、多様な叡智と技能、経験を使う新しい学知のことを「新しい野の学問」と呼んでいる（菅 2013）。菅が研究者と他の主体が協働する研究方法を提案していることに注目したい。調査の手法を有する研究者と地域の事情を良く知り切実に問題を感じている人たちが、ともに研究、実践、応用を通じて地域理解を深め、地域との取り結びを強化し、ともに考えようとするのである。菅の議論でもう一つ注目したいのは、再帰性である。多様な主体と協働しながら研究する研究者は、研究とは異なった論理と交差する。交差により観察主体と観察対象という区分は自明ではなくなる。自分の研究が自分自身に戻ってくる、あるいは自己のことを言及することによって自己を客体化してしまう。こうした主体と客体の融合、研究者と研究対象者の再帰的な関係の問い直しは、多様な主体と協働する研究にかなりの程度共通する特質である。

多様な主体と協働する再帰的な研究の実践は、フィールドの人びとからの問いに対して、研究者が取りうる一つの方法といえよう。本章では、地域の環境問題の解決を志向する研究という視点から、その方法を考えてみたい。まず、生態学者の佐藤哲が考え定義した「レジデント型研究」を取り上げることから議論を展開する（佐藤 2008, 2009）。後に詳しく議論するが、レジデント型研究とは「地域社会に定住する科学者・研究者であると同時に、地域社会の主体の一員でもあるという立場から、地域の実情に合った問題解決型の研究を推進する方法」として提唱されたものである。

7-3 レジデント型研究

(1) 環境問題の解決主体と知識生産

佐藤の議論（佐藤 2008, 2009）を丁寧に追ってみよう。佐藤は環境問題の解決に向け、誰が意思決定と対策の主体であるべきかという問いを立て、地域の人びとが主体となって意思決定と対策を行うという方向性を強く打ち出す。もっとも、地域の人びとをはじめとした多様な関係者の関心や利害は、必ずしも一致するわけではなく、時に激しく対立する。多様な関係者が地域環境の保全や持続可能な地域社会の形成に向けて合意していくためには、科学的知識に立脚した問題の理解と解決策の提示が必要だという。注目したいのは、研究者が科学的知識の生産を担い、非専門家である地域の人びとが科学的知識を一方向的に提供されるという考えに、佐藤が異議を唱えていることである。地域の人びとは、地域社会の日常生活を通じて生活の知恵などを生み出しているからである。さらにいえば、第5章で見たように、専門的な知識に基づいた市民調査を実施する市民が現れており、専門家と非専門家の区別は必ずしも明瞭ではないからである。ここで問題となるのは、地域環境に関する科学の視点と地域住民の視点には、少なからずズレがあり、そのことが解決を難しくしていることである。そこで佐藤は、自然科学、社会科学、人文科学といった科学知と生活の知恵といった在来知が統合した、問題解決志向的で領域融合的な知識を「地域環境知」と名付け、それを知識基盤とした持続可能な地域社会のあり方に関する研究を進めている（佐藤 2016）。地域環境が抱える問題解決に向け多様な主体が連携して知識生産が行える新しいシステムとして提唱されたのがレジデント型研究である（佐藤 2008, 2009, 2016）。

つまり、レジデント型研究とは、1）環境問題が問題化した現代社会において、2）地域環境が抱える問題解決に向け、3）多様な人たちが協働して知識を創る研究方法として、提唱された方法なのである。

(2) レジデントと研究をつなげる方法

佐藤によるとレジデント型研究の担い手であるレジデント型研究者とは「地域社会に定住する科学者・研究者で、同時に地域社会のステークホルダーの一員でもあり、その立場から地域の実情に即した領域融合的な問題解決型研究を推進」する研究者である。外部者として地域を訪問する訪問型の研究者とは異なり、「地域社会の一員として生活しながら、長期的な視野に立って研究を行うことができ」、「地域の課題にかかわる領域の専門家として科学的知識の土着的知識体系への取り込みを促進すると同時に、ステークホルダーの一員として地域社会の未来に対する責任を共有し、生活者として地域環境に対する誇りと愛着、地域社会が受け継いできた土着的知識体系を体現し、地域社会の一員として意思決定に関与し続ける研究者」という特徴を持つという（佐藤 2009: 219）。

改めて指摘するまでもなく、ほとんどの研究者がどこかの地域に属しているが、その多くは居住地とは別の地域をフィールドとして対象化し、研究を進めている。それに対してレジデント型研究者は地域に定住することにより、地域の当事者性を一定程度持ちながら地域の人びとと知識を組み立てていく。このことにより地域の実情への相対的に深い洞察が可能となりうる。菅は個人的な動機に基づいた個人的取り組みではなく方法として提示しようとしている点に佐藤のアイデアの独自性を見出している（菅 2013）。では、定住することと研究することをつなげるレジデント型という方法の特徴はどこにあるのか。

第一に、知識の性質である。研究テーマは地域の人びとの関心から形成され、その人びと自身による現状理解や意思決定に役立つ知識を生み出すことにその目的をおく（佐藤 2009）。科学的な厳密性よりも地域の人びとが納得できる知識という性質を持つことにより、「地域での活動の参照となるリソース」（宮内 2005）となることを目指すのだ。

第二に、研究者と地域住民の立場といった複数の立場の往復作業を伴う点である[1]。定住する地域に深くかかわり、人びととの交わりを通して、地域

[1]　これは、あくまでも研究者の視点からのレジデント型研究の特徴である。地域住民

の思考法や価値観を共有しながら、自ら定住する地域の生活のなかで自らの専門性を活かしていく。複数の立場を往復することから見えてくる社会的現実を記述する方法といえる。

第三に、再帰的な「当事者性」[2]である。自らもその地域の一員であるので、自分自身の研究活動は、絶えず自分自身に返ってくる。研究者か当事者かという線引きは明瞭ではなくなり、単なるフィールドとして切り取る認識は成り立ちにくくなる。再帰的な当事者性を有することにより、人びとの問いは自身の研究の問いに何らかの形で変換される。レジデントという側面についての共通性から生じる当事者性といえよう。ただし、再帰的な当事者性は必ずしもレジデントでなければ獲得できない特性ではないし、レジデントを定住という意味に限定する必要もない。むしろ、再帰的な当事者性を有することをレジデント型研究と定義することもできるだろう。

私なりに定義するとレジデント型研究とは「研究者と地域住民の一員といった複数の立場の往復作業を通じて、地域のリソースとなりうる知識の生産と社会実践を再帰的に試みる方法」といえよう。文化人類学や社会学などでは、研究者が問題関心を抱いた集団などに、メンバーとして参与しながら観察を行う参与観察による優れた研究が行われている。当該集団に深く参加する点で参与観察とレジデント型研究は類似しているが、参与観察があくまで観察に主眼を置いているのに対し、レジデント型研究は地域の実情に即した領域融合性と当事者性に主眼がある点で大きく異なる。またレジデント型研究は、研究者が地域住民から観察され試されていることを強く意識しているが、参与観察という言葉にはその点が希薄である。

という視点からすると、知識生産をベースとした一つの住み着き方といえるかもしれない。この点は、最後に述べる。

[2]　ここで当事者性とは、当該の事柄に対して主体的に関与することをいう。本書の問題関心からすると、そこには受動的な主体性も含まれている。

佐藤は、レジデント型研究の事例として、郷公園とともに、沖縄県石垣市白保のWWFサンゴ礁保護研究センターをしばしばで取り上げている（佐藤2008, 2009, 2016）。サンゴ礁保護研究センターは、サンゴ礁にかかわる地域文化の調査と継承、サンゴ礁保全に関する普及啓発とコミュニケーション活動などを通じて、白保の地域住民が主体となったサンゴ礁環境の保全と地域の持続的発展に貢献することを目的とする施設である。この点については、後述する。

佐藤は多様な主体との協働による知識生産を主に論じているが、再帰的な当事者性についてはほとんど触れていない。私は再帰的な当事者性こそ、レジデント型研究において重要な論点であると考えている。レジデント型といっても相対的によそ者性を帯びており、外部からの介入行為であることは疑いえないし、そのことの持つ権力性の問題も避けることができないからである。再帰性が等閑視されると、「レジデント」という言葉が、こうした問題をあたかも消し去ってしまう免罪符に陥る危険性がある。

したがって、多様な主体と協働する再帰的な研究方法としてレジデント型研究の可能性を考えるためには、人びとの問いから方法論的な変容を迫られた（足立 2010）研究者個人の変容のプロセスをまずは追っていく必要がある。つまり、方法論として提示するために個人の変容に注目するのである。

次節からは、野生復帰プロジェクトに携わってきた「私」に焦点をあて、本書の第3章と第5章、第6章で紹介した3つの事例を中心に自己分析を行うことによって、方法としてのレジデント型研究の外縁を描くことを試みる。言い換えると、私は、どのような問いに向かい合う中から、こうした研究に取り組んできたのか、そこで何を考え悩んでいたのか、そこからどういった研究や活動を生み出していったのか、ということを分析の俎上にあげるのである。いってみれば、私自身の裏側をさらけ出してみようと思う。私の研究活動のベースになっている経験を俎上にあげる、といった方がいいかもしれない。

7–4　野生復帰に向けた知識生産と社会実践

(1) 人とコウノトリの再構成と社会的選択肢

私がまず取り組んだのは、第３章で見たコウノトリの「記憶」の「記録」化であった。調査を始めて間もなく、多くの人びとが「ツル」と呼んで、コウノトリについて語ることに気づいた。多くの語りを聞いて、私は「ツル」と「コウノトリ」という呼び方の違いに注目し、何が語られているのか、注意深く聞くことにした。

当然のことながら、語り手は私たち聞き手の聞きたいことだけを語ってくれるわけではなかった。農作業、田んぼでの労働、遊び、戦争経験、村の組織や行事、家族関係など様々なことが語られた。そうした一見雑多に思われる語りの中に、コウノトリとのかかわり、暮らしの中のコウノトリへの思い、あるいは地域生活の全体性といった重要な問題がかなり含まれていた。なかには「あんな害鳥（稲を踏むので）を放すなんてとんでもない」という声もあった。調査に慣れてきた頃、「警察の尋問みたい」と呟かれたこともあった。聞き取り調査は、聞き手（調査者）—語り手（被調査者）という非対称的なコミュニケーションの場であるが、聞き手は語り手から発せられるこうした言葉から、容易にデータに変換することができない様々なことを感じ取っている。聞き取りの場で発せられた、コウノトリへの「愛」や「共生」といった言葉に簡単に還元できない人びとの問いから、私が取捨選択し構成した視点が「ツル」と「コウノトリ」であった。

聞き取り調査を行い、そこで語られた「語り」を読み込むことで、人びとにとってコウノトリは生活の中に埋め込まれた存在として語られる「ツル」と、保護とセットで学術的な価値を持った対象として語られる「コウノトリ」が重層する「様々なコウノトリ」という多元的、矛盾的な存在であるという視点を培った。さらに、人のかかわり方によりその意味が異なってくる関係的な存在であるという視点も形成した。これらの視点に基づき、コウノトリが地域の生活の中で再び「意味」ある存在になることが重要であると考え、コウノトリを近しい存在にする「多元的なかかわりの再生」が実践的な課題であると提示した。詳細については第3章を読んでいただきたい。

聞き取り調査により、自然科学的、技術論的な議論とは別の社会的選択肢（西城戸 2010）を示したのである。

(2) 人びとからの問いによる自己変容

私は、この聞き取り調査の結果を、論文（菊地 2003a）、書籍（菊地 2006）、その他の原稿、講演といった多様な媒体を通じて発表してきた。但馬地方向けとしては、全国紙の地元版において、13回にわたって「但馬に『ツル』がいた！」（菊地 2003b）という記事を連載した。

「ツル」と「コウノトリ」という言葉を軸にした研究は、人とコウノトリのかかわりの再生を強く意識したものであり、コウノトリ関係者や多くの地元住民にある程度地域の実情にあった納得できるものとして受け止められた。人びとの語り（但馬弁）を引用する記述の方法は、暮らしの中のコウノトリというリアリティを増したのは違いない。

一方、私の分析や視点に物足りなさを感じた人もいたことは否めない。たとえば、以下のような意見を聞いたからである。

「『ツル』と『コウノトリ』という切り口は面白いけど、結局何をしたいの？」「その研究が野生復帰にとってどんな意義があるのか？」「豊岡の今後を考えると、どんな意義があるのか？」「あなたは作文書きの人なのか？実践する人なのか？」

郷公園の研究員は研究者であると同時に、野生復帰プロジェクトの推進者でもある。より具体的な活動や政策への直接的な展開、問題解決を期待する点からすると、不十分な内容と受けとられてしまったのである。地域のリソースとなる知識を生み出せたとはいいがたかったのだ。

ただ、私はコウノトリのことを聞こうとして地域の人びとの生活に分け入ったことにより、地域住民の日常の思考と実践を学び、自らが地域社会に住むという意味を問い直すようになったことは確かである。発表した成果に対する人びとの多様な声を聞いたことから、野生復帰プロジェクトに参加する研究者として、コウノトリの意味を問い直していくことになった。それ以降、私の研究は、研究者としての立場と野生復帰を推進する立場と地域住民としての立場といった複数の立場を明確に意識するようになった。コウノトリに関係する人びとを単なる「フィールド」とする認識は持ち得なくなり、研究者と当事者という線引きをすることは困難になった。私の研究により、人びととコウノトリのかかわりが客体化され、それを基盤に人とコウノトリのかかわりが規定されてしまうという構造が生じ、私自身もその構造のなかで活動することになった。ある場面では積極的に現場に関与するようになり、その結果が自分自身に跳ね返ることになった。コウノトリと暮す地域社会への当事者性を有した「共感的な理解」[3]を試みるようになったのである。

もちろん、私はコウノトリの野生復帰の研究のために赴任してきたよそ者であったことに変わりはなく、地域住民の立場に容易に立てたわけではない。立場性や当事者性は絶えず問われてくる。地域住民にどこまで近づいても決

[3]　菅は「他者のなかに自己を感じ、体験し、理解する方法」（菅 2013: 243）という。同情というかたちで自己と他者を同化に向かわせるが、一方で理解というかたちで自己と他者の異化に向かわせる。

して一致することはない「漸近線的接近」（菅 2013）といったほうがよい[4]。漸近線的接近とは、たとえどんなに人びとに接近し、人びとに自己移入したとしても、その人びととは完全には同一化することができないことを自覚すること、その自覚のもとに接近を弛まず継続することによって、人びとのもつ考え方や価値観をより深く理解する方法である。

(3)「野生」問題

この聞き取り調査から3年後の2005年9月、飼育下で繁殖したコウノトリの放鳥が開始された。2007年7月31日に観察された1羽のコウノトリの巣立ちは、野生復帰の進展を示す大きな出来事であった。すでに第5章で述べたように、私は郷公園の研究員として巣立ちに立ち会いながら、コウノトリの野生復帰における「野生」とは何かについて考えざるを得なくなった。これは、私がコウノトリ関係者や多くの地域の人びととの日常的な関係性のなかで交わしていた、以下のようなやりとりから生じた問いであった。

「あなたはコウノトリへの人間の関与をどう考えるのか？　とりわけ、郷公園の研究員としてどう考え、どう行動するのか？」「餌があると思うか、思わないのか」「コウノトリに人が手を差し伸べることはどう思うのか？」

コウノトリへの人の関与のあり方について、多くの人びとの間で意見が分かれ、私も何らかの態度の明確化をせまられたのだ。第5章の記述（それの元になった菊地 2008a）は、私および郷公園の取り組みを他の主体との関係の中で自省的に記述する点で、再帰的な当事者性を色濃く有したものであっ

[4]　たとえば、研究者はフィールドを離れることができるが、地域住民がその選択肢をとることは容易ではない。レジデント型の場合、研究者も地域住民であるため、フィールドを容易に離れることはできないが、単純に同じ立場に立っているとはいえない。実際、私は豊岡を離れることになった。

た。

私は、人の関与の強弱と動物の価値から「野生」を関係的な概念として捉え直すことが必要であると考えた。何に「野生」を見出すかは曖昧であり、「野生」を明確に区分することは困難だからである。畜産学の議論をベースに野生と家畜は人のかかわりの関与の度合いのなかで変化するものと捉えたのである。

横軸に人による関与の強弱を置き、縦軸に動物への価値を設定した。横軸はほとんど人の関与が及ばない状態から、田んぼや里山など二次的な自然、そして餌づけ、生殖の管理へと関与が強くなる状態を想定できる。縦軸は人間が動物に資源的価値、精神的価値、学術的価値を見出すのかによって便宜的に線引きした。同じ動物であっても、人の関与と価値づけによってこの象限のなかを重層しながら移動する。これを野生復帰の見取り図として使用することを考えたのである。

(4) 給餌をめぐる研究者と市民

当時、コウノトリへの給餌の是非が問われていた。郷公園は、給餌はコウノトリの「野生」化を促進しないと考え、基本的には行わない方針であったが、「定着」という科学的・政策的目的のためには行っていた。それに対して独自に給餌する市民グループの意見は、現状では生息環境の整備は不十分であり、給餌は整備されるまでの支援活動であるとともに、繁殖を助けるためのものでもある、というものであった。私は基本的に郷公園の考えに従いながらも、市民グループの声にも共感しながら耳を傾けた。コウノトリのことが「ほっとけない」から給餌するという声は、この地域に固有のコウノトリへの思い、保護の歴史に基づいた主張と思えたからである。

私は、コウノトリは人の関与の強弱により野生性や家畜性という状態のなかを揺れ動いているという視点を提示した。給餌はこのプロセスに位置付けられる関与のあり方であり、一つの選択肢と考えることができる。野生復帰をこの見取り図に従い再考すると、再野生化という一方向に進んでいるのではなく、再野生化と家畜化の間を「行きつ戻りつ」している。正解のない「野生」をめぐる様々な論理や価値や感情をつなげ、多様な主体間での目標や地域の未来像を絶えず構築し続ける仕組みづくりが社会的な課題と考えたのである。

この課題に対して、「聞く」という手法を持つ環境社会学者が果たしうる役割として以下の3点を提案した。一つは文脈を構築する役割である。問題の構造を包括的に捉えるという環境社会学の志向性は、多元的な価値観を調整し、統合する技能を潜在的に持っているともいえる。見取り図の提示はその例である。第二に地域の学習システム構築への貢献である。専門家と市民をつなぐ専門家、ファシリテーターとしての環境社会学者の役割である。第三に暗黙知的な現場知の紡ぎ出しである（菊地 2008a）。現場知に基づかない再生モデルは地域になじまないし、持続的であることは難しいからである（鳥越 2002）。

(5)「聞く」という手法と再帰的な当事者性

「野生」をめぐる見取り図の提示は、研究者と郷公園の職員と市民グループという複数の立場を往復することから、郷公園、市民グループ、行政関係者などの関心や考えを共感的に理解し、関係者にとっても納得しうる社会的選択肢を示すことで、価値の調整を図るという意味で現場への関与を試みたものであった。研究者からは、重要な議論であるとの評価も寄せられたが、但馬の人びとからの反応はあまりなかった。そもそも発表メディアが学会誌であったし、「家畜化」という独特の概念を使用したことにより、リアリティに乏しいと受け止められた面もあったにちがいない。コウノトリを家畜化のプロセスとして位置付けることに対する反発もあった。地域に定住するという点を活かした地域生活の全体性よりも、コウノトリへの人の関与という特定の側面に焦点を当て過ぎたのであろう。そのことにより地域の人びとが納得し活用しやすい性質を持つ知識を作ることにはならなかったといえる。

私と郷公園の主張をかなり慎重に区別しながら行った記述は、自己のことを言及することによって自己を客体化する作業であり、私のみならず同僚を批判的に記述するという心理的な困難を抱えた。その過程で私はこの地域での自らの役割を再認識することになり、地域の中で一定の当事者性を有しながら専門知を活かす方法、すなわち専門知を活かした地域活動を行い、地域活動が研究になるという関係を探るようになった。活動としての実践性に重心が移動するようになったのである。

「聞く」という手法のもつ可能性の提案は、地域の当事者性を持ちながら専門知を活かすためのものであり、私自身もその役割を担う一人の主体であった。私自身が社会的選択肢であることを示したともいえよう。自己を記述することから、自己の役割を創っていったのである。

その一つが、私自身がコーディネーターを務めていた「鶴見カフェ」というサイエンスカフェである。2008年9月から月1回、豊岡市内の商店街で開催していた[5]。誰でも参加できること、誰でも発言できること、発言を否定しないことが、このカフェのルールである。コウノトリに特化したサイエンスカフェであるが、テーマは郷公園や学生の最新の研究成果、コウノトリの最新の情報や活動、コウノトリに関する政策、農業者の取り組みなど様々

[5]　鶴見カフェという名称は、この地域でコウノトリがツルと呼ばれ親しまれていたことから名付けた。豊岡を離れてからも、私はコーディネーターをしばらく続けていた。2016年5月で、鶴見カフェは終了した。

写真 7–1　住民と研究者がともに学びながら、地域の未来を考える場となった鶴見カフェ。

である。参加者は、ボランティア、農業者、行政関係者、学生、研究者等、毎回 10 名程度である。研究者は住民にとっての野生復帰を学び、住民は研究者の考えや思いを学ぶ。鶴見カフェは、住民と研究者がともに学びながら、地域の未来を考える社会的仕組みとなることを目指した取り組みであったのだ（写真 7–1）。

私はコーディネーターとして、参加者の意見を「聞く」ことから、関心や利害などを整理し、参加者で共有できるように試みた。ただ、私はコーディネーターになりきれていたわけではなかった。郷公園の研究員という当事者性を持つ身体性を消すことはできないし、私自身も積極的に消すことを試みなかった。その方が多様な意見や思いを聞くことができると考えたからである。そのため、コーディネーターである私自身にも、時に厳しい言葉が投げかけられることもあったし、私自身の見解を求められることもしばしばであった。私は、鶴見カフェという場で、当事者性と第三者性を行き来していたのである。

(6) 小さな自然再生へのかかわり

2007年の繁殖の成功以降、コウノトリの生息数は増加し、飛来する地域も増えてきた。2008年4月に飛来した兵庫県豊岡市田結地区もその一つである。第6章で論じたように、この村の放棄水田にコウノトリが降り立ったことにより、村人たちはNPOやボランティア、研究者、行政といった多様な主体とともに、スコップ片手でできるほどの小さな自然再生に取り組み始めた。放棄水田をコウノトリの餌場というコモンズとして再生する活動である。

2011年冬、私はこの村で活動しているNPOコウノトリ湿地ネット（以下、湿地ネット）から、豊岡に定住している環境社会学者として、郷公園の研究者として、この村の取組みにかかわって欲しいという依頼を受けた。具体的には、かつての生活や田んぼへのかかわり、コウノトリへの思い、小さな自然再生へのかかわり方などを「聞く」ことから、「なぜこの村では、放棄水田をコウノトリの生息地という経済的価値を生み出さない空間に変容させる活動が可能なのだろうか」という疑問に応えてほしいというものであった。コウノトリを軸にしたコモンズ生成の「社会的仕組み」の解明というテーマは魅力的であったし、湿地ネットにとってはコウノトリの生息地を拡大するための実践的な課題であった。

すでに第6章で詳しく論じているので、要点だけを指摘すると、小さな自然再生は、皆が集まることで、村を再認識し、村の未来という共同意識を形成する場であった。そして、村総出で取り組んでいるのは、土地を管理する主体として、村を信頼しているからであった。村への信頼によって生息地づくり活動が推進されるとともに、活動によって村の共同意識が形成される。私は村人の語りを「聞き」ながら、コウノトリはこうした相互作用を媒介する存在であるという視点を形成した。コウノトリという物語性を帯びた生き物は、地域外の様々な人、情報、力を呼び込んでくれる。コウノトリの生息地というコモンズを生成することを通して村を維持していく能力を組み立てようとしている。この意味でコウノトリは村を共同で維持するための選択肢であると提示したのだ。

(7) 当事者性の変化

選択肢としてのコウノトリという視点は、少子高齢化が進む中で経済性のない小さな自然再生に取り組む人たちが聞き取り調査の場で発した語りへの共感的理解に基づき、郷公園の研究者、湿地ネットの一員、豊岡に暮らす一人の住民という複数の立場を往復しながら、私自身が取捨選択し形成したものであった。この視点は、地域生活の全体性という視点からコウノトリを位置付けたものであり、関係者や多くの地元の人びとにある程度地域の実情にあったものとして受け止められ、今後の村のあり方を示すリソースとはなり得たように思う。ただし、「それを実現するための具体的な仕組みをどのように実現できるのか」という問いには十分に応えられていない。

この研究により、私の当事者性は大きく変化した。この村での小さな自然再生の取り組みを記述したことにより、私は湿地ネットや村人、行政関係者から小さな自然再生の当事者の一人という正統性を付与されるようになったからである。聞き取り調査による小さな自然再生の社会的メカニズムの解明が、小さな自然再生の活動への参加につながり、活動をすることが研究につながる。私は当事者性を持ちながら複数の立場を往復し、地域の生活の中に専門知を活かす方法を考えるようになった。具体的には、湿地づくりを軸にした持続可能な村づくりに参加することになったのである。

7–5　方法としてのレジデント型研究

以上の３つの研究は、明らかにしようとする事実や社会的な課題は異なっているが、フィールドの人びとの問いに応えようとする中で形成してきた野生復帰へのかかわり方であり、協働する再帰的な研究方法の形成過程であった。

第一のコウノトリ聞き取り調査で提示した「ツル」と「コウノトリ」という視点と多元的なかかわりの再生という社会的選択肢の提示は、現場の知識と結びつき、人びとの間で一定程度活用された。研究成果への反応は様々な形で跳ね返り、私は地域住民という当事者意識を形成するとともに、地域を「フィールド」として切り取る方法に修正を迫られた。複数の立場の往復と再帰的な当事者性という視点から地域の全体性を相対的に深く理解することを試みる契機となった。

第二の「野生」に関する研究は、コウノトリへの人の関与の仕方と多様な価値観を調整するための見取り図を提示し、複数の立場の往復作業と再帰的な当事者性という方法を自覚した。ただ、地域の実情とあわない概念を使ったことにより、人びとに活用されたリソースとなったとは言い難い。研究のプロセスで複数の立場を往復する作業を行うとともに、自らの当事者としての役割を創出することにつながった。

第三の小さな自然再生に関する研究では、選択肢としてのコウノトリという、より具体的な活動に資することを意識した視点を提示し、地域住民をはじめとした人びとに一定程度受け入れられ活用された。この研究により、私には小さな自然再生の当事者という正統性が付与された。自らが地域に介入する存在であることを意識し、その介入を意識的に実践するようになり、研究と活動の循環の過程で発見したことを考察する実践研究への移行がすすんだ。

このように自己分析すると、私がコウノトリの野生復帰にかかわるなかで形成してきたのは、他者の行為のみならず自己の行為も振り返ることを、次の行為の足がかりとする「循環的な研究と活動の方法」(菅 2013) であったといえよう。この経験から、「研究者と地域住民の一員といった複数の立場の往復作業を通じて、地域のリソースとなりうる知識の生産と社会実践を再帰的に試みる方法」であるレジデント型研究の方法論的特徴を整理してみたい。

第一に研究成果が社会のなかで評価を受けることである。とりわけ地域社会が活用しやすい知識を生産しているかどうかを重視する。

第二に研究者と地域住民といった複数の立場を往復する作業を伴うことである。アカデミックな特定のディシプリンに閉じこもるのではなく、複数の立場を往復することから見えてくる社会的現実を明らかにする。

第三に再帰的な当事者性を伴うことである。自身の研究が自身に返ってくる、あるいは自分のことを言及することによって自分を客体化する。他者と自己を含む研究を振り返り、内省して修正し、次の研究につなげる。主体と客体が融合しているため、地域をフィールドとして切り取る視点は取りにくくなる。

第四に循環的な方法である。研究することが何かの活動を生み、活動することが何らかの研究を生む。その過程で発見した諸問題を考察する。

第五に共感的理解を進めることである。共感というかたちで自己と他者を同化に向かわせる一方で、理解というかたちで自己と他者の異化に向かわせる。こうした相反する方法をとることになる (菅 2013)。

第六に漸近線的接近である。たとえどんなに地域の人びとに接近し、理解したとしても、完全には同一化することができないことを自覚し、その自覚のもとに接近を弛まず継続することによって、人びとのもつ考え方や価値観をより深く理解する。

こうした他者と自己を含む再帰的な知的営みは、定住しなければ実践できないかといえば、必ずしもそうではない。上記の点を自覚することにより、人びとの問いを自身の研究の問いに置き換える研究者をレジデント型研究者と拡張していってもいいだろう。重要なのは人びとの問いを自己の問いに置き換え、多様な人びとと協働する再帰的な研究実践を行い、地域のリソースとなりうる知識の生産と社会実践を行うことだからである。このように位置付けると、大学等都市部に拠点を置く研究機関に所属する研究者にもレジデント型という研究方法は開かれたものになる。

私は、2013年2月から総合地球環境学研究所に研究の拠点を移し、レジデント型研究者ではなくなった。月に数回程度豊岡に通う、「半レジデント型研究者」へと立ち位置を変化させたのである。立ち位置の変化により、地域へのかかわり方もまた変化するとともに、上記の6点の方法論についても変化が生じている。自己の立ち位置の変化によって見えてきた社会的現実を記述することからレジデント型研究の可能性を示す作業を進めていく必要がある。ただ、こうした作業は私個人の変化を扱うに過ぎない。

複数の立場を行き来することで地域課題の解決に資する領域融合的な研究を志向するレジデント型研究という方法論は、私に特有のものではない。様々な地域課題がある一方で、研究資源に乏しい豊岡のような地方において、より必要性が高いのではないだろうか。したがって、次に考えていく必要があるのは、レジデント型研究者が地域において果たす多面的な役割についてである。

7-6 可能性としてのレジデント型研究者

(1) レジデント型研究者と持続可能な地域形成

近年、日本の農山漁村地域は少子高齢化、後継者不足、環境の悪化などの課題を抱え、持続可能な地域社会を形成していくことが困難な状況にあるといわれている。マスメディアを賑わした「限界集落論」や「地方消滅論」の妥当性については賛否両論あるが、日本の農山漁村が疲弊し、様々な領域で空洞化が進んでいることは確かであろう。農政学者の小田切徳美は、農山漁村の空洞化を3つの視点から整理している。第一に、高齢化による人口自然減が続く「人の空洞化」である。第二に、それに伴い担い手不足という状況が生まれ、農地などを管理ができなくなる「土地の空洞化」である。第三に、日常生活や祭りなどが維持できなくなる「むらの空洞化」である。小田切は、これらを指摘しながらも、空洞化は直線的、不可避的に進むのだろうかと問いかけている。農山漁村を歩いていると、集落組織を状況に柔軟に変化させる「復元力」や集落外に暮らす子どもとのつながりによって集落を維持させようとする「強靭性」が、存在しているというのである(小田切 2014)。

一方で、近年、農山漁村に都市部にはない魅力を見いだした若者などが移住し、さらには定住する動きが見られる。自身もそうした経験を持つ図司直也によると、「農山村は仕事がないから住めない場所ではなく、仕事を起こしてまで住みたい場所になっている」という(図司 2014)。移住や定住を希望する若者たちは、農山漁村を魅力ある地域として捉えなおしているというのである。近年、行政によって「地域サポート人材」導入の制度が整備されるようになり、その動きに一定の弾みがついている。一例である「地域おこし協力隊」は、若者などを雇うことを促進する可能性を持つ取り組みである

(図司 2014)。

地域おこし協力隊は、どちらかというと非専門家たちによって構成されているが、移住者のなかには、都市部で学習した科学的・専門的知識や技能を活かして、持続可能な地域づくりに向けた活動に取り組む人たちがいる。レジデント型研究者は、その一例である。ただ、レジデント型研究者といっても、そうした職種があるわけではない。むしろ、博物館の学芸員、農協や漁協などの職員・組合員、NPOのスタッフ、行政職員、大学の研究者など職種と活動は多岐に及ぶことに特徴がある。職業的な研究者ばかりではないことに注意していただきたい。その多様性にこそ、レジデント型研究者の特徴がある。

このように考えると、地域住民が主体となりながらも、レジデント型研究者のかかわりや支援により、地域の多様な要素を資源化し管理していくことは、これからの地域社会にとって重要な課題の一つといえよう。

農山漁村のなかには、研究者たちの知的資源を持続可能な地域社会形成に活かしたい地域もあろう。また特に若手の研究者の中には、農山漁村で実践的な研究を行ないたい者もいるに違いない。地域にも研究者にも、それぞれを求めるニーズはあっても、そもそも出会う機会が少なく、両者のマッチングもなかなかうまくいっていないのが現状である。

こうした問題意識に基づき、持続可能な地域づくりや包括的再生に向けたレジデント型研究者の多面的役割について試論的に考えてみたい。

(2) 訪問型研究者とレジデント型研究者

レジデント型研究者の特徴は、訪問型研究者と比較すると分かりやすい。分かりやすさを優先して、かなり単純な比較を試みよう。

第一に、地域社会での立ち位置である。レジデント型研究者は定住者であり、地域住民からすると基本的に「いつもいる人」である。それに対して訪問型は、訪問者であり、地域住民からすると「たまに来る人」である。この違いは、質的にはけっこう大きなものである。地域の人びとからすると、研究者がいつも近くにいれば、何か気になったことや思いついたこと、あるいは文句があれば、それほどコストをかけずに、その研究者にアクセスできる。そうした顔を合わせる関係性が、現場では重要なことが多く、信頼関係の構築に結びつく。

一方、研究者の側からすると、「いつもいる」というのは、研究の時間を地域の時間に合わせていくことを意味している。訪問型の場合、調査日程はあらかじめ決まっていることが多い。聞き取り調査を予定していた人の都合が悪くなることは、わりとよくあることである。訪問型であれば、予定通り調査ができなくなると、困り果ててしまう。場合によっては、調査者の都合から、地域の人の都合を変えてしまうこともあるだろう。それに対して、レジデント型の場合、その人の都合のいい日に再設定することが、比較的容易である。また来週訪問したらいいのである。

ほんの一例であるが、これは研究を地域住民の暮らしの時間のなかに組み込んでいくことを意味している。こうした研究の時間のことを、かつて「晴耕雨読の研究」と名づけたことがある(未発表)。地域の人びとの都合がよければ調査をし、悪ければ読書をする。そんなイメージである。

第二に、研究の目的である。簡単に説明しておこう。訪問型は、自分の研究の推進のために、その地域を訪問しているが、レジデント型は、目的が地域の課題解決へとシフトしている。地域の人びとの問いを自らの問いへと変換するのである。もっとも自身の研究目的を完全に放棄するわけではない。自身の研究目的と地域の課題が結びつけば、より望ましい。

第三に、研究の方法論である。訪問型が自身の専門分野の手法によって、ある地域のある側面を切り取るのに対し、レジデント型は自身の専門分野をベースにしながらも、地域の課題に対して、様々な手法を組み合わせる方法をとる。現場は学問分野によって分割されているわけではないからである。私は環境社会学をベースにしているが、経済学や生態学などの手法も取り入れながら、活動を行なってきた。現場での領域融合である。

第四に、研究の発表の仕方である。訪問型の発表の場は基本的に学会である。最近、研究の社会的還元が重視されているので、地域で成果発表する機会は珍しくなくなった。それでも、やはりメインの発表の場は学会であることが多い。それに対して、レジデント型は、自身が属する学会で成果を発表するが、むしろメインの場は地域社会である。たとえば、先に述べたように私が行ったコウノトリとのかかわりに関する聞き取り調査の結果については、多様な媒体を通じて発表してきた。

第五に、研究成果の評価である。訪問型は学会で評価されることを重視するのに対して、レジデント型は自らが暮らす地域社会で評価されることを重視する。このことによって研究の中立性が損なわれる可能性はあるが、ここでは研究が地域社会にとってどのような意味を持っているかを問いなおす意義を強調したい。これはある意味､緊張感がある地域住民との関係性である。私の場合、発表した成果に対する地域の人びとの声を聞いたことから、地域の人びとにとってのコウノトリの意味を問い直していくことになった。以降、私の研究は、研究者としての立場と野生復帰を推進する立場と地域住民としての立場といった複数の立場を明確に意識するようになったのは、先述したとおりである。

第六に、研究と実践の関係性である。レジデント型の場合、研究することが何かの実践を生み、実践することが何らかの研究を生む。その過程で発見した諸問題を考察していくし、考察したことが実践につながっていく。私がコウノトリの野生復帰にかかわるなかで形成してきたのは、他者の行為のみならず自己の行為も振り返ることが、次の行為の足がかりとする循環的な研

表 7-1　訪問型研究とレジデント型研究

	訪問型	レジデント型
地域社会での立ち位置	訪問者 たまに来る人	定住者 いつもいる人
研究の目的	自身の研究の推進	地域の課題解決
研究の方法	専門分野の方法	課題に合わせた領域融合
研究の発表方法	学会・地域社会	地域社会・学会
研究成果の評価	学会	地域社会・学会
研究と実践	循環しない	循環する

究と活動の方法であった。

かなり単純な比較ではあるが、レジデント型研究者の特徴をそれなりに明らかにすることができたように思う。まとめたのが表 7-1 である。

7-7　レジデント型研究者の活動事例

(1) レジデント型研究者の多様性

佐藤によってレジデント型研究者という言葉が創り出されたことにより、全国各地で様々な職種で様々な活動をしている人たちがつながるようになった。2010 年 3 月には、レジデント型の研究を進めている人たちが相互交流し互いの経験を共有できる場である地域環境学ネットワークが設立された(http://lsnes.org/)。活動している地域は、北海道から石垣島まで及んでいる。

私も地域環境学ネットワークの一員として活動しているとともに、総合地球環境学研究所の「地域環境知形成による新たなコモンズの創成と持続可能な管理」プロジェクトの研究として、レジデント型研究者たちへの聞き取り調査を進め、持続可能な地域づくりにおいて果たす多面的な役割の解明を目指している。これまで、延べ約100人への聞き取り調査を実施した。研究の途中なので、ここで詳しく報告することはできないが、その一端だけを紹介したい。

活動のベースになっている組織は、地域密着型NPO（地域の課題解決を目的としたNPO）が約40％と最も多く、続いて行政が20％強、大学が15％、広域的なNPO（地域をまたがった課題の解決を目指したNPO）が10％弱、博物館が10％弱であった。主な活動内容は、自然/野生生物との共生と地域づくりが約25％、続いて資源管理と人材育成が約15％、世界遺産など地域認証が13％であった。

改めてレジデント型研究者は多様であることが理解できる。レジデント型研究者への聞き取り調査の詳細については、別の本で論じる予定である。

(2) WWFサンゴ礁保護研究センター

代表的な事例を簡単に紹介しよう。沖縄県石垣市白保のWWFサンゴ礁保護研究センター（サンゴ村）は、サンゴ礁に関する生物調査やサンゴ礁にかかわる地域文化の調査、サンゴ礁保全に関する普及啓発とコミュニケーション活動などを通じて、白保の住民が主体となったサンゴ礁環境の保全と地域の持続的発展に貢献すること目的とする施設である（上村2011）。

サンゴ村でレジデント型研究者として活動していたのは、地域計画を専門とする上村真仁氏である。上村氏は、サンゴ礁にかかわる地域文化の調査と継承を行うため、2004年に赴任した（2016年3月まで職員として活動）。住民主体の保全活動への支援を意識していた上村氏がまず行ったのは、以前から取り組まれていたサンゴ礁のモニタリングとともに、地元の高齢者への聞き取り調査による多様な文化や資源利用について記録化を進めたことである

写真 7-2　沖縄県石垣市白保の WWF サンゴ礁保護研究センターが取り組んだ、地元高齢者への聞き取り調査による文化や資源利用についての記録化を公開した「白保今昔展」。（提供：上村真仁氏）

（上村 2011）[6]。かつて、白保の人びとの経験のなかにあった知恵や技術が言語化され、知識として蓄積された。その記録は、「白保今昔展」として地域住民に見える形で提示されるとともに（写真 7-2）、サンゴ礁にまつわる伝統文化を伝える環境教育にも活かされた。こうした活動を通して、サンゴ礁の保全活動の持続可能性を高めるためには地域主体での取り組みが必要不可欠であると考えて、地域づくりにつながる活動に取り組むようになった。

［6］　これらの取り組みは 2002 年から始まっていた。特に上村氏に期待されたのは、その聞き取りをさらに継続するとともに、分析し、論文化することであった。

かつてこの地域には、海垣（インカチ）と呼ばれる半円形や馬蹄形の石垣があった。これは、農家が畑の近くに築き、潮に合わせて魚を捕った仕掛けであった。しかし、戦後、網が普及したこともあり、使われなくなり、日々の生活が海に支えられていたことも忘れ去られてしまったかのようだった。そこで、小中学生、住民が協働で「石垣を復元」するとともに、世界各地の海垣関係者を招いた「海垣サミット」を開催した。これは海とのつながりの創出活動といえる。

畑から流出する赤土がサンゴ礁の海を汚すことは、よく知られているが、具体的な行動にはつながらない。「赤土流出を防ぐグリーンベルト作り」は、行動へつなげていく取り組みである。植え付けは、子どもたちをはじめ住民参加で行われてきたが、現在はサンゴ礁保全ツアーの一環として、多くのボランティア・ツアーによっても担われている。グリーンベルトに植えられた月桃は、商品化されている。海と陸の一体性の見える化を進めようとする活動といえよう。

「白保日曜市」は白保の豊かな自然の恵みと、それを利用する知恵を再発見する場として、毎週日曜に開催されている。地元の農家の人が、野菜や加工品を売っており、人とモノが行きかう楽しさを提供する場となっている（写真 7-3）。

これらの活動には住民間の協働が不可欠であるとともに、より広域的なネットワークもまた不可欠である。上村氏は地域内外の人たちとつながりのハブの役割を担っている（上村 2011）。日曜市など、一見すると自然保護団体の活動のように思えないものもあるが、持続可能な地域づくりが環境問題の解決につながるという考えを表したものであろう。

写真 7-3　白保の自然の恵みと、それを利用する知恵を再発見する場として毎週日曜に開催されている白保日曜市。

(3) 北広島町立 芸北 高原の自然館

もう一つの代表的な事例は、広島県北広島町の芸北 高原の自然館である。高原の自然館は、芸北の自然に関する情報提供を行う自然学習施設であり、学芸員が一人しかいない、小さな博物館である。

高原の自然館のただ一人の学芸員として活動しているのは、生態学を専門とする白川勝信氏である。学生時代に芸北をフィールドとして研究していた白川氏が、学芸員として赴任したのは、2001 年のことである。まず行ったのは、八幡湿原の自然再生である。その活動の中で、再生のビジョンを形成するワークショップを行ない、様々な人たちと協働する重要性を学んだとい

写真 7-4　雲月山の山焼き。住民と地域外のボランティアが協働で火入れする。（提供：白川勝信氏）

う。その経験を活かし、高原の自然館を拠点に、多様な人たちの協働を促し、様々な要素を地域資源化していく活動を展開している。

たとえば、市民参加型の草原再生をコーディネートし、住民と地域外のボランティアが協働で火入れイベントをすることを可能にした（白川 2007, 2009）（写真 7-4）。また、中学生が小学生を教える世代間交流による環境教育や小さなビジネスにつながる教育をコーディネートし、地域に暮らす動機付けを創ろうとしている。さらに、専門知識を活かしながら、「北広島町生物多様性地域戦略」の策定に行政の事務局としてかかわっている。「生物多様性は切り口だが、地域づくりにつながっていく」というこの白川氏の戦略

写真 7–5　木質資源の利用促進による地域内経済の活性をめざす、芸北せどやま再生事業。（提供：河野弥生氏（NPO 法人西中国山地自然史研究会））

は、高原の自然館を拠点に様々な関係者をつなぐ役割を果たしている（白川 2011）。

地域環境学ネットワークのシンポジウムで自伐林業の取り組みを知った白川氏は、すぐに地域内の関係者に働きかけ、「芸北せどやま再生事業」をコーディネートした。せどやまとは、里山のことをいう、この地域の言葉である。忘れ去られていたかのようなせどやまを地域資源として捉え直し、1）木を買い上げるしくみ、2）だれでも着手しやすい仕組み、3）消費地の確保、という取り組みを進め、木質資源の利用促進による地域内経済の活性をめざしている（写真 7–5）。

また、私が企画・運営していた「鶴見カフェ」に話題提供者として招かれたことをきっかけに、「ハカセ喫茶」というサイエンスカフェを企画・運営

写真 7-6　分野を問わず博士号を持った者が、芸北の住民に研究内容を語る「ハカセ喫茶」。私もコウノトリについて語った。(提供：白川勝信氏)

し、楽しみながら地域住民が学ぶ場を創り出している。分野を問わず博士号を持った人が、芸北の住民に対して自分の研究を分かりやすく話をしていく(写真 7-6)。

こうした多様な活動は、高原の自然館を拠点として、地域内外の人たちが協働しながら、地域を再発見し、持続可能な地域づくりを進めようとするものであろう。

白川氏は、地域内の資源や人間関係を把握するとともに、研究者として培ってきた広域的なネットワークを活用し、地域にとって必要な知的資源を、地域に馴染むように変換する、「協働のコーディネーター」というべき役割を果たしている（白川 2011）。また、活動の場面によって生態学の研究者というカードと地域行政の一員である学芸員というカードなどを、使い分けているのも白川氏の特徴である。

7-8 レジデント型研究者の多面的役割

(1) レジデント型研究者の六つの役割

私たちの聞き取り調査によって、レジデント型研究者の多面的な役割のあり様が明らかになりつつある。

第一の役割は、研究者として専門的知識をもたらすことである。上村氏の場合、地域計画の専門的知識、白川氏は生態学の知識を地域社会にもたらしている。より重要なのは、自身の有する特定の専門的知識というよりも、データを取ったり、データを基に議論したりする中から、地域の実情を多面的に理解しようとする研究的視点の提供である。

第二に、訪問型研究者とのネットワークを通じた多様な知識基盤の形成や知識供与の役割である。地域で求められる知識は包括的であるが、一人の研究者の持つ知識は限られている。そこに大きなギャップがあるが、研究者としてのネットワークを通して、地域で求められている知識を有する人を取り込んでいくことで、ある程度は対応することができる。たとえば、「芸北せどやま再生事業」で白川氏は、自伐林業の活動家とのつながりをつくり、その知識を芸北の地域社会に適合するように変換する作業を行った。

第三に、地域の一員として、科学的知識の生産のみならず、科学的知識の活用にも地域と協働して関与することである。たとえば、石垣島では、上村氏は地域計画の専門知識をベースに多様な人びとと協働しながら「白保ゆらていく憲章」を策定しているし、芸北では、白川氏は生態学者の専門知識を活かして、生物多様性地域戦略の策定に結び付けている。

第四に、市民調査の設計や実施へ貢献する役割である。持続可能な地域づくりに向けて、市民・住民の目線での総合的な調査が求められる。研究者の調査結果を聞いても、生活と結びつかず、よそ事のように感じてしまうこともあろう。市民・住民自らが調査することの意義は、市民・住民がデータを自分化することにある。そのことにより、データを使いこなす可能性が高まる。

調査の手法を有する研究者と地域の事情をよく知り切実に問題を感じている人たちが、ともに研究、実践、応用を通じて地域理解を深め、地域との取り結びを強化し、ともに考えるために（菅 2013）、市民調査をコーディネートするのもレジデント型研究者の役割であろう。

第五に、小さな経済創出のコーディネートという役割である。小田切は、特に少子高齢化が進む農山漁村では、「小さな経済」を、まずは確実に地域内につくり出していくことが、求められているという。主たる稼ぎとはならない小さな経済が、実は地域を元気にする起爆剤になることがある。小さな経済が切り口になると、それまでほとんど地域づくりにかかわってこなかった女性や高齢者にスポットライトが当たり、このような人たちが地域づくり活動にかかわるようになるからである（小田切 2014）。「白保日曜市」や「芸北せどやま再生事業」は、小遣い稼ぎぐらいの経済効果であるが、地域生活に潤いをもたらしている。

第六に、多様な関係者間のコミュニケーションを促進する役割である。これは私自身の「鶴見カフェ」がそれに当たろう。私は、コウノトリに特化した「鶴見カフェ」というサイエンスカフェを企画・運営し、コーディネーターを務めていた。テーマは郷公園の最新の研究成果、コウノトリの最新の情報や活動、コウノトリに関する政策、農業者の取り組みなど様々である。

参加者はボランティア、農業者、行政関係者、学生、研究者等であった。研究者は地域の人びとにとっての野生復帰を学び、地域の人びとは研究者の考えや思いを学ぶ。鶴見カフェは、地域の人びとと研究者がともに学びながら、地域の未来を考える社会的仕組みとなることを目指した取り組みであった。

レジデント型研究者たちは、地域内の協働を促進したり、地域内と地域外をつないだり、科学知などを地域内の色々な人たちが理解でき共有できるように変えるといった多面的な役割を担っている。ひとことで言えば、人や知識をつなげ、価値を創出していく役割といえる。

(2) 重層的・循環的なレジデント型研究者の活動

では、こうした多面的な活動を可能にする要因について、試論的に考えてみたい。

1) レジデント型研究者がまず行なうのは、地域への参加であろう。具体的には、住民が培ってきた地域生活を維持するための清掃作業や農作業に不可欠な作業への参加がある。これは相互扶助で暮らしを支える活動へのサポートといった「コミュニティ支援活動」(図司 2014) といった側面ももつ。こうした作業への参加を通して、在来的な知識や知恵、技能などについて、共感をもって理解しようとする。

地域では、レジデント型研究者の発言は、論理的な正しさよりも、どれだけ信頼できる人間かどうかによって、判断されることが多い。一緒に汗を流す量によって、また地域を歩いた時間によって、信頼性は変わってくる場面は多々あるだろう。あまり表だって語られることはないが、このプロセスはきれいごとばかりではない。

2) 地域住民に対する聞き取り調査や地域住民とともに行うワークショップなども重要な活動である。レジデント型研究者は地域を理解するとともに、地域の人びとの問いに向き合い、自身の専門性を問いなおすことになる。この活動は地域を理解するプロセスといえよう。結果的にはコミュニティ支援につながることもある。やり方しだいによっては、聞き取り調査やワークショップは、その対象となる人たちの自己認識を深める場や、地域の課題を可視化し共有化する場となるからである（宮内 2016）。

1）と 2）の活動は、地域を理解するとともに、地域の人びととの関係性を培っていくプロセスといえよう。

3）こうした活動が基盤となって、地域の特徴を活かして、身の丈にあった価値や良さをじっくり追い求める発想に立って、地域で新たな活動や仕事を起こそうと試みる「価値創造活動」（図司 2014）が生み出されていく。前節で指摘したレジデント型研究者の多面的役割は、実は価値創造活動に焦点をあてたものである。

ここでは、レジデント型研究者の研究的視点が重要となる。地域の人びとが培ってきた在来的な知識や知恵、技能などは、その土地と関連していてこそ意味があるものである。固有であるがゆえに、地域外の人にとっては理解が難しい。レジデント型研究者は、地域に固有の知識や知恵、技能などを科学的知識と組み合わせて、地域外の人にも理解できるように変換、あるいは翻訳していく。いい換えると、研究的視点が入ることで、地域の固有性がより明らかになり、価値の創出につながる可能性が高まるのである。

第4章で論じたように、このプロセスを「物語化」と呼ぼう。そうした活動は、多くの場合、起承転結のある物語という形式をとることが多いからである。物語が創り出されることで、都市の消費者の「共感」を呼び込み、消費やファンの獲得につながり、農山漁村の新しい経済のベースになりうる（小田切 2014）。コウノトリの野生復帰を例にとれば、コウノトリは田んぼなど人里にすむ里の鳥である→コウノトリが暮らせる環境は人間にとってもいい環境である→その環境をつくっているのは農家である、という物語によって、多くの人びとの共感を呼び、農産物のブランド化につながっている。基本的に、物語は地域外に向けて発信する。

4) 物語はその性質上、現実をある視点から単純化したものである。単純化したがゆえに、地域外の人も理解できる物語となりうるのである。しかし、たとえばコウノトリと人間の関係は、それほど単純ではなく、人びとの思いは多様で複雑である。「コウノトリに優しい環境は人間にとっても優しい」という物語は、複雑さを単純化することで可能となる。

ただ、本書で何度も指摘したように、地域の人びとは物語を演じるだけの存在ではない。物語が肥大化したり、物語と現実の地域生活のギャップが大きくなると、様々な齟齬が生じてしまうだろう。そこで必要なのは、物語を再び地域生活につなげていくプロセスである。これを、第6章で述べたように物語の「生活化」と呼ぼう。たとえば、里山の再生という物語性を帯びた「芸北せどやま再生事業」の活動によって、地域住民と山とのかかわりが新たに生まれ、「生物多様性」や「多様性」が、日常的に使われる生活の言葉になりつつあるという。これは科学知の在来知化というプロセスかもしれない。創造された価値が地域に定着するためには、この生活化が欠かせない。

以上をまとめると、レジデント型研究者は 1) 地域への参加、2) 地域の理解、3) 地域を物語とし、共感を生み出す物語化、4) 物語を地域につなげる生活化、という4つのプロセスを行き来しながら活動しているのではないだろうか。そして、ここで指摘したいのは、外部から見えやすい価値創造活動は、1) 地域に入る活動や 2) 地域を理解する活動を基盤としていることである。地域住民との信頼関係が構築できなければ、そもそも価値創造活動は展開することはできないだろう。私たちの聞き取り調査でも、レジデント型研究者がまず意識しているのは、地域内の顔のみえる人たちのことであるという語りを聞いてきた。

この4つのプロセスは、個々に独立しているわけではなく、重層的かつ循

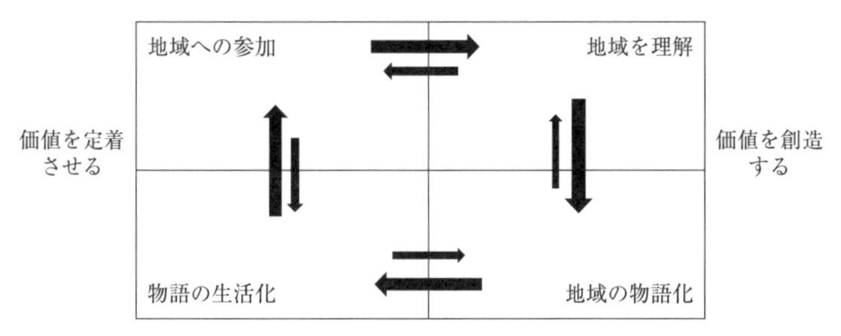

図 7-1　レジデント型研究者の活動の重層性・循環性

環的なものである。レジデント型研究者の主要な役割である価値創造活動は、地域に入り込み理解する活動が基盤となっている。そのなかで住民との信頼関係を構築するとともに、地域の課題の可視化と共有化を図る。その一方で、いくらこの活動を充実させても、価値創造活動がなければ、持続可能な地域づくりは進んでいかないだろう。

レジデント型研究者は、こうした重層的かつ循環的なプロセスを行き来しながら、持続可能な地域づくりに向け多面的な役割を果たしているのではないだろうか。これをまとめたのが図 7-1 である。これは、アイデア段階のモデルに過ぎず、今後は聞き取り調査のデータの分析を通して、より研究を深めていきたいと考えている。

(3) レジデント型研究者としての私

この図を用いて、私自身の活動を振り返ってみよう。

1) 私が住んでいたのは豊岡の農村地帯であった。地域住民の一員として課せられていた、溝掃除や川の草刈りといった地域を維持する活動に参加してきた。第６章で見た日役である。地区の役員や隣保長になったことも何度かあった。地域のイベントを優先し、学会を欠席したこともあった。役員としての役割を優先したのである。市民農園に畑を借り、農家の人から教えを請いながら、野菜作りに挑戦もした。鍬を持ち畑を耕す私は、「腰が入っていない」と笑われ、仕事が忙しく管理不十分な時は「草ぼうぼうですな」と半ば諦めのような言葉を寄せられた。地方都市の出身ではあるが、日役的な活動や畑づくりに参加したことがなかった私にとって、まさに初体験なことばかりであった。

もう一つ重要な経験として、水害経験がある。豊岡に暮らすようになってから、「よう水がつくところに住んで」と、いろいろな人から聞かされていた。だが、そこには家が建ち、店が営業し、他のところと何ら変わらなかった。私が住んでいた地域は、水害常襲地帯である。だからこそ、コウノトリが生息できていたこともアタマでは理解できた。しかし、それらの言葉に実感は沸かなかった。だが、2004 年 10 月 20 日未明、台風 23 号による豪雨により、床上 1 メートルの浸水被害にあってしまった。私は、一度ではあるが水害経験者となったのだ。地域の人と一緒に水害復興に汗を流しながら、時に激しい被害をもたらす矛盾する自然と共生していくことを自分自身の問題としても考えるようになったし、コウノトリとの共生を問い直すことにもなった。

これらの活動や経験は、決して研究のためではなかったが、地域の一員として一緒に汗をかくことにより、地域の生活を理解することには役立つものであったには違いない。

2) 地域を理解する活動は、私の研究活動全般が当てはまるだろう。とりわけ、第 3 章で論じたコウノトリ聞き取り調査は、コウノトリと暮らすことの意味を理解するために不可欠のプロセスであった。また、「野生」問題に端を発した鶴見カフェでは、積極的に人びとの問いに向き合い、関心や利害を理解するように試みた。地域の人びとにとっての野生復帰を考える場となり、自らの専門性を問いなおすことにつながった。加えて、私は鶴見カフェが地域の課題を可視化し共有化する場となるようにコーディネートを試みた。

3）私は、こうした経験を基盤にしながら、価値創造活動を行ってきた。たとえば、この地域に固有のコウノトリとのかかわり方である「ツル」と「コウノトリ」を、地域外の人にも理解できるように、人と自然のかかわり、自然という矛盾との折り合いのつけ方という知識へと変換してきた。第4章で論じたコウノトリの地域資源化に関する一連の研究活動は、野生復帰という物語を創る役割を一部担ってきたともいえる。また、様々な分野の外部の研究者とのネットワークも活用し、それら研究者が持つ専門知識を野生復帰という課題に合うように変換する取り組みも行ってきた[7]。この変換によって、地域の固有性に多面的に焦点を当て、新たな価値創出を試みたのだ。こうした成果は、学術論文や本として発表するだけではなく、様々な媒体を使い地域内外に発信してきた。

私は、地域を理解することと地域の価値創出を行うことを循環させながら、研究活動を行っていた。

4）ただ、私は自ら物語を創る一員でありながら、そこに違和感をも持ち続けていた。鶴見カフェで人びとから発せられる「野生復帰は市民のものではない」という声。市民農園で雑談のように話してくる農家のつぶやき。行政職員との「外向けばかりではなく、もっと地域に入っていかないといけない」という会話。NPOの人たちのコウノトリに対する熱い思いと「現実に

［7］　私は、2009年度から「コウノトリと共生する地域づくり講座」を企画するとともに、その運営とコーディネートに当たってきた。そこで試みたことは、第一に多様な分野を専門とする外部の研究者とのネットワークを形成することであった。私たちだけでは、包括的な問題に向き合うことはできない。外部とのネットワークを形成することで、使える知的資源を配置しようと考えたのである。第二に、そうした研究者がもたらす知識をそのまま受け入れるのではなく、野生復帰の課題を考えるための知識へと変換することも試みた。そうした取り組みによって、研究の知識は現場で生きたものになると考えたのである。

対する無力感」。野生復帰という物語は、価値を創出する力を持っている。ただ、成功事例として野生復帰が取り上げられることが多くなるにつれ、地域の暮らしとの遊離を感じる場面もまた多くなっていったのである。多くの関係者は野生復帰の物語を演じるようになった。しかし、創造された価値が地域に定着する必要性を感じる場面も多くあったのだ。第6章で見た小さな自然再生への私のかかわり方は、野生復帰という大きな物語を生活化していく、実践でもあったのだ。

私は、こうしたプロセスを行きつ戻りつしながら、研究と実践が循環する活動を行おうとしてきたのである。

(4) 地域への住み着き方としてのレジデント型研究者

レジデント型研究者の多面的な役割に基づいた活動は、レジデント型研究者が単独でできるものではない。地域の人びと、行政、大学をはじめとする多様な関係者との協働が欠かせない。私が活動できていたのも、様々な関係者に支えられていたからである。

しかし、厳しい現実もある。地域おこし協力隊を分析した小田切は、行政職員のやる気のなさに、隊員が戸惑う場面が少なからずあると指摘する（小田切 2014)。レジデント型研究者を使いこなすために、行政に求められることは、地域の組織・団体や個人に対して、金や情報、人を提供したり、ネットワークへの接点を提供する「地域マネジメント型行政」へと転換することである。もちろん、地域によってはNPOが担当することもある（小田切 2014)。一方、大学にはレジデント型研究に新しい研究の可能性を見出すことが求められる。そのためには、レジデント型研究者ならではの研究を評価する必要がある。行政や大学と地域とのかかわり方を考える必要があるだろう。

さらに指摘したいのは、レジデント型研究者という、地域への「新しい住み着き方」としての可能性である。農山漁村のなかには、研究者たちの知的資源を持続可能な地域社会形成に活かしたい地域もあろう。また特に若手の研究者の中には、農山漁村で実践的な研究を行いたい者もいるに違いない。地域にも研究者にも、それぞれを求めるニーズはあっても、出会う機会が少なく、両者のマッチングもなかなかうまくいっていない。いろいろな方法がありえるが、行政と大学と地域が協力してレジデント型研究者のポジションをつくることは、その一つの方法である。

レジデント型研究者のポジションをつくること。それは人への投資による持続可能な地域づくりの一つの道筋ではないだろうか。とりわけ、自然再生と地域再生を包括的に結びつけるための一つの道筋であり、私たちの社会が持ちうる一つの選択肢である。

終章　はざまをつなぐ

郷公園研究部長としてコウノトリの野生復帰に尽力した池田啓氏

兵庫県立コウノトリの郷公園の初代研究部長であった池田啓（故人）は、豊岡という現場に住みながら、野生復帰という実践的な研究を行うことに、強いこだわりを持っていた。その池田は、コウノトリの野生復帰を実現する実践的な研究と活動のもつ意義をこのように述べた。やや長いが紹介しよう。

> 野生復帰という課題に対して、あらゆる学問を坩堝に入れ、Think locally, act locallyを徹底（現場に立つということ）することで、globalな視座を持つと考えている。私たちの取り組みは、コウノトリの野生復帰を事業とする運動という性格を持っている。このような学問領域における仕事とは、原理を発見することでもなく、また事業を成功させることでもなく、その間をつなぐ作業といえる。現場に立って、総合的に物事を捉え、考え、行動する。もちろん解決は求めるが、それは性急なものではなく、長期的な課題として設定する。その業績は、紙の上に書くものだけではなく、地域の大地に書くものでもあると考えている。私たちは、現場にこだわり、あらゆる学問を坩堝に入れ、融合することで野生復帰という総合的な課題に挑戦しようとしているのである。
>
> 私たちは科学に寄り立ちながら、この課題に挑戦している。だが、コウノトリが野生復帰し、豊岡盆地で生息しているということは、研究者がすべてを理解し、説明できるわけではない。総合的な野生復帰という課題を前に、現象を要素に細分化し説明する近代科学の力は限定的である。そうであるならば、コウノトリが環境を測ってくれると考えたらいいのではないか。「コウノトリ１羽がいたら１羽分の幸せ、２羽いたら２羽分の幸せ」という評価の仕方である。
>
> コウノトリの野生復帰を、絶滅の危機にある野生生物を保全するという、単に生物的な視点からだけではなく、野生・自然とは何か、人は野生・自然とどう折り合っていくのか、といった社会学や民俗学、そして政治的な課題も融合した視点から捉えるのである。さらに言えば、コウノトリの野生復帰事業にとって本当に大事なことは、この地域に独自な、人と生きも

のが織りなす文化を創造することなのではないか。

実践と研究のはざまで試行錯誤しながら、人と生きものが織りなす文化を創造しつづけること。私たちは、コウノトリにそんな課題を与えられているのだろう（池田 2009: 44）。

振り返ると、池田と同じく（というのもおこがましいが）私も、コウノトリから色々な課題を与えられてきたように思う。私の研究は、ある意味で行き当たりばったりであると述べた。それは、実践と研究の「間（はざま）」で試行錯誤しながら、この地域の人びとにとっての野生復帰を模索していたからだろうと思う。人と自然の矛盾に向き合ったり、「野生」の持つ曖昧さに振り回されたり、小さな自然再生に取り組む人々の思いに心動かされたり、研究の持つ権力性に怖さを感じたり、した。こうした現場に働く力に翻弄されながらも、私なりに大事にしてきたことは、現場に立って「小さな声」を「聞き」、「矛盾」や「曖昧さ」に向き合い、地域の課題と研究の課題を結びつけることであった。そして、考えるだけでなく、時に行動するということであった。

こうした実践と研究の「間」で試行錯誤するなかで、出会った言葉が「ほっとけない」であった。呟くように発せられる「だって、ほっとけないでしょう」という声。相手の出方に委ねているようにも思える。仕方がないという印象も受けてしまう。こうしたほっとけないというかかわりは、この指とまれ的な、明確な意思を持った自立的な主体性とは、やや位相が異なっている。相手と出会うことによって、思わず突き動かされていく受動的な主体性というようなものである。こうした受動的な主体性は、これまで自然再生や持続可能な地域づくりといった文脈で、それほど取り上げられることはなかった。曖昧さや矛盾を含んでおり、捉えることが困難だからであろう。また、物語化していくには、劇的なインパクトに欠けているからであろう。

首尾一貫した明確な主張を繰り広げようとすれば、こうした曖昧さや矛盾を含んだほっとけないという受動的な主体性は、捨象されてしまうのだ。

ただ、こうした受動的な主体性にもとづくかかわりは、自然という矛盾と折り合う知恵とでもいうべきものかもしれない。というのも、そこには、相手が変わることによって自分も変わるという、他者との柔軟で可変的なかかわりが見られるからである。自然と社会の不確実性を前提にした自然再生において、こうしたかかわりがもつ意義は、小さくはない。価値の対立リスクが軽減されるとともに、複数の価値を実現しうる多元的なかかわりを包括的に再生する可能性が広がっていくからである。池田がいう「人と生きものが織りなす文化」とは、「ほっとけない」というかかわりに発現するものなのかもしれない。そのためには、他者のことを学ぶ必要があるだけではなく、そこから自分を問い直すことが求められる。

第７章では、レジデント型研究の意義として、地域に定住することにより、地域の当事者性を一定程度持ちながら、地域の人びとの問いを自身の問いへと変換することによって、地域の実情への相対的に深い洞察が可能になると述べた。では、人びとの問いに向き合うということは何であろうか。それは、出会ってしまった人たちの考えや気持ち、感性、出会ってしまった生きもののことが「ほっとけなく」なるということではないだろうか。そのことから自分の研究が突き動かされていく。自身の専門分野をベースにしながらも、あらゆる学問を坩堝にしていく。そして、研究の性質が変わっていく。研究と実践の「間」にいることから、見えてくる社会的現実を表し、実践へと結びつけていくのである。

こう考えると、レジデント型研究は、「受動的な主体性」に基づく研究方法ということができる。そして、様々な矛盾と折り合う方を考える研究方法であるともいえる。現場で発せられる問いによって、自分の問いもまた変わっていくからである。この点にこそ、レジデント型研究の意義を見出すことができると思う。

こう主張する私に、ある人はこう問いかけた。「レジデント型研究の意義はよく分かる。しかし、地域の事情を考慮し過ぎると、地域の人たちに対して、はっきりしたことがいえなくなるのではないか」と。駄目なものは駄目といえなくなる。確かに、駄目なものは駄目といういい方は、レジデント型研究者にはあまり馴染まない作法だろう。というのも、何が駄目なのか、それは地域の人たちと一緒に考えていくべき問題だと考えるからだ。それでも、駄目と言うこともあるだろう。「間」で苦しんだがゆえに発せられる駄目という言葉は、それなりに重みを持つにちがいない。その言葉は、自分自身に絶えず帰ってくるからである。これは、私がレジデント型から半レジデント型へと変わった中で経験したことでもある。

またある人は「研究者の主体性はどこにあるのか」と問いかけた。私はこう思う。あるディシプリンに忠実であることだけが、研究の主体性ではない。矛盾や曖昧さに向き合い、そこから地域の課題と研究の課題を結びつけることこそが、地域から学び、そこから自身のディシプリンを問い直すことこそが、研究者の主体性ではないか、と。そこにこそ、領域融合的な新しい研究の道は、ひらけてくる。

もちろん、レジデント型研究者の視点は、その地で生まれ育ち、そして死んでいく人たちのそれとは異なっている。地域生活を共有しながらも互いに異なっているからこそ、色々な人やモノやコトをつなぐことができ、多元的な価値が生み出されていく。そのためにも、自分の専門性をズラし、研究が変わっていくことを恐れないことが必要である。レジデント型研究とは、ある地域に住むということと研究との「間」に生まれる、研究の表現形態の一つなのである。

郷公園は研究機関であって研究機関ではない。野生復帰の拠点であり、多様な人が集まる「たまり場」でもある。私は、地域の人たちからすると菊地先生でもあるけれど、菊地さんでもあり、菊地くんでもある。一つの空間を一つの機能に限定しない。一人の人を一つの専門や役割に限定しない。私がコウノトリの野生復帰の現場で実践してきたのは、「でもある」という「間」だったのではないだろうか。

こうした研究と実践の「間」で試行錯誤していくことによって、いろいろな人やモノやコトが交錯し、新しいモノやコトが生成していく可能性が高まっていく。そして、矛盾と折り合う知恵や感性が作られていく。私は、この困難な問題に、これからも向き合っていこうと思う。

もちろん、「ほっとけない」と思っているのは、私だけではないだろう。私とかかわってきた地域の人たちの中には、頼りない私のことを「ほっとけない」という気持ちから接してくれた人もそれなりに多かったに違いない。たぶん、そう思ってくれていた人たちも、そうでない人たちにも感謝の気持ちを表したい。

参考文献

足立重和 (2010)『郡上八幡　伝統を生きる —— 地域社会の語りとリアリティ』新曜社.

秋篠宮文仁 (2000)『鶏と人 —— 民族生物学の視点から』小学館.

淺野敏久 (2010)「開発反対運動とシンボル生物」『地理科学』65(3): 67–80.

淺野敏久・林健児郎・李光美・塔娜 (2009)「コウノトリの野生復帰と観光化 —— 来訪者アンケート調査から」『環境科学研究』(広島大学大学院総合科学研究科紀要 II) 4: 35–50.

淡路剛久 (2006)「環境再生とサスティナブルな社会」淡路剛久監修，寺西俊一・西村幸夫編『地域再生の環境学』東京大学出版会，1–12 頁.

堂前雅史・清野聡子・廣野喜幸 (1999)「生態工学は河川を救えるか —— 科学 / 技術と社会の新たな関係を求めて」『科学』69(3): 35–58.

藤村美穂 (1994)「自然をめぐる『公』と『私』の境界」鳥越皓之編『試みとしての環境民俗学 —— 琵琶湖のフィールドから』雄山閣，147–166 頁.

反差別国際連帯解放研究所しが編 (1995)『語りの力 —— 被差別部落の生活史から』弘文堂.

羽山伸一 (2001)『野生動物問題』地人書館．250p.

羽山伸一 (2006)「自然再生事業と再導入事業」淡路剛久監修，寺西俊一・西村幸夫編『地域再生の環境学』東京大学出版会，97–123 頁.

本田裕子 (2008)『野生復帰されるコウノトリとの共生を考える —「強いられた共生」から「地域のもの」へ』原人舎.

兵庫県企画県民部統計課 (2011)『2010 年世界農林業センサス兵庫県結果表』.

兵庫県教育委員会・兵庫県立コウノトリの郷公園 (2011)『コウノトリ野生復帰グランドデザイン』.

池田啓 (1999)「『環境保全学』を織り出す —— すべての学問を坩堝に」『エコソフィア』4: 62–65.

池田啓 (2000)「コウノトリの野生復帰を目指して —— 地域の人々と研究者が取り組む新しい科学」『科学』70(7): 569–578.

池田啓 (2004)「高病原性鳥インフルエンザに襲われたコウノトリ野生復帰事業」『動物観研究』9: 73–78.

池田啓 (2009)「コウノトリの郷公園のこれまでとこれから」兵庫県立コウノトリの郷公園『兵庫県立コウノトリの郷公園　開園 10 周年記念誌』43–44 頁.

池田啓・大迫義人 (2008)「コウノトリを再び大空へ」秋篠宮文仁・西野嘉章編『鳥学大全』東京大学出版会，480–489 頁.

井上真 (2001)「自然資源の共同管理制度としてのコモンズ」井上真・宮内泰介編『コモンズの社会学 —— 森・川・海の資源共同管理を考える』(シリーズ環境社会学 2) 新曜社，1–28 頁.

井上真（2004）『コモンズの思想を求めて —— カリマンタンの森で考える』（新世界事情）岩波書店.
イリイチ・I（東洋・小澤周三訳）（1971 = 1977）『脱学校の社会』（現代社会科学叢書）東京創元社.
石田戢（2008）『現代日本人の動物観 —— 動物とのあやしげな関係』ビイング・ネット・プレス.
石原広恵（2010）「コモンズと生業形態の関係性が共同体の紐帯に及ぼす影響 —— 豊岡市・田結地区の事例から」. http://www.city.toyooka.lg.jp/www/contents/1214890421676/html/common/other/4d8ae05f014.pdf（最終アクセス日：2012 年 1 月 31 日）.
石原広恵（2011）「コモンズ再生の現場から —— 豊岡市・田結地区における住民の意識調査より」. http://www.city.toyooka.lg.jp/www/contents/1214890421676/html/common/other/4d8ae05f008.pdf（最終アクセス日：2012 年 1 月 31 日）.
磯崎博司（2006）「自然および農村環境の再生 —— 日本の原風景の保全に向けて」淡路剛久監修，寺西俊一・西村幸夫編『地域再生の環境学』東京大学出版会，63–95 頁.
岩井雪乃（2001）「住民の狩猟と自然保護政策の乖離 —— セレンゲティにおけるイコマと野生動物の関わり」『環境社会学研究』7: 114–128.
岩佐修理（1936）「カフノトリ（Ⅱ）」『兵庫県博物学会会誌』12: 57–62.
出石町役場総務課町史編集室（1982）『分類出石藩御用部屋日記』（出石町史別冊）.
嘉田由紀子（1997）「生活実践からつむぎ出される重層的所有観 —— 余呉湖周辺の共有資源の利用と所有」『環境社会学研究』3: 72–85.
嘉田由紀子（2000）「生物多様性と文化の多様性 —— 水辺環境の実践的保全論にむけて」農林水産技術情報協会監修，宇田川武俊編『農山漁村と生物多様性』家の光協会，152–170 頁.
嘉田由紀子（2001）『水辺ぐらしの環境学 —— 琵琶湖と世界の湖から』昭和堂.
柿澤宏昭（2000）『エコシステムマネジメント』築地書館.
柿澤宏昭（2001）「総合化と協働の時代における環境政策と社会科学 —— 環境社会学は組織者になれるか」『環境社会学研究』7: 40–55.
上村真仁（2011）「沖縄県・石垣島白保集落でのコミュニティによる海洋生物多様性の保全」『水産振興』517: 24–41.
菊地直樹（2003a）「兵庫県但馬地方における人とコウノトリの関係論 —— コウノトリをめぐる「ツル」と「コウノトリ」という語りとかかわり」『環境社会学研究』9: 153–170.
菊地直樹（2003b）「但馬に「ツル」がいた —— 聞き取り調査の報告から①–⑬」毎日新聞但馬版（6/26–28,6/30–7/3,7/5–7,7/9–11）.
菊地直樹（2006）『蘇るコウノトリ —— 野生復帰から地域再生へ』東京大学出版会.
菊地直樹（2008a）「コウノトリの野生復帰における『野生』」『環境社会学研究』14: 86–99.
菊地直樹（2008b）「絶滅危惧種動物の野生復帰と地域再生 —— コウノトリの野生復帰プロ

ジェクト」池谷和信・林良博編『野生と環境』(ヒトと動物の関係学 4) 岩波書店, 269–295 頁.
菊地直樹 (2010)「コウノトリの野生復帰を軸にした地域資源化」『地理科学』65(3): 11–25.
菊地直樹 (2011)「コウノトリ・ツーリズム」敷田麻実・森重昌之編『地域資源を守って生かすエコツーリズム ── 人と自然の共生システム』講談社.
菊地直樹 (2012)「野生復帰を軸にしたコウノトリの観光資源化とその課題」『湿地研究』2: 3–14.
菊地直樹 (2013a)「大型鳥類の保全を軸にした地域づくり ── 豊岡のコウノトリと鶴居のタンチョウ」淺野敏久・中島弘二編『自然の社会地理』(ネイチャー・アンド・ソサエティ研究 5) 海青社, 173–201 頁.
菊地直樹 (2013b)「コウノトリを軸にした小さな自然再生が生み出す多元的な価値 ── 兵庫県豊岡市田結地区の順応的なコモンズ生成の取り組み」宮内泰介編著『なぜ環境保全はうまくいかないのか ── 現場から考える「順応的ガバナンス」の可能性』新泉社, 196–220 頁.
菊地直樹 (2015a)「方法としてのレジデント型研究」『質的心理学研究』14: 75–88.
菊地直樹 (2015b)「野生復帰事例 ── コウノトリの郷の活動」『生物の科学　遺伝』69(6): 493–497.
菊地直樹・池田啓 (2006)『但馬のこうのとり』但馬文化協会.
菊地直樹・敷田麻実・豊田光世・清水万由子 (2017)「自然再生の活動プロセスを社会的に評価する ── 社会的評価ツールの試み」宮内泰介編『どうすれば環境保全はうまくいくのか ── 現場から考える「順応的ガバナンス」の進め方』新泉社.
鬼頭秀一 (2007)「地域社会の暮らしから生物多様性をはかる ── 人文社会科学的生物多様性モニタリングの可能性」鷲谷いづみ・鬼頭秀一編『自然再生のための生物多様性モニタリング』東京大学出版会, 22–38 頁.
コウノトリ湿地ネット (2010a)『2009 年　豊岡市　湿地再生白書』.
コウノトリ湿地ネット (2010b)「パタパタ」7.
コウノトリ湿地ネット (2011)「パタパタ」13.
コウノトリ湿地ネット (2012a)「パタパタ」16.
コウノトリ湿地ネット (2012b)「パタパタ」17.
コウノトリ湿地ネット (2012c)『豊岡市田結地区の挑戦―コウノトリと共生する村づくり』.
コウノトリ湿地ネット (2013a)「パタパタ」19.
コウノトリ湿地ネット (2013b)「パタパタ」20.
コウノトリ湿地ネット (2013c)「パタパタ」21.
コウノトリ野生復帰検証委員会 (2014)『コウノトリ野生復帰に係る取り組みの広がりの分析と評価 ── コウノトリと共生する地域づくりをすすめる「ひょうご豊岡モデル」』.

コウノトリ野生復帰推進協議会 (2003)『コウノトリ野生復帰推進計画 ── コウノトリと共生する地域づくりをめざして』.
桑子敏雄 (2008)「トキを語る移動談議所の試み ── 風土のなかの生き物」『ビオストーリー』10: 18–23.
桑子敏雄 (2009)「制御から管理へ ── 包括的ウェルネスの思想」鬼頭秀一・福永真弓編『環境倫理学』東京大学出版会, 255–277 頁.
丸山康司 (1997)「『自然保護』再考 ── 青森県脇野沢村における『北限のサル』と『山猿』」『環境社会学研究』3: 149–162.
丸山康司 (2003)「多元的自然と普遍的言説空間 ── ニホンザル問題における《科学に問わざるを得ない問題》」『科学技術社会論研究』2: 68–78.
丸山康司 (2007)「市民参加型調査からの問いかけ」『環境社会学研究』13: 7–19.
松井健 (1998)「マイナー・サブシステンスの世界」篠原徹編『民俗の技術』(現代民俗学の視点 1) 朝倉書店, 247–268 頁.
松村正治・香坂玲 (2010)「生物多様性・里山の研究動向から考える人間 ── 自然系の環境社会学」『環境社会学研究』16: 179–196.
宮原浩二郎 (1998)『ことばの臨床社会学』ナカニシヤ出版.
宮内泰介 (2001)「環境自治のしくみづくり ── 正統性を組みなおす」『環境社会学研究』7: 56–70.
宮内泰介 (2003)「市民調査という可能性 ── 調査の主体と方法を組み直す」『社会学評論』53(4): 566–578.
宮内泰介 (2004)「レジティマシーの社会学へ ── コモンズにおける商人のしくみ」宮内泰介編『コモンズをささえるしくみ ── レジティマシーの環境社会学』新曜社, 1–32 頁.
宮内泰介 (2005)「生活を組み立てるということと調査研究」新崎盛暉・比嘉政夫・家中茂 (編著)『地域の自立シマの力　上』(沖縄大学地域研究所叢書5) コモンズ, 181–199 頁.
宮内泰介 (2013)「なぜ環境保全はうまくいかないのか ── 順応的ガバナンスの可能性」『なぜ環境保全はうまくいかないのか ── 現場から考える「順応的ガバナンス」の可能性』新泉社, 14–28 頁.
宮内泰介 (2016)「政策形成における合意形成プロセスとしての市民調査 ── 社会学的認識の活かし方」『社会と調査』17: 38–44.
宮内泰介編 (2013)『なぜ環境保全はうまくいかないのか ── 現場から考える「順応的ガバナンス」の可能性』新泉社, 311p.
守山弘 (1988)『自然を守るとはどういうことか』(人間選書) 農山漁村文化協会.
内藤和明・池田啓 (2001)「コウノトリの郷を創る ── 野生復帰のための環境整備」『ランドスケープ研究』64(4): 318–321.
内藤和明・菊地直樹・池田啓 (2011)「コウノトリの再導入 ── IUCN ガイドラインに基づく放鳥の準備と環境修復」『保全生態学研究』16: 181–193.

内藤和明・大迫義人・池田啓（2005）「田園　コウノトリの野生復帰と田園の自然再生」亀山章・倉本宣・日置佳之編『自然再生 ── 生態工学的アプローチ』ソフトサイエンス社，112–123頁.

中川瑠美（2010）「『コウノトリ育む農法』の拡大の可能性 ── 理論と現場の乖離の要因分析を通じて」京都大学大学院地球環境学舎修士論文.

西真如（2012a）「熱帯社会におけるケアの実践と生存の質」佐藤孝宏・和田泰三・杉原薫・峯陽一編『生存基盤指数 ── 人間開発指標を超えて』（講座 生存基盤論5）京都大学学術出版会，193–225頁.

西真如（2012b）「ウイルスとともに生きる社会の条件 ── HIV感染症に介入する知識・制度・倫理」速水洋子・西真如・木村周平編『人間圏の再構築 ── 熱帯社会の潜在力』（講座 生存基盤論3）京都大学学術出版会，155–181頁.

西城戸誠（2010）「当事者へのかかわりと当事者としての「実践」を考える ── 社会運動論・環境社会学の私的な経験から」宮内洋・好井裕明（編著）『〈当事者〉をめぐる社会学 ── 調査での出会いを通して』北大路書房，41–65頁.

西村いつき（2006）「コウノトリ育む農法」鷲谷いづみ編『地域と生態系が蘇る水田再生』家の光協会，125–146頁.

野澤謙・西田隆雄（1981）『家畜と人間』出光書店.

帯谷博明（2004）『ダム建設をめぐる環境運動と地域再生 ── 対立と協働のダイナミズム』昭和堂.

小田切徳美（2014）『農山村は消滅しない』岩波新書.

大西正幸・宮城邦昌編（2016）『シークヮーサーの知恵 ── 奥・やんばるの「コトバ–暮らし–生きもの環」』（環境人間学と地域）京都大学学術出版会.

大沼あゆみ・山本雅資（2009）「兵庫県豊岡市におけるコウノトリ野生復帰をめぐる経済分析 ── コウノトリ育む農法の経済的背景とコウノトリの野生復帰がもたらす地域経済への効果」『三田学会雑誌』102(2): 3–23.

大迫義人（2012）「コウノトリの野生復帰 ── 新たな展開と目標」『野生復帰』2: 21–25.

大迫義人・江崎保男（2011）「野外コウノトリへの実験的な給餌中止とその効果」『野生復帰』1: 45–53.

ポランニー，M.（佐藤敬三訳）（1966 = 1980）『暗黙知の次元 ── 言語から非言語へ』紀伊國屋書店.

阪本勝（1966）『コウノトリ』神戸新聞社出版部.

桜井厚（2002）『インタビューの社会学 ── ライフストーリーの聞き方』せりか書房.

櫻井勉（1973）『校補但馬考』臨川書店.

佐竹節夫（1997）「豊岡市」日本エコライフセンター・電通EYE編『環境コミュニケーション入門』日本経済新聞社，147–155頁.

佐藤哲（2008）「環境アイコンとしての野生生物と地域社会 ── アイコン化のプロセスと生態系サービスに関する科学の役割」『環境社会学研究』14: 70–84.

佐藤哲（2009）「知識から智慧へ ―― 土着的知識と科学的知識をつなぐレジデント型研究機関」鬼頭秀一・福永真弓（編著）『環境倫理学』東京大学出版会，211–226 頁.
佐藤哲（2016）『フィールドサイエンティスト ―― 地域環境学という発想』（ナチュラルヒストリーシリーズ）東京大学出版会.
敷田麻実（1996）「舳倉島のバードウォッチャーの実態分析」『日本観光研究学会誌』29: 55–65.
敷田麻実編（2008）『地域からのエコツーリズム ―― 観光・交流による持続可能な地域づくり』学芸出版社.
敷田麻実・木野聡子・森重昌之（2009）「観光地域ガバナンスにおける関係性モデルと中間システムの分析 ―― 北海道浜中町・霧多布湿原トラストの事例から」『日本地域政策研究』7: 65–72.
敷田麻実・森重昌之（2006）「地域環境政策に専門家はどうかかわるか ―― 地域自律型マネジメントとその実現を支援する専門家のかかわり」『環境経済・政策学会年報』11: 194–209.
敷田麻実・大畑孝二（1998）「バードウォッチャーの価値認識と満足度の研究 ―― ラムサール条約湿地片野鴨池における比較研究」『日本観光研究学会全国大会　研究発表論文集』13: 129–132.
敷田麻実・内山純一・森重昌之編（2009）『観光の地域ブランディング ―― 交流によるまちづくりのしくみ』学芸出版社.
白川勝信（2007）「博物館と生態学（5）　地域の自然が博物館 ―― フィールドミュージアムの活動」『日本生態学会誌』57: 273–276.
白川勝信（2009）「多様な主体による草地管理協働体の構築 ―― 芸北を例に」『景観生態学』14(1): 15–22.
白川勝信（2011）「博物館と生態学（15）　地域博物館から地域生物多様性センターへ」『日本生態学会誌』61: 113–117.
スミス，V. L. 編，三村浩史監訳（1991）『観光・リゾート開発の人類学 ―― ホスト&ゲスト論でみる地域文化の対応』勁草書房．Smith, Valenne, L. ed. (1989) Hosts and Guests: The Anthropology of Tourism, Philadelphia: The University of Pennsylvania Press.
菅豊（1998）「深い遊び ―― マイナー・サブシステンスの伝承論」篠原徹編『民俗の技術』（現代民俗学の視点 1）朝倉書店.
菅豊（2013）『「新しい野の学問」の時代へ ―― 知識生産と社会実践をつなぐために』岩波書店.
高橋春成（2001）「文化の伝播とブタの野生化，そして環境問題」高橋春成編『イノシシと人間 ―― 共に生きる』古今書院.
武内和彦（2005）「グローバルな観点から見た自然再生と地域マネジメント」環境経済・政策学会編『環境再生』（環境経済・政策学会年報 第 10 号）東洋経済新報社，1–7 頁.
玉置泰明（1996）「『持続可能な』観光開発 ―― リゾートの光と影」山下晋司編『観光人類

学』新曜社，66–73 頁．
タンチョウと共生する村づくり委員会（2010）『タンチョウによる経済効果調査報告書』．
立澤史郎（2007）「政策提言型市民調査はなぜ失敗したか？ ── 野生生物保全分野の経験から」『環境社会学研究』13: 33–47.
寺山宏（2002）『和漢古典動物考』八坂書房．
東京工業大学大学院社会理工学研究科価値システム専攻　桑子研究室編（2010）『佐渡めぐりトキを語る移動談義所の歩み』．
富田涼都（2014）『自然再生の環境倫理 ── 復元から再生へ』昭和堂．
鳥越皓之（1997）「コモンズの利用権を享受する者」『環境社会学研究』3: 5–13.
鳥越皓之（1999）『環境社会学』財団法人放送大学教育振興会．
鳥越皓之（2002）『柳田民俗学のフィロソフィー』東京大学出版会．
鳥越皓之・嘉田由紀子編（1991）『水と人の環境史 ── 琵琶湖報告書（増補版）』御茶の水書房．
豊岡市（2006）『水田生物モニタリング報告書　平成 17 年度概要版』．
豊岡市（2007）『豊岡市環境経済戦略 ── 環境と経済が共鳴するまちをめざして』．
内山節（2005）『「里」という思想』新潮選書．
卯田宗平（2005）「『生業の論理』を組み入れた自然再生のあり方」『環境社会学研究』11: 202–218.
鵜飼剛平・奥敬一・笹木義雄・森本幸裕（2007）「『コウノトリ育む農法』米購入者によるコウノトリおよび農法の理解に関する研究」『環境情報科学論文集』21: 19–24.
宇根豊（1996）『田んぼの忘れもの』葦書房．
宇根豊（2001）『「百姓仕事」が自然をつくる ── 2400 年めの赤トンボ』築地書館．
鷲谷いづみ（1998）「生態系管理における順応的管理」『保全生態学研究』3: 145–166.
鷲谷いずみ・鬼頭秀一編（2007）『自然再生のための生物多様性モニタリング』東京大学出版会．
鷲谷いづみ・草刈秀紀編（2003）『自然再生事業 ── 生物多様性の回復を目指して』築地書館．
家中茂（2001）「石垣島白保のイノー ── 新石垣空港建設計画をめぐって」井上真・宮内泰介編『コモンズの社会学 ── 森・川・海の資源共同管理を考える』（シリーズ環境社会学 2）新曜社，120–141 頁．
山室敦嗣（2004）「フィールドワークが〈実践的〉であるために ── 原子力発電所候補地の現場から」好井裕明・三浦耕吉郎編『社会学的フィールドワーク』世界思想社，132–166 頁．
安田健（1987）『江戸諸国産物帳 ── 丹羽正伯の人と仕事』晶文社．
安室知（1998）『水田をめぐる民俗学的研究 ── 日本稲作の展開と構造』慶友社．
湯本貴和（2011）「日本列島における『賢明な利用』と重層するガバナンス」湯本貴和・矢原徹一編『環境史とは何か』（シリーズ日本列島の三万五千年 ── 人と自然の環境史）

文一総合出版.
財団法人日本野鳥の会（2007）『鶴居・伊藤タンチョウサンクチュアリ　開設20周年記念誌』.
図司直也（小田切徳美監修）（2014）『地域サポート人材による農山村再生』（JC総研ブックレット3）筑波書房.

あとがき

コウノトリの野生復帰の現場で様々な人びととかかわりながら、行き当たりばったりのように書き連ねてきた論文や原稿を、総合地球環境学研究所で進めているトランスディシプリナリー研究の成果として一冊の本にまとめたい。そんな気持ちを秘め、京都大学学術出版会の鈴木哲也さんと永野祥子さんに初めてお会いしたのは、2015年4月のことであった。コウノトリの野生復帰の現場にこだわった私の研究と活動を一言であらわす言葉はないだろうか。お二人を前に、十数年の自身の経験を振り返りながら、私は思わず「コウノトリや自然のことがほっとけない」と口にした。それなりの経験が積み重ねられた私のカラダから反射的に発せられた言葉であったように思う。私のこれまでの研究と活動をつなぐ言葉なのかもしれない。なんだか、自分の研究と活動がつながったような気がして、とても興奮したことを思い出す。

ただ、反射的に出てきたので、この言葉について深く考えてきたわけではなかった。私は、本書を書き進める中で、「ほっとけない」について、それなりに苦しむことになった。本書の執筆は、私の怠慢ゆえに大幅に遅れたが、それはタイトルと苦闘していたからでもあった。粘り強く原稿を待ってくれ、適切なコメントを寄せてくれた鈴木さんと永野さんには大変感謝している。本書を書き終えた今でも、「ほっとけない」という言葉をうまく使いこなせた自信はない。読者に評価を委ねるしかない。

2006年、『蘇るコウノトリ —— 野生復帰から地域再生へ』という本を出版した。『蘇るコウノトリ』は、かつての人とコウノトリのかかわりを再構成することを通して、未来に向けた人とコウノトリの共存のあり方を示そうとするものであった。当時はコウノトリが放鳥されたばかりであり、熱気に満ちていた。その頃、豊岡周辺でしか見られなかったコウノトリは、今では日本各地、さらには韓国でも姿を見ることができるようになった。コウノトリから広がる世界が見えてきている。コウノトリとの共存は、現実的な課題となった。また、私事ではあるが、豊岡を離れコウノトリの野生復帰の当事者ではなくなるという大きな転機もあった。

本書は、『蘇るコウノトリ』を出版してから、コウノトリの野生復帰の現場で私なりに格闘してきたことを、論文や原稿として表現してきたものを、その後の状況の変化への対応や、様々なご意見や批判などを踏まえ、改めてまとめたものである。その意味で、『蘇るコウノトリ』の続編というべきものであろう。合わせて読んでいただければ幸いである。

本書に関する初出情報を示しておこう。初出の原稿そのままではなく、その一部を用いたり、大幅に加筆修正している。

序章：書き下ろし

第1章：書き下ろし

第2章：書き下ろし

第3章：「兵庫県但馬地方における人とコウノトリの関係論 ── コウノトリをめぐる『ツル』と『コウノトリ』という語りとかかわり」『環境社会学研究』第9号、2003年。

『蘇るコウノトリ ── 野生復帰から地域再生へ』東京大学出版会、2006年。

第4章：「兵庫県豊岡市における『コウノトリ育む農法』に取り組む農業者に対する聞き取り調査報告」『野生復帰』第2巻、2012年。

「野生復帰を軸にしたコウノトリの観光資源化とその課題」『湿地研究』第2巻、2012年。

第5章：「コウノトリの野生復帰における『野生』」『環境社会学研究』第14号、2008年。

「給餌と「野生」のあいまいな関係 ── コウノトリの野生復帰の現場から考える給餌を位置づける見取り図」畠山武道：監修／小島望・高橋満彦：編集『野生動物の餌付け問題 ── 善意が引き起こす？　生態系撹乱・鳥獣害・感染症・生活被害』地人書館、2016年。

第6章：「コウノトリを軸にした小さな自然再生が生み出す多元的な価値 ── 兵庫県豊岡市田結地区の順応的なコモンズ生成の取り組み」

宮内泰介編『なぜ環境保全はうまくいかないのか ── 現場から考える『順応的ガバナンス』の可能性』新泉社、2013年。

第7章：「方法としてのレジデント型研究」『質的心理学研究』第14号、2015年。

「持続可能な地域づくりとレジデント型研究者 ── その多面的役割に関する試論的考察」『季刊環境研究』第180号、2016年。

終章：書き下ろし

本書に記した研究と活動を進めるにあたり、様々な研究費の補助を受けてきた。「コウノトリ歴史資料収集整理等事業」をはじめとする兵庫県立コウノトリの郷公園の研究費を活用させていただいた。以下の科学研究費もいただくことができた。科学研究費補助金若手研究B「生物の「語り方」にみる人と自然の関係性に関する環境社会学的研究」(代表：菊地直樹)、科学研究費補助金萌芽研究「現場知の組織化による地域環境の再生モデル構築に向けた環境社会学的研究」(代表：菊地直樹)、科学研究費補助金基盤研究C「自然再生の順応的ガバナンスに向けた社会的評価モデルの構築」(代表：菊地直樹)、科学研究費補助金基盤研究B「包括的地域再生に向けた順応的ガバナンスの社会的評価モデルの開発」(代表：菊地直樹)、科学研究費補助金基盤研究B「アダプティブ・マネジメントによるコウノトリ野生復帰の研究と実行」(代表：江崎保男)、科学研究費補助金基盤研究A「多元的な価値の中の環境ガバナンス ── 自然資源管理と再生可能エネルギーを焦点に」(代表：宮内泰介)。また、包括的再生については「地域共同管理空間（ローカル・コモンズ）の包括的再生の技術開発とその理論化」社会技術研究開発事業「地域に根ざした脱温暖化・環境共生社会」研究開発プロジェクト（代表：桑子敏雄）で学ばせていただいた。レジデント型研究については、科学技術振興機構・社会技術研究開発センター・「科学技術と社会の相互作用」研究開発プログラムによる「地域主導型科学者コミュニティの創生」プロジェクト（代表：佐藤哲）、および2012年に始まった総合地球環境学研究所・未来設計プロジェクトE-05-Init「地域環境知形成による新たなコモンズの創生と持続可能な管理」（地域環境知プロジェクト、プロジェクトリーダー：佐藤哲、共同リーダー：菊地直樹）で研究を進めさせていただくとともに、研究プロジェクトを共同で実施してきた方々から多くの刺激を受けることができた。

地域環境知プロジェクトリーダーの佐藤哲さんがいなければ、私は自分の研究活動をレジデント型研究として認識することもなかったに違いない。ダイナミックであっと思わせる佐藤さんの発想と爆発的な展開力には、いつも圧倒されている。地域環境知プロジェクト事務局の清水万由子さん（現龍谷大学）、中川千草さん（現龍谷大学）、大元鈴子さん（現宮崎大学）、竹村紫苑さん、三木弘史さん、北村健二さん、ジョキム・キトレレイさん（現国連食糧農業機関）、福嶋敦子さんには、頑固でわがまま私をいつも温かく見守っていただき、感謝している。新妻弘明さん、鎌田磨人さん、家中茂さん、松田裕之さん、酒井暁子さん、時田恵一郎さん、宮内泰介さん、丸山康司さん、神崎宣次さん、湯本貴和さん、鹿熊信一郎さん、山越言さん、白川勝信さん、上村真仁さん、星昇さん、音成邦仁さん、岡野隆宏さんをはじめとする地域環境学ネットワーク、地域環境知プロジェクトのメンバーの友情とご支援には、お礼してもしきれない。

総合地球環境学研究所に来てから、全く異なる専門分野、フィールドを研究する研究者たちと出会うことができた。特に若手の人たちとの議論にはいつも刺激を受けている。阿部健一さん、窪田順平さん、田中樹さん、石川智士さん、遠藤愛子さん、近藤康之さん、熊澤輝一さん、三村豊さん、林憲吾さん（現東京大学）、寺田匡宏さん、鎌谷かおるさん、王智弘さん、広報室メンバー、ニュースレター編集会議メンバーをはじめとする総合地球環境学研究所の皆さんに感謝している。特に阿部さんには、本書のきっかけとなる出会いを創っていただいた。地球研和文学術叢書の1冊に加えていただき、大変光栄である。

村松伸さん、敷田麻実さん、淺野敏久さん、豊田光世さん、田代優秋さん、高田智紀さん、桑子敏雄さんといった様々な領域の研究者との議論も大変勉強になった。

私は研究者として一人の人間として、豊岡の人たちと出会うことで随分と鍛えていただいたように思う。山岸哲さん、船越稔さん、吉沢拓祥さん、三橋陽子さん、不慮の事故で亡くなった増井光子さんをはじめとする兵庫県立コウノトリの郷公園のみなさん。江崎保男さん、大迫義人さん、内藤和明さん、佐川志朗さん、松原典孝さんをはじめとする兵庫県立大学大学院地域資源マネジメント研究科のみなさん。中貝宗治さん、上田篤さん、三笠孔子さん、坂本成彦さん、若森洋崇さん、宮垣均さん、山本大紀さん、伊崎美那さん、井上浩二さん、濱田健治郎さんをはじめとする豊岡市役所のみなさん。佐竹節夫さん、森薫さん、宮村良雄さん、宮村幸子さん、古田恵子さんをはじめとするコウノトリ湿地ネットのみなさん。上田尚志さん、高橋信さん、菅村定昌さん、村田美津子さん、北垣和也さんをはじめとするコウノトリ市民研究所のみなさん。畷悦喜さん、稲葉哲郎さん、成田市雄さん、高石留美さん、北垣喜美代さん、松田聡さん、鶴見カフェへの参加者、田結地区のみなさん。名前を挙げることはできないが、まだまだ多くの豊岡の人たちにお世話になった。これからも私が研究者として活動していけるとしたら、豊岡の人たちとかかわってきた経験があるからにちがいない。とりわけ佐竹さんからは、いつも難しい課題を突きつけられ、やり取りの中で随分鍛えられたように思う。豊岡を離れる決断をした私を、今でもあたたかく迎えてくれる豊岡の人たちには、感謝の気持ちしかない。

また、家族にも感謝の気持ちをあらわしたい。父・徹さん、母・通子さん、そしてパートナーの妙子さん。いつもありがとう。これからも頑固に淡々と、時にしなやかに、メリハリをつけて生きていこうと思う。そんな私のことを「ほっとけない」でいていただければと思う。

最後に、池田啓さん。兵庫県立コウノトリの郷公園の研究部長だった池田さんと色々と議論した日が懐かしい。若かった私は、時に池田さんの言葉や考え方に反発することもあった。そんな私に対しても、池田さんは、大きな気持ちで受け入れてくれた。私が郷公園の研究員になって2年ほど過ぎた頃であったろうか。雪景色が広がる車の中で、池田さんはふと「君を採用して失敗だったかな」ともらした。「ふてぶてしいと思っていたけど、そうでもないね。もっと積極的に活動してくれるといいんだけど」。人見知りで自分の殻をなかなか破れない私への叱咤激励だったかもしれない。なんだかとても記憶に残っている。それから7、8年がすぎ、池田さんは病に倒れ、私はその仕事の一部を引き継ぎ、活動を進める中で、池田さんの苦労を少しばかりは分かるようになった。池田さんは2010年4月に帰らぬ人となったが、しばらくして、池田さんを知る人から「池田さんが菊地のことを褒めていたよ」とか「この仕事は僕にはできない。菊地ならできる」と言っていたことを伝え聞く機会がいくつかあった。面と向かって褒められることは、ほとんどなかったので、なんだか照れくさいようで嬉しい。

今となっては、池田さんに感謝の気持ちを伝えるすべはないが、せめて本書を捧げたいと思う。池田さんは、どう言うだろうか。ちょっと照れながら「けっこういいじゃない」と言うだろうか。たぶん「まだまだだな」だろう。

2017年1月7日夜
一人静かな総合地球環境学研究所地域環境知プロジェクト研究室にて

索　引

■人名索引

■組織名・施設名・地名索引

■事項索引

【サ行】

【タ行】

【ラ行】

【著者紹介】

菊地直樹（きくち　なおき）

1969 年生まれ。

兵庫県立大学自然・環境科学研究所講師 / 兵庫県立コウノトリの郷公園研究員を経て、2013 年から総合地球環境学研究所准教授。

専門は環境社会学。

主な著書に、『蘇るコウノトリ ── 野生復帰から地域再生へ』（東京大学出版会 2006 年）、『但馬のこうのとり』（池田啓と共著 但馬文化協会 2006 年）、『自然の社会地理』（分担執筆 海青社 2013 年）、『なぜ環境保全はうまくいかないのか ── 現場から考える「順応的ガバナンス」の課題』（分担執筆 新泉社 2013 年）、『野生動物の餌付け問題 ── 善意が引き起こす？ 生態系撹乱・鳥獣害・感染症・生活被害』（分担執筆 地人書館 2016 年）、『どうすれば環境保全はうまくいくのか ── 現場から考える「順応的ガバナンス」の進め方』（分担執筆 新泉社 2017 年）など。

環境人間学と地域
「ほっとけない」からの自然再生学
── コウノトリ野生復帰の現場

平成 29（2017）年 3 月 25 日　初版第一刷発行

著　者　菊　地　直　樹
発行人　末　原　達　郎
発行所　京都大学学術出版会
京都市左京区吉田近衛町69番地
京都大学吉田南構内（〒606-8315）
電　話（075）761-6182
FAX（075）761-6190
URL　http://www.kyoto-up.or.jp
振　替　01000-8-64677

ISBN 978-4-8140-0082-1
Printed in Japan

印刷・製本　㈱クイックス
装幀　鷺草デザイン事務所
定価はカバーに表示してあります